Lineare statistische Modellierung und Interpretation in der Praxis

von

Christoph Egert

Oldenbourg Verlag München

Christoph Egert ist Diplom-Mathematiker (Bergakademie Freiberg) mit Spezialisierungsrichtung Operationsforschung: optimale Prozesse, Optimierung, Wahrscheinlichkeitsrechnung, Statistik, Versuchsplanung. Er hat langjährige Praxiserfahrung in der Bearbeitung mathematischer Probleme in der Porzellan-, Keramik- und chemischen Industrie.

Bibliografische Information der Deutschen Nationalbibliothek

Die Deutsche Nationalbibliothek verzeichnet diese Publikation in der Deutschen Nationalbibliografie; detaillierte bibliografische Daten sind im Internet über http://dnb.d-nb.de abrufbar.

Rosenheimer Straße 143, D-81671 München
Telefon: (089) 45051-0
www.oldenbourg-verlag.de

Lektorat: Dr. Gerhard Pappert
Herstellung: Constanze Müller
Titelbild: shutterstock.com; Bearbeitung: Irina Apetrei
Einbandgestaltung: hauser lacour
Gesamtherstellung: Grafik & Druck GmbH, München

Dieses Papier ist alterungsbeständig nach DIN/ISO 9706.

ISBN 978-3-486-71825-6
eISBN 978-3-486-72380-9

Vorwort

Der gute Christ soll sich hüten vor den Mathematikern und allen denen, die leere Vorhersagungen zu machen pflegen, schon gar dann, wenn diese Vorhersagen zutreffen.

Es besteht nämlich die Gefahr, dass die Mathematiker mit dem Teufel im Bund den Geist trüben und den Menschen in die Bande der Hölle verstricken.

Augustinus (354–430)

Die Aufgabe, mit wenigen Versuchen maximale Informationen über den zu untersuchenden Prozess zu gewinnen, ist für jede Forschung fundamental. Die Grundlage zur Versuchsplanung – jetzt unter dem Namen *design of experiments – DoE* bekannt – geht auf den russischen Mathematiker W. W. Fjodorow zurück. Die Erstausgabe seines Buches „Theorie der optimalen Experimente“ erschien 1936 (Федоров В.В. – „Теория оптимального эксперимента“). Seit der Übersetzung ins Englische 1938 haben diese Methoden die gesamte Anwendungsforschung weltweit beflügelt. Diese Methoden waren und sind Lehrstoff im Studium für Naturwissenschaftler und vor allem in den Ingenieurwissenschaften. Auch ohne leistungsfähigen Rechner sind die einfachen Rechenvorschriften, die sich für die orthogonalen Versuchspläne ergeben, sehr hilfreich, um zu Informationen der Wirkung von Einflussgrößen zu gelangen. In allen Bereichen wurden und werden diese Methoden begeistert angewendet. Die Interpretation der Ergebnisse der Methoden der Versuchsplanung ist oft wesentlich komplexer als es scheint. Sicherlich haben nicht alle Anwendungen der Versuchsplanung immer zur „absoluten“ Klarheit über den untersuchten Prozess geführt. Die Ursache hierfür ist nicht nur in der Charakteristik des untersuchten Prozesses zu sehen. Die Entscheidungen über den Zusammenhang werden durch die – mit Hilfe der Versuchsplanung – berechneten Zahlenwerte festgelegt. Es gibt es eine große Anzahl von Softwareprodukten, die die Anwendung dieser Methoden vereinfacht. Jeder Anwender sollte den mathematischen Hintergrund gut kennen, um die berechneten Zahlenergebnisse zielgerichtet zu interpretieren. Auch wenn die formalen berechneten Werte richtig sind, gibt es eine Vielzahl von Interpretationsmöglichkeiten, die auf die Modellfunktion, die Genauigkeit der Messungen – vor allem auch die Genauigkeit der eingestellten Versuchsbedingungen und – bisher wenig beachtet – die bei nichtlinearen Wirkungsflächen möglichen numerischen Probleme – zurückzuführen sind.

Oft wird aus Zeitmangel nur oberflächlich gelesen. Bei der Anwendung dieser Methoden ist es wie bei einem Vertrag – wenn man das Kleingedruckte nicht kennt, dann kann das Ergebnis ausgezeichnet – oder aber auch unbefriedigend sein. Um sinngemäß das Kleingedruckte eines Vertrages zu verstehen, wird die Darstellung der mathematischen Zusammenhänge bewusst sehr ausführlich gewählt.

Der Inhalt des Buches ist so ausgerichtet, dass an Hand von Beispielen die Interpretationen der Ergebnisse diskutiert werden – mit dem Ziel, diese Methoden noch effizienter anzuwenden und Hinweise auf Interpretationsmöglichkeiten zu geben. Die Ursachen für die Interpretationsmöglichkeiten durch mögliche fehlerhafte Voraussetzungen werden anhand von Beispielen beschrieben.

Es ist ein Buch aus der Praxis für die Praxis. Die Beispiele dienen als Hilfestellung zur Interpretation des Ergebnisses und liefern gegebenenfalls Anregungen, die Werte der teuren Versuche weiter zu verwenden, um zu besseren Informationen über den untersuchten Zusammenhang zu gelangen.

Das Buch richtet sich an Leser, die sich mit den Aufgabenstellungen der Versuchsplanung eingehender beschäftigen oder beschäftigt haben. Daher werden die Grundbegriffe wie Wahrscheinlichkeit, Wahrscheinlichkeitsverteilungen, Tests, Erwartungswert, Varianz und ähnliche grundlegenden Zusammenhänge der mathematischen Statistik als bekannt vorausgesetzt – siehe beispielsweise [28] und [36]. Die Formeln sollen visuell den Zusammenhang verdeutlichen um bei der Interpretation der Ergebnisse im Detail aussagefähig zu sein. Die mathematischen Anforderungen sind so, wie es jeder Student im Grundstudium einer technisch orientierten Fachrichtung sicherlich erleben durfte. Es wird ausschließlich die Versuchsplanung zur quantitativen Beschreibung von Zusammenhängen durch die Regressionsanalsye betrachtet und bekannte – aber auch bisher wohl noch nicht veröffentlichte Methoden der Versuchsplanung beschrieben.

Mein besonderer Dank gilt Herrn Dr. Konrad Mautner – WACKER Chemie –, der meine Arbeit pragmatisch betrachtete und keine schriftlichen Berichte von mir verlangte. Dadurch hatte ich etwas mehr Zeit, mich wieder intensiver mit der Mathematik der Methoden der Versuchsplanung zu beschäftigen.

Inhalt

Vorwort V

1 Regression 1

1.1 Lineare Modelle ... 1

1.2 Erläuterung zur lineare Regression – Methode der kleinsten Quadrate ... 2

1.3 Die Regressionsaufgabe ... 5
1.3.1 Algebraische Eigenschaften der Lösung des Regressionsproblems ... 8

1.4 Das Bestimmtheitsmaß ... 10
1.4.1 Der multiple Korrelationskoeffizient ... 11

1.5 Stochastische Eigenschaften der Regressionsschätzung ... 12
1.5.1 Der Erwartungswert der geschätzten Parameter ... 12
1.5.2 Der Erwartungswert der geschätzten Wirkungsfläche ... 13
1.5.3 Die Varianz der geschätzten Parameter ... 13
1.5.4 Die Varianz der geschätzten Wirkungsfläche ... 14

1.6 Eigenschaften der geschätzten Parameter ... 14
1.6.1 Die Regressionsfunktion $y = a + bx$ ... 17
1.6.2 Bestimmtheitsmaß für den Regressionsansatz $y = a + bx$ ... 18
1.6.3 Die Prüfung der Regressionsparameter der Regressionsfunktion $y = a + bx$ ... 19
1.6.4 Konfidenzbereich für die Regressionsgerade ... 22
1.6.5 Konfidenz- und Vorhersageintervalle für den allgemeinen Regressionsansatz ... 24
1.6.6 Eine anderer Weg zur Bestimmung der Regressionskonstante ... 25
1.6.7 Der Regressionsansatz $y = a_0 + a_1x_1 + a_2x_2$ ... 26

1.7 Quasi-lineare Regression ... 29
1.7.1 Ein Beispiel für die quasi-lineare Regression ... 30
1.7.2 Einige linearisierbare Funktionen ... 32

1.8 Bedingungen an die Regression der Umkehrfunktion ... 34

1.9 Überprüfung der Adäquatheit ... 35

1.10 Regression – ANOVA ... 39

1.11 Approximative Modelle ... 40
1.11.1 Beispiel zur Modellierung des Phasengleichgewichts H_2SO_4-H_2O ... 42
1.11.2 Beispiel zur Auswahl einer geeigneten Regressionsfunktion ... 47

1.12 Reduzierung des Regressionsansatzes 50
1.12.1 Der partielle Korrelationskoeffizient 52
1.12.2 Das partielle Bestimmtheitsmaß 53
1.12.3 Das innere Bestimmtheitsmaß 59

1.13 Standardisierung des Regressionsproblems 60

1.14 Multikollinearität 62

1.15 Konditionszahlen einer Matrix 62

1.16 Ridge-Regression 63

1.17 Beispiel zur Abhängigkeit der Regression von der Wahl der Versuchspunkte 64

2 Versuchsplanung 77

2.1 Überwiegende Forderungen an Versuchspläne in der Praxis 83
2.1.1 Informationsmatrix und Kovarianzmatrix 88
2.1.2 Regression und Kovarianzmatrix 89
2.1.3 Einige wichtige Spezialfälle 92
2.1.4 Regression mit Versuchspunkten, die symmetrisch zum Nullpunkt liegen 92
2.1.5 Wechselwirkungsglieder 94
2.1.6 Affine Abbildung der Versuchspunkte 96
2.1.7 Der Effekt 100

2.2 Vollständiger Faktorpläne 101

2.3 Teilfaktorpläne 105
2.3.1 Vermengungen bei Teilfaktorplänen 107
2.3.2 Ein Anwendungsbeispiel 113
2.3.3 Interpretation der Regressionsergebnisse 115

2.4 Zur Interpretation der Regressionsergebnisse und Numerik 119
2.4.1 Methode 1 119
2.4.2 Methode 2 122
2.4.3 Methode 3 126
2.4.4 Methode 4 – Mittelwertverschiebung 128
2.4.5 Beispiel 135
2.4.6 Fehlinterpretationen durch „Wechselwirkungsglieder“ 139
2.4.7 Einfluss der Erfassung der Versuchsdaten auf das Regressionsergebnis 147

2.5 Weiter Versuchspläne 152
2.5.1 Versuchspläne zur Lokalisierung der signifikanten Einflussgrößen 153
Hadamard Matrizen 153
Plackett-Burman Versuchspläne 155
2.5.2 Versuchspläne für nicht lineare Wirkungsflächen 158
Versuchspläne nach Box-Behnken 158
Orthogonale zentrale zusammengesetzte Versuchspläne 163
Drehbare zusammengesetzte orthogonale Versuchspläne 169

2.6 Versuchsplanung nach G. Taguchii ... 172
2.6.1 Ermittlung der „signal factors“ ... 177
2.6.2 Ermittlung der „control factors“ ... 178

2.7 Versuchsplanung für nicht lineare Wirkungsflächen ... 182
2.7.1 Mehrzieloptimierung mit einem Solver ... 192
2.7.2 Beispiel zur Versuchsplanung und Mehrzieloptimierung ... 194

2.8 Approximativ-optimaler Versuchsplan – ein neues Optimalitätskriterium ... 198

3 Ermittlung signifikanter Einflussgrößen mit orthogonalen Versuchsplänen 205

3.1 Das totale Differential – kurze Ausschweifung ... 205
3.1.1 Selektionsverfahren 1 ... 209
Versuchsplanung zur Gradientenmethode ... 212
3.1.2 Selektionsverfahren 2 ... 218

3.2 Optimierung eines Prozesses ... 224
Empfehlungen zur statistischen Modellierung ... 229

Literaturangaben 233

Sachwortverzeichnis 235

1 Regression

Der Begriff Regression ist aus dem lateinischen *regredi* abgeleitet und kann mit „zurückgehen" übersetzt werden. Im mathematischen Sinn wird davon ausgegangen, dass ein Zusammenhang durch eine bekannte Gleichung – die Regressionsgleichung – beschrieben wird deren tatsächliche Parameter durch Versuche wieder ermittelt oder angepasst werden. Die Regressionsgleichung wird auch als Wirkungsfläche oder Modellfunktion bezeichnet.

1.1 Lineare Modelle

Ein Prozess wird durch eine Funktion beschrieben. Es wird vereinbart, dass m die Anzahl der Einflussgrößen (Regressoren) $x_1, x_2, \cdots, x_m$ und $n+1$ die Anzahl der Parameter $a_0, a_1, a_2, \cdots, a_n$ ist.

Die Wirkung der jeweiligen m Einflussgrößen $x_1, x_2, \cdots, x_m$ wird durch die Wirkungsfläche- oder Modellfunktion

$$\eta(x_1, x_2, \cdots, x_m) = a_0 + a_1 \cdot f_1(x_1, x_2, \cdots, x_m) + \cdots + a_n \cdot f_n(x_1, x_2, \cdots, x_m) \quad (*)$$

dargestellt. Es wird davon ausgegangen, dass die Wirkungsfläche nur linear von den Parametern $\underline{\mathbf{a}} = (a_0, a_1, \cdots, a_n)^T$ abhängig ist. Die additiven Terme in (*) müssen bezüglich der Variablen $\underline{\mathbf{x}} = (x_1, x_2, \cdots, x_m)^T$ keine lineare Funktion sein. Der Funktionenvektor $\underline{\mathbf{f}} = (1, f_1(\underline{\mathbf{x}}), \cdots, f_n(\underline{\mathbf{x}}))^T$ enthält die einzelnen Terme, die nur abhängig von der Wahl der Einflussgrößen $x_1, x_2, \cdots, x_m$ sind. Das Skalarprodukt ist ein linearer Operator.

Definition 1:

Das Skalarprodukt des Parametervektors $\underline{\mathbf{a}}$ mit dem Funktionenvektor $\underline{\mathbf{f}}$

$$\eta(\underline{\mathbf{x}}) = \underline{\mathbf{a}} \cdot \underline{\mathbf{f}} \quad (1\text{-}1)$$

$$\eta(\underline{\mathbf{x}}) = a_0 + a_1 f_1(x_1, x_2, \cdots, x_m) + a_2 f_2(x_1, x_2, \cdots, x_m) + \cdots + a_n f_n(x_1, x_2, \cdots, x_m)$$

wird als **lineares Modell** oder **auch linearer Wirkungsfläche** bezeichnet.

Ist diese Darstellung in der Form (1-1) nicht möglich, so handelt es sich um nicht lineare Modelle. Nicht lineare Modelle, die sich durch Transformation linearisieren lassen, werden als quasi lineare Modelle bezeichnet. (Siehe Kapitel 1.7.)

Beispiel:

$$\eta(x_1, x_2) = a_0 + a_1 \cdot (5x_1 + 4x_2^2) + a_2 \cdot \sin\left(\frac{12x_1}{3x_2 - x_1}\right)$$

ist linear bezüglich der Parameter a_0, a_1, a_2, da

$$\underline{\mathbf{x}} = (x_1, x_2)^T \quad \underline{\mathbf{a}} = \begin{pmatrix} a_0 \\ a_1 \\ a_2 \end{pmatrix} \quad \underline{\mathbf{f}} = \begin{pmatrix} f_0(\underline{\mathbf{x}}) \\ f_1(\underline{\mathbf{x}}) \\ f_2(\underline{\mathbf{x}}) \end{pmatrix} = \begin{pmatrix} 1 \\ 5x_1 + 4x_2^2 \\ \sin\left(\frac{12x_1}{3x_2 - x_1}\right) \end{pmatrix}$$

und damit $\eta(x_1, x_2) = \underline{\mathbf{a}}^T \cdot \underline{\mathbf{f}} = a_0 + a_1 \cdot (5x_1 + 4x_2^2) + a_2 \cdot \sin\left(\frac{12x_1}{3x_2 - x_1}\right)$ gilt.

Beispiel:

Für die Wirkungsfläche

$$\eta(x_1, x_2) = a_0 + a_1 \cdot x_1 + a_2 \cdot x_1 x_2 + a_3 \cdot x_2 = \underline{\mathbf{a}}^T \cdot \underline{\mathbf{f}}$$

gilt entsprechend der allgemeine Form (1-1):

$$\underline{\mathbf{x}} = (x_1, x_2)^T \quad \underline{\mathbf{a}} = \begin{pmatrix} a_0 \\ a_1 \\ a_2 \\ a_3 \end{pmatrix} \quad \underline{\mathbf{f}} = \begin{pmatrix} f_0(\underline{\mathbf{x}}) \\ f_1(\underline{\mathbf{x}}) \\ f_2(\underline{\mathbf{x}}) \\ f_3(\underline{\mathbf{x}}) \end{pmatrix} = \begin{pmatrix} 1 \\ x_1 \\ x_1 x_2 \\ x_2 \end{pmatrix}$$

Die Parameter $\underline{\mathbf{a}} = (a_0, a_1, \cdots, a_n)^T$ der Wirkungsflächen, die sich in der Form (1-1) darstellen lassen, können mit der Methode der kleinsten Quadrate berechnet werden.

1.2 Erläuterung zur lineare Regression – Methode der kleinsten Quadrate

Es ist aus früheren Untersuchungen bekannt, dass ein Prozess durch die Wirkungsfläche

$$\eta(x_1, x_2, x_3) = a_0 + a_1 x_1 + a_2 x_1^2 + a_3 x_2 + a_4 x_2 x_3^2 \qquad (1\text{-}2)$$

beschrieben wird. Zur Bestimmung der aktuellen Parameter des Prozesses wurden konkrete Versuchseinstellungen in der Anlage realisiert und das Ergebnis $y_i(x_{1,i}, x_{2,i}, x_{3,i})$ $i = 1, 2, ..., 6$ in Tabelle 1-1 erfasst.

Tab. 1-1: Ergebnis des Versuchs bei o.g. Einstellungen.

x_1	x_2	x_3	y
0,1	2,0	30,0	13,5
0,6	4,0	20,0	30,5
0,2	12,0	12,0	92,0
0,2	4,0	20,0	29,8
0,3	6,0	50,0	18,5
0,2	1,0	10,0	9,5

Zur Ermittlung der Parameter $\underline{\mathbf{a}} = (a_0, a_1, a_2, a_3, a_4)^T$ werden die x Werte von Tabelle 1-1 in (1-2) eingesetzt. Als Ergebnis erhält man ein Gleichungssystem, das mehr Gleichungen als zu bestimmende Variablen hat. Solche Gleichungssysteme werden als überbestimmte lineare Gleichungssysteme bezeichnet.

$$\begin{array}{llllllll} a_0 & +0,1a_1 & +0,01a_2 & +2a_3 & +1800a_4 & = & 13,5 \\ a_0 & +0,6a_1 & +0,36a_2 & +4a_3 & +1600a_4 & = & 30,5 \\ a_0 & +0,2a_1 & +0,04a_2 & +12a_3 & +1728a_4 & = & 92,0 \\ a_0 & +0,2a_1 & +0,04a_2 & +4a_3 & +1600a_4 & = & 29,8 \\ a_0 & +0,3a_1 & +0,09a_2 & +6a_3 & +15000a_4 & = & 18,5 \\ a_0 & +0,2a_1 & +0,04a_2 & +1a_3 & +100a_4 & = & 9,5 \end{array} \tag{1-3}$$

Es werden die folgenden Vereinbarungen getroffen:

$$\mathbf{F} = \begin{pmatrix} 1 & 0,1 & 0,01 & 2 & 1800 \\ 1 & 0,6 & 0,36 & 4 & 1600 \\ 1 & 0,2 & 0,04 & 12 & 1728 \\ 1 & 0,2 & 0,04 & 4 & 1600 \\ 1 & 0,3 & 0,09 & 6 & 15000 \\ 1 & 0,2 & 0,04 & 1 & 100 \end{pmatrix} \quad \underline{\mathbf{a}} = \begin{pmatrix} a_0 \\ a_1 \\ a_2 \\ a_3 \\ a_4 \end{pmatrix} \quad \underline{\mathbf{y}} = \begin{pmatrix} 13,5 \\ 30,5 \\ 92,0 \\ 29,8 \\ 18,5 \\ 9,5 \end{pmatrix}$$

Jetzt kann (1-3) mit der Matrix $\mathbf{F}$ in der Form

$$\underline{\mathbf{y}} = \mathbf{F}\underline{\mathbf{a}} \tag{1-4}$$

geschrieben werden.

Prinzipiell kann für jeden Parameter des Vektors $\underline{\mathbf{a}}$ ein beliebiger Wert eingesetzt werden. Mit diesen willkürlich festgelegten Parametern werden alle k Versuchseinstellungen berechnet. Dieser berechnete Wert wird mit $\hat{y}_i$ bezeichnet. Bei der Gegenüberstellung der gemessenen Werte und den errechneten Werten resultiert für jeden konkret festgelegten Parameter ein Fehler $\delta_i = y_i - \hat{y}_i$. Dieser Fehler wird auch als Residuum bezeichnet.

Bekanntlich beschreibt das Skalarprodukt des Vektors $\underline{\delta} = (\delta_1, \delta_2, \cdots, \delta_k)^T$ den Abstand im metrischen Raum. Dieser Abstand $\underline{\delta}^T \underline{\delta} = \sum_{i=1}^{k} (y_i - \hat{y}_i)^2$ kann aber durch die Wahl der Parameter $\underline{\mathbf{a}} = (a_0, a_1, a_2, a_3, a_4)^T$ beeinflusst werden.

Die Aufgabe besteht darin, die Parameter $\underline{\mathbf{a}} = (a_0, a_1, a_2, a_3, a_4)^T$ so zu wählen, dass Skalarprodukt $\underline{\delta}^T \underline{\delta}$ minimal wird.

$$\begin{aligned} \underline{\delta}^T \underline{\delta} &= (\underline{\mathbf{y}} - \mathbf{F}\underline{\mathbf{a}})^T (\underline{\mathbf{y}} - \mathbf{F}\underline{\mathbf{a}}) \\ &= \underline{\mathbf{y}}^T \mathbf{y} - \underline{\mathbf{y}}^T \mathbf{F}\underline{\mathbf{a}} - \underline{\mathbf{a}}^T \mathbf{F}^T \underline{\mathbf{y}} + \underline{\mathbf{a}}^T \mathbf{F}^T \mathbf{F}\underline{\mathbf{a}} \\ &= \underline{\mathbf{y}}^T \mathbf{y} - 2\underline{\mathbf{a}}^T \mathbf{F}^T \underline{\mathbf{y}} + \underline{\mathbf{a}}^T \mathbf{F}^T \mathbf{F}\underline{\mathbf{a}} \end{aligned}$$

Zur Ermittlung des besten Parameters des Skalarproduktes $\underline{\delta}^T \underline{\delta}$ wird wie bei der Lösung einer Extremwertaufgabe vorgegangen. Die Differentiation $\frac{\partial\left(\underline{\delta}^T \underline{\delta}\right)}{\partial \underline{\mathbf{a}}}$ ergibt:

$$\begin{aligned} -2\mathbf{F}^T \underline{\mathbf{y}} + 2\mathbf{F}^T \mathbf{F}\underline{\mathbf{a}} &= 0 \\ (\mathbf{F}^T \mathbf{F})\underline{\mathbf{a}} &= \mathbf{F}^T \underline{y} \end{aligned} \qquad (1\text{-}5)$$

Die Lösung dieses Normalgleichungssystems $(\mathbf{F}^T \mathbf{F})\underline{\mathbf{a}} = \mathbf{F}^T \underline{y}$ (1-5) liefert die Schätzung für den gesuchten Parametervektor:

$$\hat{\underline{\mathbf{a}}} = (\mathbf{F}^T \mathbf{F})^{-1} \mathbf{F}^T \underline{\mathbf{y}} \qquad (1\text{-}6)$$

Für die zweite Ableitung gilt: $\frac{\partial^2 \left(\underline{\delta}^T \underline{\delta}\right)}{\partial \underline{\mathbf{a}}^2} = \mathbf{F}^T \mathbf{F}$. Es ist $\underline{\mathbf{a}}^T \mathbf{F}^T \mathbf{F}\underline{\mathbf{a}}$ positiv definit[1]. Wenn $\left(\mathbf{F}^T \mathbf{F}\right)^{-1}$ existiert, dann liefert die Lösung des Normalgleichungssystems $\underline{\mathbf{a}} = (\mathbf{F}^T \mathbf{F})^{-1} \mathbf{F}^T \underline{\mathbf{y}}$ das Minimum des Skalarproduktes $\underline{\delta}^T \underline{\delta}$. Diese Vorgehensweise wird als Methode der kleinsten Quadrate – MkQ bezeichnet. Die Matrix $(\mathbf{F}^T \mathbf{F})$ wird als Informationsmatrix und $(\mathbf{F}^T \mathbf{F})^{-1}$ wird auch als Präzisionsmatrix bezeichnet. Für das Beispiel ist:

$$(\mathbf{F}^T \mathbf{F})^{-1} = \begin{pmatrix} 5{,}786600481 & -43{,}65941252 & 56{,}14822713 & 0{,}030195625 & 0{,}000123411 \\ -43{,}65941252 & 369{,}7229560 & -485{,}716470 & -0{,}768892962 & -0{,}001172201 \\ 56{,}14822713 & -485{,}716470 & 649{,}6835046 & 1{,}028840833 & 0{,}001539498 \\ 0{,}030195625 & -0{,}768892962 & 1{,}028840833 & 0{,}015175094 & 5{,}61186\text{E-}07 \\ 0{,}000123411 & -0{,}001172201 & 0{,}001539498 & 5{,}61186\text{E-}07 & 1{,}03479\text{E-}08 \end{pmatrix}$$

---

1 Eine Matrix $\mathbf{A}$ ist positiv definit, wenn von $(\mathbf{A} - \lambda\mathbf{E})\underline{\mathbf{x}} = 0$ alle Eigenwerte $\lambda > 0$ sind. Es wird $\mathbf{A} = (\mathbf{F}^T \mathbf{F})$ gesetzt. Das Produkt $(\mathbf{F}^T \mathbf{F})$ ist eine *Cholesky* Zerlegung der Matrix $\mathbf{A}$. *Cholesky* hat gezeigt, dass Matrizen, die in der Form $\mathbf{A} = (\mathbf{F}^T \mathbf{F})$ dargestellt werden können, positiv definit sind.

Entsprechend (1-6) lautet der Lösungsvektor:

$$\hat{a}_0 = \;\; 1{,}15632$$
$$\hat{a}_1 = \;\; 4{,}25356$$
$$\hat{a}_2 = -3{,}24210$$
$$\hat{a}_3 = \;\; 7{,}80185$$
$$\hat{a}_4 = -0{,}00203$$

1.3 Die Regressionsaufgabe

Das Problem besteht darin, den Parametervektor $\underline{\mathbf{a}}^T = (a_0, a_1, a_2, a_3, a_4)$ in $\mathbf{F}\underline{\mathbf{a}} = \underline{\mathbf{y}}$ so zu bestimmen, dass das berechnete Ergebnis mit dem gemessenen Ergebnis „optimal" übereinstimmt. Es gibt mehrere Definitionen der Optimalität der Übereinstimmung der Parameter, da es in linearen Räumen mehrere äquivalente Abstandsdefinitionen gibt. Dieser Abstand wird auch als Norm bezeichnet. Das Skalarprodukt des Vektors $\underline{\delta} = (\delta_1, \delta_2, \cdots, \delta_k)^T$ beschreibt die metrische Norm. Sind in „wenigen Punkten" „sehr große Abweichungen (Residuen)" vorhanden, dann geht das Residuum dieser Messungen in (1-7)

$$\underline{\delta}^T \underline{\delta} = \sum_{i=1}^{k} (y_i - \hat{y}_i)^2 \rightarrow \min \qquad (1\text{-}7)$$

als 2. Potenz in das Berechnungsergebnis der Regressionskoeffizienten ein. Das hat zur Folge, dass alle anderen Residuen bei der Berechnung der Regressionskoeffizienten stark von diesen „großen Residuen" beeinflusst werden.

Eine andere Möglichkeit besteht darin, die gesuchten Koeffizienten so auszuwählen, dass der Betrag der Abweichungen minimiert wird – also:

$$\sum_{i=1}^{k} |y_i - \hat{y}_i| \rightarrow \min \qquad (1\text{-}8)$$

Des Weiteren kann auch die maximale Abweichung aller Einzelresiduen zu minimieren, als Entscheidungskriterium festgelegt werden. Das bedeutet dass die Regressionsparameter so bestimmt werden, dass:

$$\max_{1,2,\cdots,k} |y_i - \hat{y}_i| \rightarrow \min \qquad (1\text{-}9)$$

erfüllt wird. Es gibt Softwareprodukte, die nach dem Entscheidungskriterium (1-8) die Regressionsparameter bestimmen. Für die Lösung der Aufgabe (1-9) ist die *Tschbytschew*-Approximation geeignet.

Im Folgenden wird die Regression für die metrische Norm (1-7) näher erläutert.

Betrachtet wird der lineare Regressionsansatz:

$$
\begin{aligned}
y &= a_0 + a_1 f_1(x_1, x_2, \ldots, x_m) + \ldots + a_n f_n(x_1, x_2, \ldots, x_m) + \varepsilon \\
&= \mathbf{a}^{\mathrm{T}} \mathbf{f}(\underline{\mathbf{x}}) + \varepsilon \\
&\text{mit} \\
&\mathbf{a}^{\mathrm{T}} = (a_0, a_1, \ldots, a_n) \\
&\mathbf{f}(\underline{\mathbf{x}})^T = (1, f_1(x_1, x_2, \ldots, x_m), \ldots, f_n(x_1, x_2, \ldots, x_m)) \\
&\text{und } f_0(x_1, x_2, \ldots, x_m) \equiv 1
\end{aligned}
\tag{1-10}
$$

Darin ist:

$y(x_1, x_2, \ldots, x_m)$	abhängige Variable (Zielgröße)
y_j	der gemessene Wert $j = 1, 2, \cdots, k$
$\underline{\mathbf{y}} = (y_1, y_2, \cdots, y_k)^T$	Vektor der Messergebnisse
a_i	unbekannte – zu ermittelnde – Koeffizienten $i = 0, 1, 2, \cdots, n$
$\hat{a}_i$	geschätzter Regressionskoeffizient $i = 0, 1, 2, \cdots, n$
$\hat{y}_j$	der für den Versuch j berechnete Wert $j = 1, 2, \cdots, k$
x_p	unabhängige Variable (Regressor) $p = 1, 2, \cdots, m$
$f_i(x_1, x_2, \cdots, x_m)$	vorgegebene Funktion $i = 1, 2, \cdots, n$
$\underline{\boldsymbol{\varepsilon}} = (\varepsilon_1, \varepsilon_2, \cdots, \varepsilon_k)^T$	zufälliger identisch nach $N \sim (\mu; \sigma^2)$ verteilter Messfehler

Es wird vorausgesetzt, dass $\mu = 0$ – die Messungen also keinen systematischen Fehler haben. Die Streuung σ ist unabhängig vom Versuchspunkt – also für alle Messungen gleich. Jede unabhängige Variable x_p soll in fest vorgegebenen Niveaus realisierbar sein. Daher wird zusätzlich vereinbart:

$x_{j;1,2,\ldots,N_j}$	Niveaus der Variablen x_j
N_j	Anzahl der Niveaus der unabhängigen Variablen x_j

Ein konkreter Versuch – der Vektor $\underline{v}_j$ – wird durch die entsprechenden Festlegungen der einzelnen Komponenten $\{x_{j;1,2,\ldots,N_j}\}; j = 1, 2, \ldots, m$ erklärt.

$$
v_j = \underline{\mathbf{x}}_j^T = \left(x_1 \in \{x_{1,1}; x_{1,2}, \cdots, x_{1,N_1}\}, x_2 \in \{x_{2,1}; x_{2,2}, \cdots, x_{2,N_2}\}, \ldots, x_m \in \{x_{m,1}; x_{m,2}, \cdots, x_{m,N_m}\}\right)^T
\tag{1-11}
$$

Für das vorige Beispiel sind die Niveaus der Einflussgrößen:

$$x_1 \in \{0{,}1;\quad 0{,}2;\quad 0{,}3;\quad 0{,}6\}$$

$$x_2 \in \{1;\quad 2;\quad 3;\quad 6;\quad 12\}$$

$$x_3 \in \{10;\quad 12;\quad 20;\quad 30;\quad 50\}$$

Beispielsweise wurde Versuch 3 im obigen Beispiel – Tabelle 1-1 – durch:

$$v_3 = \underline{\mathbf{x}}_3^T = (0,2;12;12)$$

festgelegt.

Der Versuch v_1 soll k_1-mal, der Versuch v_2 soll k_2-mal usw. durchgeführt werden. Diese Versuchsanordnung wird als Versuchsplan **V** bezeichnet.

$$\mathbf{V}^T = \left\{ \underbrace{v_1, \ldots, v_1}_{k_1-mal}, \underbrace{v_2, \ldots, v_2}_{k_2-mal}, \ldots, \underbrace{v_l, \ldots, v_l}_{k_l-mal} \right\} \tag{1-12}$$

Für die Gesamtversuchszahl gilt: $k = \sum_{i=1}^{l} k_i$. Da die Matrix $\left(\mathbf{F}^T\mathbf{F}\right)$ invertierbar sein muss, ist notwendig, dass für l – die Anzahl der unterschiedlichen Versuche – gilt: $l \geq n+1$. Damit ist $Rang\left(\left(\mathbf{F}^T\mathbf{F}\right)\right) = n+1$ und $\left(\mathbf{F}^T\mathbf{F}\right)^{-1}$ existiert. Ist $k_i \equiv 1$ dann wird jeder Versuch genau einmal durchgeführt und es ist $k = l$.

Jede Realisierung des Versuchsplanes führt zu einem Messergebnis.

$$\left.\begin{aligned} y_{v_1;1} &= a_0 + a_1 f_1(v_1) + \ldots + a_n f_n(v_1) \\ y_{v_1;2} &= a_0 + a_1 f_1(v_1) + \ldots + a_n f_n(v_1) \\ &\vdots \\ y_{v_1;k_1} &= a_0 + a_1 f_1(v_1) + \ldots + a_n f_n(v_1) \end{aligned}\right\} \text{Versuch } v_1 \text{ wurde } k_1 \text{ mal wiederholt}$$

$$\left.\begin{aligned} y_{v_2;1} &= a_0 + a_1 f_1(v_2) + \ldots + a_n f_n(v_2) \\ y_{v_2;2} &= a_0 + a_1 f_1(v_2) + \ldots + a_n f_n(v_2) \\ &\vdots \\ y_{v_2;k_2} &= a_0 + a_1 f_1(v_2) + \ldots + a_n f_n(v_2) \end{aligned}\right\} \text{Versuch } v_2 \text{ wurde } k_2 \text{ mal wiederholt}$$

$$\vdots$$

$$\left.\begin{aligned} y_{v_l;1} &= a_0 + a_1 f_1(v_l) + \ldots + a_n f_n(v_l) \\ y_{v_l;2} &= a_0 + a_1 f_1(v_l) + \ldots + a_n f_n(v_l) \\ &\vdots \\ y_{v_l;k_l} &= a_0 + a_1 f_1(v_l) + \ldots + a_n f_n(v_l) \end{aligned}\right\} \text{Versuch } v_l \text{ wurde } k_l \text{ mal wiederholt}$$

Der Vektor $\underline{y}^T = (y_{v_1,1}, y_{v_1,2}, \cdots, y_{v_1,k_1} y_{v_2,1}, y_{v_2,2}, \cdots, y_{v_2,k_2}, \cdots, y_{v_l,1}, y_{v_l,2}, \cdots, y_{v_l,k_l})$ ist der Vektor der Versuchsergebnisse. Dabei ist $\underline{\boldsymbol{\varepsilon}}^T = \left(\varepsilon_1, \varepsilon_2, \cdots, \varepsilon_k\right)^T$ der Messfehler – eine konkrete Realisierung der Normalverteilung $N\left(0;\sigma^2\right)$. Entsprechend der Voraussetzung ist die Streuung unabhängig vom Versuchspunkt. Für den Parametervektor gilt $\underline{\mathbf{a}}^T = \left(a_0, a_1, a_2, \cdots, a_n\right)$. Die Matrix **F** hat dann die folgende Form:

$$\mathbf{F} = \begin{pmatrix} 1 & f_1(v_1) & f_2(v_1) & \ldots & f_n(v_1) \\ 1 & f_1(v_1) & f_2(v_1) & \ldots & f_n(v_1) \\ \vdots & & & & \\ 1 & f_1(v_1) & f_2(v_1) & \ldots & f_n(v_1) \\ 1 & f_1(v_2) & f_2(v_2) & \ldots & f_n(v_2) \\ 1 & f_1(v_2) & f_2(v_2) & \ldots & f_n(v_2) \\ \vdots & & & & \\ 1 & f_1(v_2) & f_2(v_2) & \ldots & f_n(v_2) \\ \vdots & & & & \\ \vdots & & & & \\ 1 & f_1(v_k) & f_2(v_k) & \ldots & f_n(v_k) \\ 1 & f_1(v_k) & f_2(v_k) & \ldots & f_n(v_k) \\ \vdots & & & & \\ 1 & f_1(v_k) & f_2(v_k) & \ldots & f_n(v_k) \end{pmatrix} \begin{matrix} \left.\right\} \text{Versuch } v_1 \text{ wurde } k_1 \text{ mal wiederholt} \\ \left.\right\} \text{Versuch } v_2 \text{ wurde } k_2 \text{ mal wiederholt} \\ \left.\right\} \text{Versuch } v_k \text{ wurde } k_k \text{ mal wiederholt} \end{matrix} \tag{1-13}$$

Das Regressionsproblem wird – wie in (1-10) dargestellt durch

$$\underline{\mathbf{y}} = \mathbf{F}\underline{\mathbf{a}} + \underline{\boldsymbol{\varepsilon}} \tag{1-14}$$

Mit $\underline{\boldsymbol{\varepsilon}} = (\varepsilon_1, \varepsilon_2, \cdots, \varepsilon_k)^T$ und $\varepsilon_j \sim N(0, \sigma^2)$ Da in (1-14) der Messfehler $\underline{\boldsymbol{\varepsilon}}$ mit berücksichtigt wird, ist das Berechnungsergebnis von (1-7) ein Schätzung. Die Regressionsparameterwerden entsprechend (1-7) geschätzt durch

$$\underline{\hat{\mathbf{a}}} = (\mathbf{F}^T\mathbf{F})^{-1}\mathbf{F}^T\underline{\mathbf{y}} \tag{1-6}$$

und mit $\underline{\hat{\mathbf{a}}}^T = (\hat{a}_0, \hat{a}_1, \hat{a}_2, \cdots, \hat{a}_n)$ bezeichnet. Die Darstellung der Informationsmatrix $(\mathbf{F}^T\mathbf{F})$ kann mit Hilfe von (1-13) auch in der Form

$$(\mathbf{F}^T\mathbf{F}) = \left(\left(\sum_{v=1}^{k} f_i(\underline{x}_v) f_j(\underline{x}_v) \right) \right)_{i,j=1,2,\ldots,m} \tag{1-15}$$

dargestellt werden.

1.3.1 Algebraische Eigenschaften der Lösung des Regressionsproblems

Wird der geschätzte Parameter $\underline{\hat{\mathbf{a}}}$ in die Normalgleichung (1-5) eingesetzt, so ist:

$$-2\mathbf{F}^T\underline{\mathbf{y}} + 2\mathbf{F}^T\mathbf{F}\underline{\hat{\mathbf{a}}} = 0$$

$$\mathbf{F}^T(\mathbf{F}\underline{\hat{\mathbf{a}}} - \underline{\mathbf{y}}) = 0$$

$$\mathbf{F}^T(\underline{\hat{\mathbf{y}}} - \underline{\mathbf{y}}) = \mathbf{F}^T\underline{\boldsymbol{\delta}} = 0 \tag{1-16}$$

Die Bedingung $\mathbf{F}^T \underline{\boldsymbol{\delta}} = 0$ sind also $n+1$ Restriktionen. Damit verringert sich die Anzahl der Freiheitsgrade auf $k-(n+1)$.

Beachtet man, dass die erste Spalte der Matrix $\mathbf{F}^T$ nur mit k Einsen besetzt ist, folgt aus (1-17)

$$\underbrace{(1,1,\cdots,1)}_{k}\underline{\boldsymbol{\delta}} = \sum_{j=1}^{k} 1\cdot\delta_j = 0 \qquad (1\text{-}17)$$

Die Summe der Residuen ist Null.

Es gilt der Zusammenhang $\underline{\mathbf{y}} = \underline{\hat{\mathbf{y}}} + \underline{\boldsymbol{\delta}}$ und damit

$$\overline{y} = \frac{1}{k}\sum_{j=1}^{k} y_j = \frac{1}{k}\sum_{j=1}^{k}(\hat{y}_j + \delta_j) = \frac{1}{k}\sum_{j=1}^{k}\hat{y}_j + \underbrace{\frac{1}{k}\sum_{j=1}^{k}\delta_j}_{=0} = \frac{1}{k}\sum_{j=1}^{k}\hat{y}_j = \overline{\hat{y}} \qquad (1\text{-}18)$$

Die Mittelwerte der geschätzten Funktionswerte und der tatsächlichen Funktionswerte unterscheiden sich nicht.

Die Multiplikation (1-16) von links mit der Schätzung $\underline{\hat{\mathbf{a}}}^T$ ergibt:

$$\underline{\hat{\mathbf{a}}}^T \mathbf{F}^T \underline{\boldsymbol{\delta}} = 0 \qquad \text{also}$$

$$\underline{\hat{\mathbf{y}}}^T \underline{\boldsymbol{\delta}} = 0 \qquad (1\text{-}19)$$

Geometrisch betrachtet stehen die Residuen $\underline{\boldsymbol{\delta}}$ orthogonal auf den geschätzten Funktionswerten $\underline{\hat{\mathbf{y}}}^T$. Die Vektoren $\underline{\mathbf{y}}$, $\underline{\hat{\mathbf{y}}}$ und $\underline{\boldsymbol{\delta}}$ bilden also ein rechtwinkliges Dreieck.

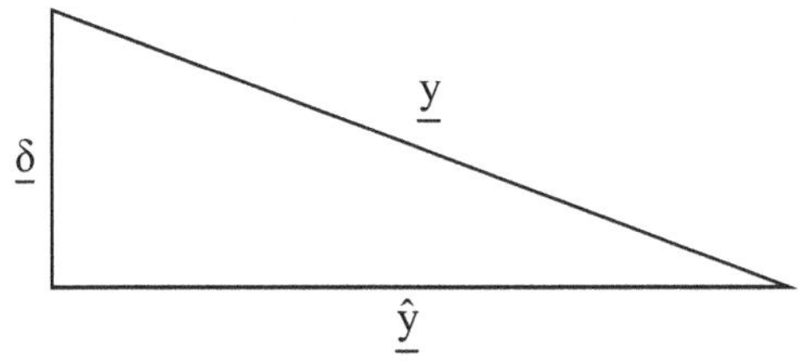

Abb. 1-1: Zusammenhang der Residuen und tatsächlichen und geschätzten Funktionswerte.

Nach dem Satz des Pythagoras gilt: $\underline{\mathbf{y}}^2 = \underline{\hat{\mathbf{y}}}^2 + \underline{\boldsymbol{\delta}}^2$. Bildet man das Skalarprodukt von $\underline{\mathbf{y}} = \underline{\hat{\mathbf{y}}} + \underline{\boldsymbol{\delta}}$ so ist:

$$\underline{\mathbf{y}}^T \underline{\mathbf{y}} = \left(\underline{\hat{\mathbf{y}}} + \underline{\boldsymbol{\delta}}\right)^T \left(\underline{\hat{\mathbf{y}}} + \underline{\boldsymbol{\delta}}\right) = \hat{\mathbf{y}}^T\hat{\mathbf{y}} + \underbrace{\underline{\boldsymbol{\delta}}^T \underline{\hat{\mathbf{y}}}}_{=0} + \underbrace{\underline{\hat{\mathbf{y}}}^T \underline{\boldsymbol{\delta}}}_{=0} + \underline{\boldsymbol{\delta}}^T \underline{\boldsymbol{\delta}}$$

also

$$\underline{\mathbf{y}}^T \underline{\mathbf{y}} = \hat{\mathbf{y}}^T\hat{\mathbf{y}} + \underline{\boldsymbol{\delta}}^T \underline{\boldsymbol{\delta}} \qquad (1\text{-}20)$$

1.4 Das Bestimmtheitsmaß

Das Bestimmtheitsmaß ist eine maßstablose Größe, durch das die Qualität einer Modellfunktion beschrieben wird. Im Bestimmtheitsmaß werden die mit der Modellfunktion gerechneten Werte über die Varianzen mit den Varianzen der gemessenen Werten verglichen und normiert – siehe (1-24).

Im Folgenden wird $S_Y^2 = (\underline{\mathbf{y}} - \underline{\mathbf{e}}\bar{y})^T(\underline{\mathbf{y}} - \underline{\mathbf{e}}\bar{y})$ – in dem $\underline{\mathbf{e}}^T = \left(\underbrace{1,1,\cdots,1}_{k}\right)$ – „durch die Addition einer gehaltvollen 0“ näher betrachtet. Es ist:

$$\begin{aligned} S_Y^2 &= (\underline{\mathbf{y}} - \underline{\mathbf{e}}\bar{y})^T(\underline{\mathbf{y}} - \underline{\mathbf{e}}\bar{y}) = (\underline{\mathbf{y}} - \underline{\mathbf{e}}\bar{y} + \underline{\hat{\mathbf{y}}} - \underline{\hat{\mathbf{y}}})^T(\underline{\mathbf{y}} - \underline{\mathbf{e}}\bar{y} + \underline{\hat{\mathbf{y}}} - \underline{\hat{\mathbf{y}}}) \\ &= \left((\underline{\mathbf{y}} - \underline{\hat{\mathbf{y}}}) - (\underline{\mathbf{e}}\bar{y} - \underline{\hat{\mathbf{y}}})\right)^T \left((\underline{\mathbf{y}} - \underline{\hat{\mathbf{y}}}) - (\underline{\mathbf{e}}\bar{y} - \underline{\hat{\mathbf{y}}})\right) \\ &= \underbrace{\underline{\boldsymbol{\delta}}^T \underline{\boldsymbol{\delta}}}_{S^2} - \underbrace{\left(\bar{y}\underline{\mathbf{e}} - \underline{\hat{\mathbf{y}}}\right)^T \underline{\boldsymbol{\delta}}}_{=0} - \underbrace{\underline{\boldsymbol{\delta}}^T \left(\underline{\mathbf{e}}\bar{y} - \underline{\hat{\mathbf{y}}}\right)}_{=0} + \underbrace{\left(\underline{\mathbf{e}}\bar{y} - \underline{\hat{\mathbf{y}}}\right)^T \left(\underline{\mathbf{e}}\bar{y} - \underline{\hat{\mathbf{y}}}\right)}_{S_{\hat{Y}}^2} \end{aligned}$$

$$S_Y^2 = \underline{\boldsymbol{\delta}}^T \underline{\boldsymbol{\delta}} + \left(\underline{\hat{\mathbf{y}}} - \underline{\mathbf{e}}\bar{y}\right)^T \left(\underline{\hat{\mathbf{y}}} - \underline{\mathbf{e}}\bar{y}\right)$$

Es gilt also die Varianzzerlegung

$$S_Y^2 = S_{\hat{Y}}^2 + S^2$$

mit

$$S^2 = \underline{\boldsymbol{\delta}}^T \underline{\boldsymbol{\delta}} = \left(\underline{\mathbf{y}} - \underline{\hat{\mathbf{y}}}\right)^T \left(\underline{\mathbf{y}} - \underline{\hat{\mathbf{y}}}\right) = \sum_{j=1}^{k} \left(y_j - \hat{y}_j\right)^2 \tag{1-21}$$

und $S_{\hat{Y}}^2 = \left(\underline{\hat{\mathbf{y}}} - \mathbf{e}\bar{y}\right)^T \left(\underline{\hat{\mathbf{y}}} - \mathbf{e}\bar{y}\right) = \sum_{j=1}^{k} \left(\hat{y}_j - \bar{y}\right)^2$

Eine erwartungstreue Schätzung[2] der Gesamtvarianz der Versuchsergebnisse σ_Y^2 ist

$$\hat{\sigma}_Y^2 = \frac{1}{k-1} S_Y^2 = \frac{1}{k-1} (\underline{\mathbf{y}} - \bar{y})^T (\underline{\mathbf{y}} - \bar{y}) = \frac{1}{k-1} \sum_{i=1}^{k} (y_i - \bar{y})^2 \tag{1-22}$$

Die Varianz der geschätzten Wirkungsfläche $\sigma_{\hat{Y}}^2$ kann mit der erwartungstreuen Schätzung

$$\hat{\sigma}_{\hat{Y}}^2 = \frac{1}{k-n-1} (\underline{\hat{\mathbf{y}}} - \bar{y})^T (\underline{\hat{\mathbf{y}}} - \bar{y}) = \frac{1}{k-n-1} \sum_{i=1}^{k} (\hat{y}_i - \bar{y})^2 \tag{1-23}$$

berechnet werden. Das Bestimmtheitsmaß wird durch:

---

2 Es ist $\hat{\Theta}$ eine Schätzung für den Parameter einer Zufallsgröße. Eine Schätzung ist erwartungstreu, wenn für den Erwartungswert (Fußnote 3) gilt. $\mathrm{E}\{\hat{\Theta}\} = \Theta$.

$$B = \frac{(\hat{\mathbf{y}} - \overline{y})^T (\hat{\mathbf{y}} - \overline{y})}{(\underline{\mathbf{y}} - \overline{y})^T (\underline{\mathbf{y}} - \overline{y})} = \frac{S_{\hat{Y}}^2}{S_Y^2} = \frac{S_Y^2 - S^2}{S_Y^2} = 1 - \frac{S^2}{S_Y^2} \leq 1 \qquad (1\text{-}24)$$

definiert. Es ist

$$S^2 = S_Y^2 - S_{\hat{Y}}^2 = S_Y^2 \left(1 - \frac{S_{\hat{Y}}^2}{S_Y^2} \right) = S_Y^2 (1 - B)$$

Da $S_{\hat{Y}}^2 = S_Y^2 - S^2$ und $\frac{1}{k-n-1} S_{\hat{Y}}^2$ die Schätzung für $\sigma_{\hat{Y}}^2$ ist, kann $\sigma_{\hat{Y}}^2$ auch geschätzt werden, durch

$$\hat{\sigma}_{\hat{Y}}^2 = \frac{1}{k-n-1} \left(S_Y^2 - S^2 \right)^2 .$$

Für die Schätzung für die mittlere Reststreuung σ^2 gilt demnach:

$$\hat{\sigma}^2 = \frac{1}{k-n-1} \sum_{j=1}^{k} \left(y_j - \hat{y}_j \right)^2 \qquad (1\text{-}25)$$

Diese Schätzung ist auch erwartungstreu. Es ist:

$$\hat{\sigma}^2 = \frac{k-1}{k-n-1} \hat{\sigma}_Y^2 (1 - B)$$

Mit Hilfe der Größen $\hat{\sigma}^2$ und $\hat{\sigma}_Y^2$ lässt sich auch das Bestimmtheitsmaß darstellen.

$$B = 1 - \frac{(k-n-1)}{(k-1)} \cdot \frac{\hat{\sigma}^2}{\hat{\sigma}_Y^2} \qquad (1\text{-}26)$$

1.4.1 Der multiple Korrelationskoeffizient

Wie in (1-20) gezeigt wurde, gilt der Zusammenhang $\underline{\mathbf{y}}^T \underline{\mathbf{y}} = \hat{\mathbf{y}}^T \hat{\mathbf{y}} + \underline{\boldsymbol{\delta}}^T \underline{\boldsymbol{\delta}}$. Dividiert man diesem Zusammenhang mit k – der Anzahl der Versuche – und subtrahiert man auf beiden Seiten $\overline{y}^2$, so erhält man – wie in (1-21) – die Zerlegung der Varianz

$$\frac{1}{k} \underline{\mathbf{y}}^T \underline{\mathbf{y}} - \overline{y}^2 = \frac{1}{k} \hat{\mathbf{y}}^T \hat{\mathbf{y}} - \overline{y}^2 + \frac{1}{k} \underline{\boldsymbol{\delta}}^T \underline{\boldsymbol{\delta}}$$

Die Varianzen S_Y^2 und $S_{\hat{Y}}^2$ stehen also auch orthogonal zu einander.

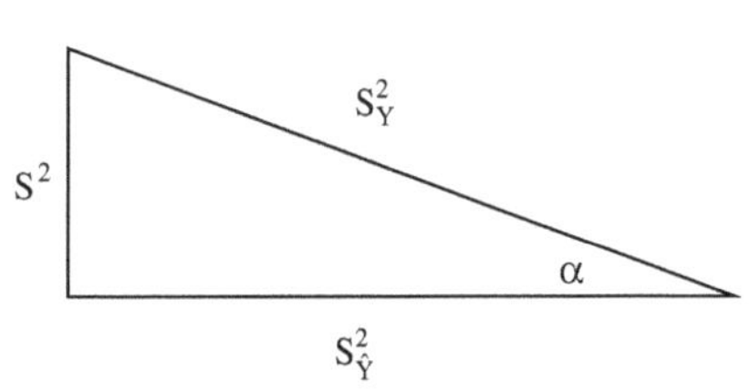

Abb. 1-2: Zusammenhang zwischen S_Y^2 und $S_{\hat{Y}}^2$.

Der multiple Korrelationskoeffizient wird definiert durch

$$r_{mult} = \frac{\sqrt{S_{\hat{Y}}^2}}{\sqrt{S_Y^2}} = \sqrt{B} \tag{1-27}$$

und beschreibt daher den Kosinus des Winkels α der durch den Residuenvektor entsteht. Wird eine Regressionsaufgabe mit einem Bestimmtheitsmaß $B = 0,92$ beschrieben, so ist der multiple Korrelationskoeffizient $r_{mult} = 0,959$. Dieser Wert entspricht einem Winkel von $\alpha = 16,43°$. Die Einschätzung des multiplen Korrelationskoeffizienten über den Winkel α ist unüblich.

1.5 Stochastische Eigenschaften der Regressionsschätzung

1.5.1 Der Erwartungswert[3] der geschätzten Parameter

Da der Messfehler $\underline{\boldsymbol{\varepsilon}}$ zufällig und identisch nach $N(0,\sigma^2)$ verteilt ist, gilt:

$$\begin{aligned}
\mathbf{E}\{\underline{\hat{\mathbf{a}}}\} &= \mathbf{E}\left\{\left(\mathbf{F}^T\mathbf{F}\right)^{-1}\mathbf{F}^T\mathbf{Y}\right\} \\
&= \left(\mathbf{F}^T\mathbf{F}\right)^{-1}\mathbf{F}^T\mathbf{E}\{\mathbf{Y}\} \\
&= \left(\mathbf{F}^T\mathbf{F}\right)^{-1}\mathbf{F}^T\mathbf{E}\{\underline{\mathbf{y}}+\underline{\boldsymbol{\varepsilon}}\} \\
&= \left(\mathbf{F}^T\mathbf{F}\right)^{-1}\mathbf{F}^T(\underline{\mathbf{y}}+\underbrace{\mathbf{E}\{\underline{\boldsymbol{\varepsilon}}\}}_{=\mathbf{0}}) \\
&= \left(\mathbf{F}^T\mathbf{F}\right)^{-1}\mathbf{F}^T\underline{\mathbf{y}} = \underline{\mathbf{a}}
\end{aligned}$$

Somit ist $\underline{\hat{\mathbf{a}}}$ eine erwartungstreue Schätzung für den Parametervektor $\underline{\mathbf{a}}$.

---

3 Es sind δ und ε zwei Zufallsgrößen. Dann ist $\mathrm{E}\varepsilon = \begin{cases} \int_{-\infty}^{\infty} x f_\varepsilon(x)dx & \text{für steige Dichtefunktion} \\ \sum_k \mathrm{x_k}\, p(\varepsilon = \mathrm{x_k}) & \text{für diskrete Verteilungen} \end{cases}$ der Erwartungswert der Zufallsgröße ε. Es ist $\mathrm{cov}(\delta,\varepsilon) = \mathrm{E}(\delta - \mathrm{E}\delta)(\varepsilon - \mathrm{E}\varepsilon) = \mathrm{E}\delta\varepsilon - \mathrm{E}\delta\mathrm{E}\varepsilon$ die Kovarianz der Zufallsgrößen δ und ε. Insbesondere ist $\mathrm{D}^2\varepsilon = \mathrm{cov}(\varepsilon,\varepsilon) = \mathrm{E}\varepsilon^2 - (\mathrm{E}\varepsilon)^2$ die Varianz der Zufallgröße ε. Die Standardabweichung ist durch $\sigma_\varepsilon = \sqrt{\mathrm{D}^2\varepsilon}$ erklärt. Der Korrelationskoeffizeint ist durch $r_{\delta;\varepsilon} = \dfrac{\mathrm{cov}(\delta,\varepsilon)}{\sigma_\delta\sigma_\varepsilon}$ definiert. E bezeichnet den Erwartungswert und **E** die Einheitsmatrix.

1.5.2 Der Erwartungswert der geschätzten Wirkungsfläche

Berechnet man den Erwartungswert der geschätzten Wirkungsfläche $\hat{\mathbf{Y}} = \hat{a}^T \mathbf{f}(\underline{\mathbf{x}})$ der Regressionsaufgabe, so erhält man – wegen der Erwartungstreue des geschätzten Parametervektors $\underline{\hat{a}}$ – die Beziehung:

$$\mathrm{E}\hat{\mathbf{Y}} = \mathrm{E}\{\underline{\hat{\mathbf{a}}}\}\mathbf{f}(\underline{\mathbf{x}}) = \underline{\mathbf{a}}^T \mathbf{f}(\underline{\mathbf{x}})$$

Die Wirkungsfläche wird also mit dem geschätzten $\hat{\mathbf{a}}$ Parameter tatsächlich beschrieben.

1.5.3 Die Varianz der geschätzten Parameter

Es wird die Varianz des Vektors $\underline{\delta} = \underline{\mathbf{y}} - \mathbf{F}\underline{\hat{\mathbf{a}}} = \underline{\mathbf{y}} - \underline{\hat{\mathbf{y}}}$ berechnet. Da jede Messung mit der gleichen Streuung σ^2 erfolgt ist:

$$\mathrm{D}^2\underline{\boldsymbol{\delta}} = \mathrm{E}\underline{\boldsymbol{\delta}\boldsymbol{\delta}}^T = \mathrm{E}(\mathbf{Y} - \hat{\mathbf{Y}})(\mathbf{Y} - \hat{\mathbf{Y}})^T = \sigma^2\mathbf{E}$$

Für die Kovarianz des Geschätzten Parametervektors $\underline{\hat{\mathbf{a}}}$ gilt:

$$\mathrm{cov}(\underline{\hat{\mathbf{a}}}) = \mathrm{E}\left(\underline{\hat{\mathbf{a}}} - \underline{\mathbf{a}}\right)\left(\underline{\hat{\mathbf{a}}} - \underline{\mathbf{a}}\right)^T$$

Da $\underline{\hat{\mathbf{a}}}$ eine erwartungstreue Schätzung für den Parameter $\underline{\mathbf{a}}$ ist, gilt:

$$\begin{aligned}
\mathrm{cov}(\underline{\hat{\mathbf{a}}}) &= \mathrm{E}\left(\underline{\hat{\mathbf{a}}} - \underline{\mathbf{a}}\right)\left(\underline{\hat{\mathbf{a}}} - \underline{\mathbf{a}}\right)^T \\
&= \mathrm{E}\left(\left(\mathbf{F}^T\mathbf{F}\right)^{-1}\mathbf{F}^T\hat{\mathbf{Y}} - \left(\mathbf{F}^T\mathbf{F}\right)^{-1}\mathbf{F}^T\mathbf{Y}\right)\left(\left(\mathbf{F}^T\mathbf{F}\right)^{-1}\mathbf{F}^T\hat{\mathbf{Y}} - \left(\mathbf{F}^T\mathbf{F}\right)^{-1}\mathbf{F}^T\mathbf{Y}\right)^T \\
&= \mathrm{E}\left(\left(\mathbf{F}^T\mathbf{F}\right)^{-1}\mathbf{F}^T(\hat{\mathbf{Y}} - \mathbf{Y})\right)\left(\left(\mathbf{F}^T\mathbf{F}\right)^{-1}\mathbf{F}^T(\hat{\mathbf{Y}} - \mathbf{Y})\right)^T \\
&= \left(\mathbf{F}^T\mathbf{F}\right)^{-1}\mathbf{F}^T\mathrm{E}\{(\hat{\mathbf{Y}} - \mathbf{Y})(\hat{\mathbf{Y}} - \mathbf{Y})^T\}\mathbf{F}\left(\mathbf{F}^T\mathbf{F}\right)^{-1}
\end{aligned}$$

Wegen $\mathrm{E}\underline{\delta\delta}^T = \mathrm{D}^2\underline{\boldsymbol{\varepsilon}} = \mathrm{E}(\mathbf{Y} - \hat{\mathbf{Y}})(\mathbf{Y} - \hat{\mathbf{Y}})^T = \sigma^2\mathbf{E}$ ist

$$\mathrm{cov}(\underline{\hat{\mathbf{a}}}) = \left(\mathbf{F}^T\mathbf{F}\right)^{-1}\mathbf{F}^T\mathbf{F}\left(\mathbf{F}^T\mathbf{F}\right)^{-1}\sigma^2$$

und damit:

$$\mathrm{cov}(\underline{\hat{\mathbf{a}}}) = \left(\mathbf{F}^T\mathbf{F}\right)^{-1}\sigma^2$$

Jede Komponente des geschätzten Parametervektors $\underline{\hat{\mathbf{a}}}$ hat damit die Varianz:

$$D^2(a_i) = \mathrm{cov}(a_i, a_i) = \sigma^2 c_{ii} \qquad (1\text{-}28)$$

wobei $c_{i,i}$ das Hauptdiagonalenelement der – auch als Präzisionsmatrix bezeichneten – Matrix $\left(\mathbf{F}^T\mathbf{F}\right)^{-1}$ ist.

1.5.4 Die Varianz der geschätzten Wirkungsfläche

Die Streuung $D^2\hat{\mathbf{y}}$ für die geschätzte Wirkungsfläche errechnet sich nach:

$$\begin{aligned} D^2\hat{\mathbf{y}} &= \mathrm{E}\{(\hat{\mathbf{Y}}-\mathbf{Y})(\hat{\mathbf{Y}}-\mathbf{Y})^T\} \\ &= \mathrm{E}\left\{(\hat{\mathbf{a}}-\mathbf{a})f(\mathbf{x})\left((\hat{\mathbf{a}}-\mathbf{a})f(\mathbf{x})\right)^T\right\} \\ &= f(\mathbf{x})^T\mathrm{E}\left\{(\hat{\mathbf{a}}-\mathbf{a})(\hat{\mathbf{a}}-\mathbf{a})^T\right\}f(\mathbf{x}) \\ D^2\hat{\mathbf{y}} &= \sigma^2 f(\mathbf{x})^T\left(\mathbf{F}^T\mathbf{F}\right)^{-1}f(\mathbf{x}) \end{aligned} \quad (1\text{-}29)$$

Da in der Matrix $\left(\mathbf{F}^T\mathbf{F}\right)^{-1}$ die Versuchspunkte enthalten sind, ist die Streuung $D^2\hat{\mathbf{y}}$ für die geschätzte Wirkungsfläche abhängig von der Wahl der Versuchspunkte. Diese Eigenschaft ist die Grundlage der „optimalen" Versuchsplanung.

1.6 Eigenschaften der geschätzten Parameter

Für den berechneten Parameter $a_0, a_1, a_2, \cdots, a_k$ lassen sich Gültigkeitsbereiche (Konfidenzintervalle) angeben. Mit der Irrtumswahrscheinlichkeit α (Konfidenzniveau α) wird die Vertrauensgrenze des jeweiligen Parameters festgelegt. Es wurde gezeigt, dass jede Komponente $a_0, a_1, a_2, \cdots, a_k$ des geschätzten Parametervektors $\underline{\hat{\mathbf{a}}}$ die Varianz

$$D^2(a_i) = \mathrm{cov}(a_i, a_i) = \sigma^2 c_{ii} \quad (1\text{-}28)$$

hat. Im Allgemeinen ist die Varianz σ^2 nicht bekannt. Deshalb wird σ^2 durch $S^2 = \frac{1}{k-n-1}\sum_{i=1}^{k}\left(\hat{y}_i - y_i\right)^2$ geschäzt. Da die geschätzten Parameter $\hat{a}_0, \hat{a}_1, \hat{a}_2, \cdots, \hat{a}_n$ nach $N \sim \left(\mu; \sigma^2\right)$ verteilt sind, genügt die Testgröße

$$T_i = \frac{|\hat{a}_i - a_i|}{S\sqrt{c_{ii}}} \sim t_{k-(n+1);1-\frac{\alpha}{2}}$$

der t-Verteilung. Der Test zur Irrtumswahrscheinlichkeit α (Konfidenzniveau α) wird durch:

$$P\left(\frac{|\hat{a}_i - a_i|}{\sqrt{c_{ii}}\,S} \geq t_{k-n-1;1-\frac{\alpha}{2}}\right) \leq \alpha \quad (1\text{-}30)$$

beschrieben. Es ist oft von Interesse, ob ein Parameter im Regressionsansatz vernachlässigt werden kann. Diese Fragestellung $a_i = 0$ kann mit der Testgröße $T_i = \frac{|\hat{a}_i - 0|}{S\sqrt{c_{ii}}}$ geprüft werden. Ist

$$T_i = \frac{|\hat{a}_i|}{S\sqrt{c_{ii}}} \geq t_{k-n-1;1-\frac{\alpha}{2}}$$

dann kann die Hypothese $a_i = 0$ nicht bestätigt werden.

Mit der Festlegung der Irrtumswahrscheinlichkeit

$$P\left(\frac{|\hat{a}_i - a_i|}{\sqrt{c_{ii}}S} \geq t_{k-n-1;1-\frac{\alpha}{2}}\right) \leq \alpha$$

kann auch das Vertrauensintervall (Konfidenzintervall) des geschätzten Parameters a_i bestimmt werden. Es ist:

$$P\left(\frac{|\hat{a}_i - a_i|}{\sqrt{c_{ii}}S} < t_{k-n-1;1-\frac{\alpha}{2}}\right) \geq 1-\alpha$$

$$P\left(-t_{k-n-1;1-\frac{\alpha}{2}} < \frac{\hat{a}_i - a_i}{\sqrt{c_{ii}}S} < t_{k-n-1;1-\frac{\alpha}{2}}\right) \geq 1-\alpha$$

und damit

$$P\left(\hat{a}_i - \sqrt{c_{ii}} \cdot S \cdot t_{k-n-1;1-\frac{\alpha}{2}} < a_i < \hat{a}_i + \sqrt{c_{ii}} \cdot S \cdot t_{k-n-1;1-\frac{\alpha}{2}}\right) \geq 1-\alpha$$

Das Vertrauensintervall für a_i ist demnach:

$$\hat{a}_i - \sqrt{c_{ii}} \cdot S \cdot t_{k-n-1;1-\frac{\alpha}{2}} < a_i < \hat{a}_i + \sqrt{c_{ii}} \cdot S \cdot t_{k-n-1;1-\frac{\alpha}{2}} \quad \text{oder}$$

$$|\hat{a}_i - a_i| \leq \sqrt{c_{ii}} \cdot S \cdot t_{k-n-1;1-\frac{\alpha}{2}} \tag{1-31}$$

Überdeckt des Konfidenzintervall den Nullpunkt, dann kann man davon ausgehen, dass der Parameter keinen signifikanten Einfluss hat. Es ist möglich, sich die Irrtumswahrscheinlichkeit aus der Testgröße zu berechnen. Die Testgröße ist t-verteilt mit $k-n-1$ Freiheitsgraden. Es ist zu beachten, dass die Abweichungen nach oben und unten – Test mit zweiseitiger Fragestellung – hier zutrifft. Die Größe α_i ($t^{-1}_{zweiseitig}$ – Inverse der t-Verteilung) beschreibt, mit welcher Wahrscheinlichkeit der Koeffizient $a_i = 0$ ist.

$$\alpha_i = T_{zweiseitig}\left(\frac{|\hat{a}_i - 0|}{S\sqrt{c_{ii}}}, k-n-1\right)$$

Beispiel:

Das – im Kapitel 1.2 – angegebene Beispiel wird weiter betrachtet.

$\hat{y}$	y	$(\hat{y}-y)^2$
13,4984	13,5	2,3595E-06
30,5002	30,0	6,5541E-08
91,9913	92,0	7,5251E-05
29,8363	29,8	1,3199E-03
18,4974	18,5	6,5541E-06
9,4761	9,5	5,6717E-04
		1,9712E-03

Entsprechend (1-25) wird die Reststreuung $\hat{\sigma}$ berechnet.

$$\hat{\sigma} = \sqrt{\frac{1{,}9712\text{E-}03}{6-4-1}} = 0{,}044399067$$

Schätzung der Gesamtvarianz σ_Y^2 erfolgt nach (1-22)

$$\hat{\sigma}_Y = \sqrt{\frac{4637{,}3}{6-1}} = 30{,}4542279$$

In der Tabelle 1-2 sind alle wesentlichen Ergebnisse zusammengefasst. Das Konfidenzintervall wurde zum Konfidenzniveau $\alpha = 0{,}05$ berechnet.

Tab. 1-2: Tabelle der Zahlenwerte für das Beispiel von Kapitel 1.2.

	Parameter	c_{ii}	$S\sqrt{c_{ii}}$	$T_i = \frac{\lvert\hat{a}_i\rvert}{S\sqrt{c_{ii}}}$	$\alpha_i = P(T)$	Konfidenzintervall	
$a_0 =$	1,15632	5,78660	0,10680	10,8266	0,05863	–0,20073	2,51339
$a_1 =$	4,25356	369,722	0,85371	4,98242	0,12609	–6,59389	15,1010
$a_2 =$	–3,24218	649,683	1,13168	2,86492	0,21379	–17,6215	11,1372
$a_3 =$	7,801858	0,015175	0,005463	1426,456	0,000446	7,73236	7,87135
$a_4 =$	–0,00203	1,03E-08	4,51E-06	449,5297	0,001416	–0,00208	–0,00197

Aus dem Konfidenzintervall und dem dazugehörigen α_i Wert ist ersichtlich, dass die Koeffizienten a_3 und a_4 am Genausten beschrieben werden. Diese Koeffizienten sind mit einer Wahrscheinlichkeit von größer 0,998 von Null verschieden. Das Bestimmtheitsmaß errechnet sich nach (1-24) zu:

$$B = 1 - \frac{1}{5}\left(\frac{S}{S_Y}\right)^2 = 0{,}9999575$$

1.6.1 Die Regressionsfunktion $y = a + bx$

Es sind die Parameter für das Regressionsproblem

$$\underline{\delta}^T \underline{\delta} = (\underline{\mathbf{y}} - \mathbf{F}\underline{\mathbf{a}})^T (\underline{\mathbf{y}} - \mathbf{F}\underline{\mathbf{a}}) = \sum_{i=1}^{k} \left(y_i - \hat{a} - \hat{b}x_i \right)^2$$

zu bestimmen. In diesem einfachen Fall können die Parameter – wie anfangs erläutert – entsprechend:

$$\frac{\partial}{\partial a}\left(\underline{\delta}^T \underline{\delta}\right) = \frac{\partial}{\partial a}\sum_{i=1}^{k}\left(y_i - \hat{a} - \hat{b}x_i\right)^2 = 2\sum_{i=1}^{k}\left(y_i - \hat{a} - \hat{b}x_i\right) = 0$$

und

$$\frac{\partial}{\partial b}\left(\underline{\delta}^T \underline{\delta}\right) = \frac{\partial}{\partial a}\sum_{i=1}^{k}\left(y_i - \hat{a} - \hat{b}x_i\right)^2 = 2\sum_{i=1}^{k} x_i\left(y_i - \hat{a} - \hat{b}x_i\right) = 0$$

bestimmt werden. Mit wenigen Umformungen entsteht das Gleichungssystem für die zu schätzende Parameter $\hat{a}$ und $\hat{b}$

$$I \qquad \hat{a} + \hat{b}\overline{x} = \overline{y}$$

$$II \quad \hat{a}\overline{x} + \hat{b}\frac{1}{k}\sum_{i=1}^{k} x_i^2 = \frac{1}{k}\sum_{i=1}^{k} x_i y_i$$

Durch einsetzten der umgeformten I. Gleichung $\hat{a} = \overline{y} - \hat{b}\overline{x}$ in die II. Gleichung erhält man

$$\hat{b}\left(\frac{1}{k}\sum_{i=1}^{k} x_i^2 - \overline{x}^2\right) = \frac{1}{k}\sum_{i=1}^{k} x_i y_i - \overline{xy}$$

Beachtete man, dass die empirische Kovarianz durch

$$\operatorname{cov}(x, y) = \frac{1}{k}\sum_{i=1}^{k} x_i y_i - \overline{xy}$$

definiert ist und

$$\sigma_x^2 = \operatorname{cov}(x, x) = \frac{1}{k}\sum_{i=1}^{k} x_i x_i - \overline{xx}$$

dann ist

$$\hat{b}\left(\frac{1}{k}\sum_{i=1}^{k} x_i^2 - \overline{x}^2\right) = \frac{1}{k}\sum_{i=1}^{k} x_i y_i - \overline{xy}$$

$$\hat{b}\operatorname{cov}(x, x) = \operatorname{cov}(x, y)$$

$$\hat{b} = \frac{\operatorname{cov}(x, y)}{\operatorname{cov}(x, x)}$$

Dieses Ergebnis in $\hat{a} = \overline{y} - \hat{b}\overline{x}$ eingesetzt liefert:

$$\hat{a} = \overline{y} - \frac{\operatorname{cov}(x,y)}{\operatorname{cov}(x,x)}\overline{x}$$

also:

$$y = \overline{y} + \frac{\operatorname{cov}(x,y)}{\operatorname{cov}(x,x)}(x - \overline{x})$$

Der empirische Korrelationskoeffizient r ist definiert als:

$$r = \frac{\operatorname{cov}(x,y)}{\sigma_x \sigma_y} = \frac{\operatorname{cov}(x,y)}{\sqrt{\operatorname{cov}(x,x)}\sqrt{\operatorname{cov}(y,y)}}$$

Damit kann der Regressionskoeffizient $\hat{b}$ dargestellt werden durch:

$$\hat{b} = r\frac{\sqrt{\operatorname{cov}(x,x)}\sqrt{\operatorname{cov}(y,y)}}{\operatorname{cov}(x,x)} = r\frac{\sqrt{\operatorname{cov}(y,y)}}{\sqrt{\operatorname{cov}(x,x)}} = r\frac{\sigma_y}{\sigma_x}$$

Die geschätzte Regressionsgerade y kann also auch durch:

$$y = \overline{y} + r\frac{\sigma_y}{\sigma_x}(x - \overline{x}) \tag{1-32}$$

berechnet werden.

1.6.2 Bestimmtheitsmaß für den Regressionsansatz $y = a + bx$

Aus

$$B = \frac{(\underline{\hat{\mathbf{y}}} - \overline{y})^T(\underline{\hat{\mathbf{y}}} - \overline{y})}{(\underline{\mathbf{y}} - \overline{y})^T(\underline{\mathbf{y}} - \overline{y})} = \frac{\frac{(\underline{\hat{\mathbf{y}}} - \overline{y})^T(\underline{\hat{\mathbf{y}}} - \overline{y})}{k}}{\frac{(\underline{\mathbf{y}} - \overline{y})^T(\underline{\mathbf{y}} - \overline{y})}{k}} = \frac{\frac{1}{k}\sum_{i=1}^{k}(\hat{y}_i - \overline{y})^2}{\frac{1}{k}\sum_{i=1}^{k}(y_i - \overline{y})^2}$$

folgt:

$$B = \frac{\frac{1}{k}\sum_{i=1}^{k}(\hat{y}_i - \overline{y})^2}{\operatorname{cov}(y,y)}$$

$$= \frac{\frac{1}{k}\sum_{i=1}^{k}\left(\overline{y} + \frac{\operatorname{cov}(x,y)}{\operatorname{cov}(x,x)}(x_i - \overline{x}) - \overline{y}\right)^2}{\operatorname{cov}(y,y)} = \frac{\operatorname{cov}(x,y)^2}{\operatorname{cov}(x,x)\operatorname{cov}(y,y)} \tag{1-33}$$

$$B = r^2$$

Das Bestimmtheitsmaß für den Regressionsansatz $y = a + bx$ steht im unmittelbaren Zusammenhang mit der Korrelation der Einflussgröße mit der Ergebnisgröße. Wegen (1-24) kann die Reststreuung σ^2 für den Regressionsansatz $y = a + bx$ durch

$$\sigma^2 = \frac{k-1}{k-2} S_Y^2 \left(1 - r^2\right) \text{ oder } \sigma^2 = \frac{1}{k-2} S^2 = \frac{1}{k-2} \sum_{i=1}^{k} \left(y_i - \hat{y}_i\right)^2$$

berechnet werden.

1.6.3 Die Prüfung der Regressionsparameter der Regressionsfunktion $y = a + bx$

Beispielsweise wurden für zwei Mess-Serien zum gleichen Produkt die Parameter der Regressionsfunktion $y = a + bx$ ermittelt. Die Frage ist, ob die Regressionsparameter der beiden Messungen zu einer Grundgesamtheit gehören (statistisch gleich sind).

Mit dem Tests (1-30) im vorigen Kapitel

$$P\left(\frac{|\hat{a}_i - a_i|}{S\sqrt{c_{ii}}} \geq t_{k-2,1-\frac{\alpha}{2}}\right) \leq \alpha$$

kann über Fragestellung $\hat{a}_i = a_i$ mit der Testgröße $T = \frac{|\hat{a}_i - a_i|}{S\sqrt{c_{ii}}}$ entschieden werden. Ist

$$T = \frac{|\hat{a}_i - a_i|}{S\sqrt{c_{ii}}} \geq t_{k-2,1-\frac{\alpha}{2}} \qquad (1\text{-}34)$$

dann kann die Hypothese $\hat{a}_i = a_i$ nicht bestätigt werden.

Die Hauptdiagonalelemente $c_{0,0}$ und $c_{1,1}$ der Präzisionsmatrix $\left(\mathbf{F}^T\mathbf{F}\right)^{-1}$ beeinflussen die Varianz $\sigma_{\hat{a}_0}^2 = \sigma^2 c_{0,0} = S^2 c_{0,0}$ und $\sigma_{\hat{a}_1}^2 = \sigma^2 c_{1,1} = S^2 c_{1,1}$ der geschätzten Parameter $\hat{a}_0$ und $\hat{a}_1$. Daher sind für die Regressionsfunktion $y = a + bx$ die Hauptdiagonalelemente $c_{0,0}$ und $c_{1,1}$ der Präzisionsmatrix $\left(\mathbf{F}^T\mathbf{F}\right)^{-1}$ zu ermitteln. Es ist:

$$\mathbf{F} = \begin{pmatrix} 1 & x_1 \\ 1 & x_2 \\ \vdots & \vdots \\ 1 & x_k \end{pmatrix} \text{ und } \mathbf{F}^T = \begin{pmatrix} 1 & 1 & \cdots & 1 \\ x_1 & x_2 & \cdots & x_k \end{pmatrix} \text{ und damit } \left(\mathbf{F}^T\mathbf{F}\right) = \begin{pmatrix} k & \sum_{i=1}^{k} x_i \\ \sum_{i=1}^{k} x_i & \sum_{i=1}^{k} x_i^2 \end{pmatrix}$$

Die Präzisionsmatrix lautet also:

$$\left(\mathbf{F}^T\mathbf{F}\right)^{-1} = \frac{1}{k\sum_{i=1}^{k} x_i^2 - \left(\sum_{i=1}^{k} x_i\right)^2} \begin{pmatrix} \sum_{i=1}^{k} x_i^2 & -\sum_{i=1}^{k} x_i \\ -\sum_{i=1}^{k} x_i & k \end{pmatrix} = \frac{1}{k^2 \operatorname{cov}(x,x)} \begin{pmatrix} \sum_{i=1}^{k} x_i^2 & -\sum_{i=1}^{k} x_i \\ -\sum_{i=1}^{k} x_i & k \end{pmatrix}$$

Damit ergeben sich die Koeffizienten zu:

$$c_{0,0} = \frac{\sum_{i=1}^{k} x_i^2}{k^2 \operatorname{cov}(x,x)} = \frac{k(\operatorname{cov}(x,x) + \overline{x}^2)}{k^2 \operatorname{cov}(x,x)} = \frac{1}{k} + \frac{\overline{x}^2}{k \operatorname{cov}(x,x)} \tag{1-35}$$

und

$$c_{1,1} = \frac{1}{k \operatorname{cov}(x,x)} \tag{1-36}$$

Mit $S^2 = \frac{1}{k-2}\sum_{i=1}^{k}\left(y_i - \hat{y}_i\right)^2$ sind für den obigen Test (1-33) alle notwendigen Werte berechenbar. Mit

$$T = \frac{|\hat{a} - \tilde{a}|}{S\sqrt{c_{00}}} \geq t_{k-2,1-\frac{\alpha}{2}} \tag{1-37}$$

wird überprüft, ob die Regressionskonstante $\tilde{a}$ zur Grundgesamtheit gehört. Der Test, ob der Parameter $\tilde{b}$ zu Grundgesamtheit gehört, erfolgt mit der Testgröße

$$T = \frac{|\hat{b} - \tilde{b}|}{S\sqrt{c_{11}}} \geq t_{k-2,1-\frac{\alpha}{2}} \tag{1-38}$$

Die Entscheidung über die Zugehörigkeit eines Parameters zur Grundgesamtheit wird übersichtlicher, wenn das Konfidenzintervall des Parameters betrachtet wird. Das Konfidezintervall (1-38) wird mit den oben entwickelten Konstanten c_{00} und c_{11} aktualisiert.

Somit lautet das Konfidenzintervall für den Parameter a

$$\hat{a} - \sqrt{c_{00}} \cdot S \cdot t_{k-2,1-\frac{\alpha}{2}} < a < \hat{a} + \sqrt{c_{00}} \cdot S \cdot t_{k-2,1-\frac{\alpha}{2}} \text{ oder } |\hat{a} - a| \leq \sqrt{c_{00}} \cdot S \cdot t_{k-2,1-\frac{\alpha}{2}} \tag{1-39}$$

und analog für den Parameter b

$$\hat{b} - \sqrt{c_{11}} \cdot S \cdot t_{k-2,1-\frac{\alpha}{2}} < b < \hat{b} + \sqrt{c_{11}} \cdot S \cdot t_{k-2,1-\frac{\alpha}{2}}$$

oder

$$|\hat{b} - b| \leq t_{k-2,1-\frac{\alpha}{2}} S\sqrt{c_{11}} \tag{1-40}$$

Beispiel:

Es wurde die Förderleistung einer Pumpe bei unterschiedlichen Drehzahlen gemessen – Tabelle 1-3

Tab. 1-3: Förderleistung einer Pumpe bei unterschiedlichen Drehzahlen.

Drehzahl	geförderte Menge
2	7
3	12
4	15
5	16
6	20
7	24
8	26
9	35
10	33
11	35
12	38
13	42
14	44
15	48
16	51

Daraus werden die folgenden Werte ermittelt:

$$\operatorname{cov}(x,x)=18{,}66667 \quad \operatorname{cov}(y,y)=176{,}86222 \quad \operatorname{cov}(x,y)=57{,}06667$$

$$\overline{x}=9 \quad \overline{y}=29{,}73333 \quad t_{13;0{,}975}=2{,}16036$$

und damit die Parameter der Regressionsgeraden:

$$\hat{b}=\frac{\operatorname{cov}(x,y)}{\operatorname{cov}(x,x)}=\frac{57{,}06667}{18{,}66667}=3{,}057142$$

$$\hat{a}=\overline{y}-\hat{b}\overline{x}=29{,}73333\text{-}3{,}05714\cdot 9=2{,}21904$$

Die Reststreuung wird errechnet zu:

$$\sigma^2=\frac{1}{13}\sum_{i=1}^{k}\left(y_i-\hat{y}_i\right)^2=2{,}77069$$

Die Koeffizienten der Hauptdiagonale der Präzisionsmatrix $\left(\mathbf{F}^T\mathbf{F}\right)^{-1}$ werden berechnet:

$$c_{0,0}=\frac{1}{k}+\frac{\overline{x}^2}{k\operatorname{cov}(x,x)}=\frac{1}{15}+\frac{9^2}{15\cdot 18{,}66667}=0{,}35595$$

$$c_{1,1}=\frac{1}{k\operatorname{cov}(x,x)}=\frac{1}{15\cdot 18{,}66667}=0{,}0035714$$

Damit können die Konfidenzintervalle für die Regressionsparameter $\hat{a}$ und $\hat{b}$ entsprechend (1-38) und (1-39) angegeben werden.

$$0{,}073598 < \hat{a} < 4{,}36449$$

$$3{,}01443 < \hat{b} < 3{,}27204$$

1.6.4 Konfidenzbereich für die Regressionsgerade

In der Praxis ist der Konfidenzbereich der geschätzten Geraden $\hat{y} = \hat{a} + \hat{b}(x - \overline{x})$ von der wahren Geraden $EY(x) = a + b(x - \overline{x})$ in einem bestimmten Punkt x_j von Interesse. Es ist $\hat{y}_j = \hat{a} + \hat{b}x_j$ der berechnete Regressionswert im Punkt x_j. Da $\hat{y}_j$ und $y(x_j)$ einer Normalverteilung genügen, ergibt sich die Fragestellung:

$$P\left(\left| \frac{\hat{y}_j - y(x_j)}{\sqrt{c^*}\,S} \right| < t_{k-2,1-\frac{\alpha}{2}} \right) \geq 1 - \alpha$$

$$P\left(\hat{y}_j - S\sqrt{c^*} \cdot t_{k-2,1-\frac{\alpha}{2}} < y(x_j) < \hat{y}_j + S\sqrt{c^*} \cdot t_{k-2,1-\frac{\alpha}{2}} \right) \geq 1 - \alpha$$

Das Vertrauensintervall lautet demnach:

$$\hat{y}_j - S\sqrt{c^*} \cdot t_{k-2,1-\frac{\alpha}{2}} < y(x_j) < \hat{y}_j + S\sqrt{c^*} \cdot t_{k-2,1-\frac{\alpha}{2}}$$

oder

$$\left| \hat{y}_j - y(x_j) \right| \leq S\sqrt{c^*} \cdot t_{k-2,1-\frac{\alpha}{2}} \qquad (1\text{-}41)$$

Hierbei ist:

$$S = \sqrt{\frac{1}{k-2} \sum_{i=1}^{k} (y_i - \hat{y}_i)^2}$$

und

$$c^* = \frac{1}{k} + \frac{(x_j - \overline{x})^2}{k \operatorname{cov}(x, x)} \qquad (1\text{-}42)$$

Die folgende Tabelle 1-4 gibt die Berechnungsergebnisse zum Beispiel von Kapitel 1.6.3 wieder.

Tab. 1-4: Berechnete Daten für den Konfidenzbereich des Beispieles von Kapitel 1.6.3.

ŷ	c*	untere Grenze	obere Grenze
8,33	0,2417	6,57	10,10
11,39	0,1952	9,80	12,98
14,45	0,1560	13,03	15,87
17,50	0,1238	16,24	18,77
20,56	0,0988	19,43	21,69
23,62	0,0810	22,60	24,64
26,68	0,0702	25,72	27,63
29,73	0,0667	28,80	30,66
32,79	0,0702	31,84	33,74
35,85	0,0810	34,82	36,87
38,90	0,0988	37,77	40,04
41,96	0,1238	40,70	43,23
45,02	0,1560	43,60	46,44
48,08	0,1952	46,49	49,67
51,13	0,2417	49,37	52,90

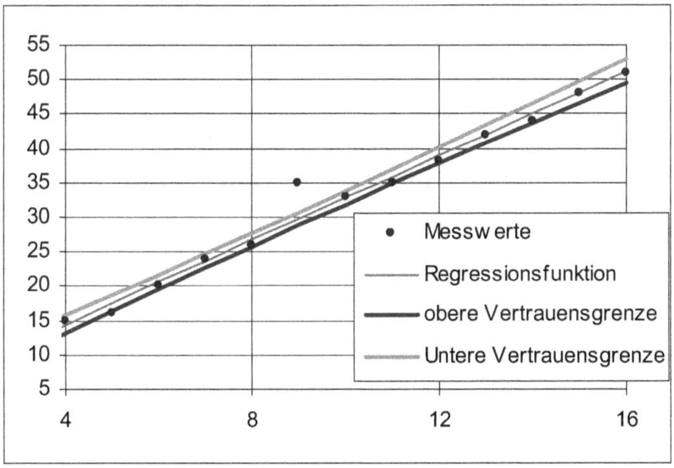

Abb. 1-3: Konfidenzbereich der Regressionsfunktion – Daten – Kapitel 1.6.3.

Die Faktoren c* zeigen, dass die Vorhersage des berechneten Punktes $\hat{y}(x_i)$ unpräziser wird, je weiter der Punkt x_i vom Mittelwert des untersuchten Bereiches entfernt ist. Um die Krümmung der Konfidenzbereiche zu demonstrieren, wurde bewusst ein „Ausreißer" verwendet. Die Graphik verdeutlicht anschaulich, dass dieser Punkt „wirklich" ein „Ausreißer" ist. Es wird empfohlen eine Begründung für den „Ausreißers" zu geben und das Ergebnis nicht lapidar zu übersehen. In einem „Ausreißer" kann die Größte Information liegen und sollte daher besonders betrachtet und die Ursache für das „nicht erwartete" Ergebnis analysiert werden. Es gibt sehr viele „Ausreißertests", die letztlich unterschiedlich in der Auswahl der „Ausreißer" sind. Die Festlegung eines Ausreißers ist streng genommen nur möglich, wenn das Messergebnis aus vorherigen Erkenntnissen als „Ausreißer" identifiziert werden kann. Wenn aber das Ergebnis des Versuches vorher bekannt ist, dann bringt der Versuch keine neuen Erkenntnisse – er gibt lediglich Hinweise auf die Reproduzierbarkeit der Messung. Diese unerwarteten Ergebnisse sind aber oft die interessantesten und wichtigen Informationen die neue Erkenntnisse bringen können. Die neue Erkenntnis wird mit der Reproduktion des „Ausreißers" manifestiert[4]. Bei kontinuierlichen Prozessen spielen „Ausreißertests" eine wesentliche Rolle

1.6.5 Konfidenz- und Vorhersageintervalle für den allgemeinen Regressionsansatz

Die Berechnung von Werten einer Wirkungsfläche (Regressionsfunktion) für den allgemeinen Regressionsansatz $y = a_0 + a_1 f_1(x_1, x_2, ..., x_m) + ... + a_n f_n(x_1, x_2, ..., x_m) + \varepsilon$ $f(x_1^*, x_2^*, \cdots, x_m^*)$ in einem Punkt $(x_1^*, x_2^*, \cdots, x_m^*)$ ist eine Vorhersage. Grundsätzlich ist die Vorhersage nur dann erlaubt, wenn die Werte des Punktes $(x_1^*, x_2^*, \cdots, x_m^*)$ innerhalb des Variationsbereiches der Einflussparameter

$$\mathbf{V} = \left\{ \begin{matrix} x_{1A} \le x_1^* \le x_{1E} \\ x_{2A} \le x_2^* \le x_{2E} \\ \vdots \\ x_{mA} \le x_m^* \le x_{mE} \end{matrix} \right\}$$

liegen.

Eine Extrapolation außerhalb dieses Bereiches ist nur dann zulässig, wenn die Regressionsfunktion bekannt und die Parameter der Regressionsfunktion sich auch nicht außerhalb dieses untersuchten nicht Bereiches ändern.

Das Vorhersageintervall für den Punkt $(x_1^*, x_2^*, \cdots, x_m^*)$ ist:

$$[f(x_1^*, x_2^*, \cdots, x_m^*) - \delta^*; \; f(x_1^*, x_2^*, \cdots, x_m^*) + \delta^*)]$$

Die Größe $\dfrac{\hat{f}(x_1^*, x_2^*, \cdots, x_m^*) - f(x_1^*, x_2^*, \cdots, x_m^*)}{\hat{\sigma}}$ genügt mit $(k-n-1)$ Parametern einer t- Verteilung. Hier ist $\hat{f}(x_1^*, x_2^*, \cdots, x_m^*)$ der Wert der geschätzten Regressionsfunktion im Punkt $(x_1^*, x_2^*, \cdots, x_m^*)$. Mit einer Wahrscheinlichkeit von $(1-\alpha)$ liegt für den Funktionswert des berechneten Punktes $\hat{f}(x_1^*, x_2^*, \cdots, x_m^*)$ innerhalb des Konfidenzintervalls (Vorhersageintervall für die Zielgröße):

$$\left[f(x_1^*, x_2^*, \cdots, x_m^*) - t_{\left(\frac{\alpha}{2}; k-n-1\right)} \cdot S^*; \; f(x_1^*, x_2^*, \cdots, x_m^*) + t_{\left(\frac{\alpha}{2}; k-n-1\right)} \cdot S^* \right] \tag{1-43}$$

---

4 Clemens Winkler hat 1886 durch die Differenz des speziefischen Gewichtes von Argyrodit und reinem Silber das Element Germanium entdeckt.

Wobei die Varianz der geschätzten Regressionsfunktion im Punkt $(x_1^*, x_2^*, \cdots, x_m^*)$ entsprechend (1-29) durch

$$S^* = \sqrt{D^2\hat{\mathbf{y}}(x_1^*, x_2^*, \cdots, x_m^*)} = \hat{\sigma}\sqrt{f(\mathbf{x}^*)^T(\mathbf{F}^T\mathbf{F})f(\mathbf{x}^*)} \qquad (1\text{-}44)$$

ermittelt werden. Aus diesen Zusammenhängen lasen sich die Formeln (1-40) und (1-41) für den einfachen Regressionsansatz $y = a_0 + a_1 x$ erzeugen.

Die zukünftige Beobachtung f^* setzt sich aus der Varianz der Normalverteilung der Messung σ^2 und der Varianz der geschätzten Wirkungsfläche S^{*2} zusammen. Daher wird das Vorhersageintervall für eine zukünftige Beobachtung f^* berechnet durch:

$$\left[\hat{f}(x_1^*, x_2^*, \cdots, x_m^*) - t_{\left(\frac{\alpha}{2};k-n-1\right)} \cdot \sqrt{\sigma^2 + S^{*2}};\ \hat{f}(x_1^*, x_2^*, \cdots, x_m^*) + t_{\left(\frac{\alpha}{2};k-n-1\right)} \cdot \sqrt{\sigma^2 + S^{*2}}\right] \qquad (1\text{-}45)$$

Meist ist die Varianz der Normalverteilung σ^2 nicht bekannt, so dass in (1-44) σ^2 durch die geschätzte Streuung $\hat{\sigma}^2$ ersetzt wird.

Das Vorhersageintervall ist aufgrund der zusätzlichen Unbestimmtheit der Vorhersage breiter als das Konfidenzintervall. Die Intervalle sind punktweise, sie werden für – wie in (1-40) – für jeden Punkt $(x_1^*, x_2^*, \cdots, x_m^*)$ berechnet. Näheres beispielsweise in [5 Band 2].

1.6.6 Eine anderer Weg zur Bestimmung der Regressionskonstante

Da der Parameter a_0 unabhängig von der Variation der Einflussgrößen (Regressoren) ist, soll im Folgenden die Errechnung des Regressionskoeffizienten gesondert erfolgen. Es wird der Vektor $\mathbf{e}$ definiert, der mit k Einsen besetzt ist.

$$\mathbf{e}^T = (1, 1, \cdots, 1)$$

Das Regressionsproblem (1-14) $\underline{\mathbf{y}} = \mathbf{F}\underline{\mathbf{a}} + \underline{\boldsymbol{\varepsilon}}$ kann somit in der Form

$$\underline{\mathbf{y}} = \mathbf{F}\underline{\mathbf{a}} + \underline{\boldsymbol{\varepsilon}} = a_0\mathbf{e} + \mathbf{F}_r\mathbf{a}_r + \underline{\boldsymbol{\varepsilon}}$$

dargestellt werden. Die Regressionsaufgabe besteht darin, die Parameter $(a_0, a_1, a_2, \cdots, a_m)$ so zu bestimmen, dass

$$\underline{\delta}^T\,\underline{\delta} = (\mathbf{y} - a_0\mathbf{e} - \mathbf{F}_r\mathbf{a}_r)^T(\mathbf{y} - a_0\mathbf{e} - \mathbf{F}_r\mathbf{a}_r) \rightarrow \text{minimal wird.}$$

Die um die Spalte mit den Einsen reduzierte Matrix $\mathbf{F}$ wird mit $\mathbf{F}_r$ bezeichnet. Sie hat den gleichen Aufbau wie in (1-13) lediglich die erste Spalte mit den Einsen entfällt. Da der Parameter a_0 isoliert betrachtet wird, ist der reduzierte Parametervektor $\mathbf{a}_r^T = (a_1, a_2, \cdots, a_m)$. Die Vorgehensweise ist die gleiche, wie bei der der Methode der kleinsten Quadrate gezeigt wurde. Nachdem die Regressionskoeffizienten $\mathbf{a}_r^T = (a_1, a_2, \cdots, a_m)$ errechnet wurden, kann die Regressionskonstante a_0 auch durch

$$\begin{aligned} a_0 &= \frac{1}{k}\mathbf{y}^{\mathrm{T}}\mathbf{e} - \frac{1}{k}\mathbf{a}_r^{\mathrm{T}}\mathbf{F}_r^{\mathrm{T}}\mathbf{e} \\ &= \frac{1}{k}\mathbf{y}^{\mathrm{T}}\mathbf{e} - \frac{1}{k}\hat{\mathbf{y}}^{\mathrm{T}}\mathbf{e} \\ &= \overline{\mathbf{y}} - \overline{\hat{\mathbf{y}}} \\ a_0 &= \overline{\mathbf{y}} - \sum_{i=1}^{m} a_i \mu_i \end{aligned} \qquad (1\text{-}46)$$

$$\text{mit } \mu_i = \frac{1}{k}\sum_{j=1}^{k} f_i(x_{1,j}, x_{2,j}, \cdots, x_{m,j})$$

bestimmt werden. Die Bestimmung des Parametervektors $\mathbf{a}_r^T = (a_1, a_2, \cdots, a_m)$ ist mit der Vereinbarung (1-45) kompliziert, da im Normalgleichungssystem

$$\left(\mathbf{F}_r^T \mathbf{F}_r\right) \underline{\mathbf{a}} = \mathbf{F}_r^T \left(\mathbf{y} - a_0 \mathbf{e}\right) \qquad (1\text{-}47)$$

der Parameter $a_0 = \overline{y} - \sum_{i=1}^{m} a_i \mu_i$ und damit der gesuchte Parameter $\mathbf{a}_r^T = (a_1, a_2, \cdots, a_m)$ mit enthalten ist. In Anmerkung 1 von Kapitel 2.1 wird auf dieses Problem näher eingegangen und gelöst. Der Zusammenhang (1-45) und (1-46) gewinnen mit der Standardisierung der Informationsmatrix – siehe Kapitel 1.13 – an Bedeutung.

1.6.7 Der Regressionsansatz $y = a_0 + a_1 x_1 + a_2 x_2$

Die Regressionsaufgabe kann beschrieben werden durch:

$$\mathbf{F}\underline{a} = \begin{pmatrix} 1 & x_{1,1} & x_{2,1} \\ 1 & x_{1,2} & x_{2,2} \\ \vdots & \vdots & \vdots \\ 1 & x_{1,k} & x_{2,k} \end{pmatrix} \begin{pmatrix} a_0 \\ a_1 \\ a_2 \end{pmatrix} = \begin{pmatrix} y_1 \\ y_2 \\ \vdots \\ y_k \end{pmatrix} = \underline{\mathbf{y}}$$

Die allgemeine Lösung ist: $\underline{\mathbf{a}} = \left(\mathbf{F}^T\mathbf{F}\right)^{-1}\mathbf{F}^T\underline{\mathbf{y}}$. Entsprechend (1-46) kann die Regressionskonstante a_0 mit $a_0 = \overline{y} - a_1\overline{x}_1 - a_2\overline{x}_2$ berechnet werden.

Die Informationsmatrix ist:

$$\mathbf{F}^T\mathbf{F} = \begin{pmatrix} k & \sum x_{1,i} & \sum x_{2,i} \\ \sum x_{1,i} & \sum x_{1,i}^2 & \sum x_{1,i}x_{2,i} \\ \sum x_{2,i} & \sum x_{1,i}x_{2,i} & \sum x_{2,i}^2 \end{pmatrix}$$

sowie

$$\mathbf{F}^T \underline{y} = \begin{pmatrix} 1 & 1 & \cdots & 1 \\ x_{1,1} & x_{1,2} & \cdots & x_{1,k} \\ x_{2,1} & x_{2,2} & \cdots & x_{2,k} \end{pmatrix} \begin{pmatrix} y_1 \\ y_2 \\ \vdots \\ y_k \end{pmatrix} = \begin{pmatrix} \sum y_i \\ \sum x_{1,i} y_i \\ \sum x_{2,i} y_i \end{pmatrix}$$

Das Normalgleichungssystem lautet somit:

$$\mathbf{F}^T \mathbf{F} \underline{a} = \begin{pmatrix} k & \sum x_{1,i} & \sum x_{2,i} \\ \sum x_{1,i} & \sum x_{1,i}^2 & \sum x_{1,i} x_{2,i} \\ \sum x_{2,i} & \sum x_{1,i} x_{2,i} & \sum x_{2,i}^2 \end{pmatrix} \begin{pmatrix} a_0 \\ a_1 \\ a_2 \end{pmatrix} = \begin{pmatrix} \sum y_i \\ \sum x_{1,i} y_i \\ \sum x_{2,i} y_i \end{pmatrix} = \mathbf{F}^T \underline{y}$$

Nach der Cramerschen Regel lassen sich die Parameter des Vektors $\underline{a}$ über die Determinanten der Matrix $\mathbf{F}^T \mathbf{F}$ berechnen

$$\hat{a}_0 = \frac{\det(F_0 F_0^T)}{\det(F F^T)} \qquad \hat{a}_1 = \frac{\det(F_1 F_1^T)}{\det(F F^T)} \qquad \hat{a}_2 = \frac{\det(F_2 F_2^T)}{\det(F F^T)}$$

Der Parameter $\hat{a}_0$ kann entsprechend (1-45) berechnet werden. Deshalb werden die Koeffizienten $\hat{a}_1$ und $\hat{a}_2$ berechnet. Die Schätzung des Koeffizienten $\hat{a}_1$ wird ausführlicher betrachtet:

$$\hat{a}_1 = \frac{\det(F_1 F_1^T)}{\det(F F^T)} = \frac{\begin{vmatrix} k & \sum y_i & \sum x_{2,i} \\ \sum x_{1,i} & \sum x_{1,i} y_i & \sum x_{1,i} x_{2,i} \\ \sum x_{2,i} & \sum x_{2,i} y_i & \sum x_{2,i}^2 \end{vmatrix}}{\begin{vmatrix} k & \sum x_{1,i} & \sum x_{2,i} \\ \sum x_{1,i} & \sum x_{1,i}^2 & \sum x_{1,i} x_{2,i} \\ \sum x_{2,i} & \sum x_{1,i} x_{2,i} & \sum x_{2,i}^2 \end{vmatrix}}$$

Für den Nenner gilt

$$\begin{aligned} \det(\mathbf{F}^T \mathbf{F}) = {} & k \sum x_{1,i}^2 \sum x_{2,i}^2 + 2 \sum x_{1,i} \sum x_{2,i} \sum x_{1,i} x_{2,i} \\ & - \left(\sum x_{1,i}\right)^2 \sum x_{2,i}^2 - k \left(\sum x_{1,i} x_{2,i}\right)^2 - \left(\sum x_{2,i}\right)^2 \sum x_{1,i}^2 \end{aligned}$$

$$\frac{1}{k} \det(\mathbf{F}^T \mathbf{F}) = \left[\sum x_{1,i}^2 - \frac{1}{k} \left(\sum x_{1,i}\right)^2 \right] \left[\sum x_{2,i}^2 - \frac{1}{k} \left(\sum x^2\right)^2 \right] -$$

$$\frac{1}{k^2} \left(\sum x_{1,i}\right)^2 \left(\sum x_{2,i}\right)^2 - \left(\sum x_{1,i} x_{2,i}\right)^2 + \frac{2}{k} \sum x_{1,i} \sum x_{2,i} \sum x_{1,i} x_{2,i}$$

Die ausgeklammerten Faktoren werden aus Gründen der Übersichtlichkeit substituiert.

$$\frac{1}{k}\det(\mathbf{F}^T\mathbf{F}) = s(x_1)\cdot s(x_2) - \left[\sum x_{1,i}x_{2,i} - \frac{1}{k}\sum x_{1,i}\sum x_{2,i}\right]\left[\sum x_{1,i}x_{2,i} - \frac{1}{k}\sum x_{1,i}\sum x_{2,i}\right]$$

$$s(x_1) = \left[\sum x_{1,i}^2 - \frac{1}{n}\left(\sum x_{1,i}\right)^2\right] = k\cdot \operatorname{cov}(x_1,x_1)$$

$$s(x_2) = \left[\sum x_{2,i}^2 - \frac{1}{n}\left(\sum x_{2,i}\right)^2\right] = k\cdot \operatorname{cov}(x_2,x_2)$$

Beachtet man, dass $\left[\sum x_{1,i}x_{2,i} - \frac{1}{k}\sum x_{1,i}\sum x_{2,i}\right] = k\operatorname{cov}(x_1,x_2)$ ist, dann folgt letztlich für den Nenner

$$\frac{1}{k}\det(\mathbf{F}^T\mathbf{F}) = k^2\left(\operatorname{cov}(x_1,x_1)\cdot\operatorname{cov}(x_2,x_2) - \left(\operatorname{cov}(x_1,x_2)\right)^2\right)$$

In gleicher Weise wird der Zähler behandelt. Hier für erhält man:

$$\frac{1}{k}\det(\mathbf{F}^T\mathbf{F}) = k^2\left(\operatorname{cov}(x_2,x_2)\cdot\operatorname{cov}(x_1,y) - \operatorname{cov}(x_1,x_2)\cdot\operatorname{cov}(x_2,y)\right)$$

somit kann der Parameter

$$\hat{a}_1 = \frac{\det(\mathbf{F}_1^T\mathbf{F}_1)}{\det(\mathbf{F}^T\mathbf{F})} = \frac{\operatorname{cov}(x_2,x_2)\cdot\operatorname{cov}(x_1,y) - \operatorname{cov}(x_1,x_2)\cdot\operatorname{cov}(x_2,y)}{\operatorname{cov}(x_1,x_1)\cdot\operatorname{cov}(x_2,x_2) - \left(\operatorname{cov}(x_1,x_2)\right)^2} \tag{1-48}$$

berechnet werden. Analog erfolgt die Berechnung des Koeffizienten a_2.

$$\hat{a}_2 = \frac{\det(\mathbf{F}_2^T\mathbf{F}_2)}{\det(\mathbf{F}^T\mathbf{F})} = \frac{\operatorname{cov}(x_1,x_1)\cdot\operatorname{cov}(x_2 y) - \operatorname{cov}(x_1,x_2)\cdot\operatorname{cov}(x_1,y)}{\operatorname{cov}(x_1,x_1)\cdot\operatorname{cov}(x_2,x_2) - \left(\operatorname{cov}(x_1,x_2)\right)^2} \tag{1-49}$$

$\hat{a}_0$ wird entsprechend (1-45) berechnet durch:

$$\hat{a}_0 = \overline{y} - a_1\overline{x}_1 - a_2\overline{x}_2 \tag{1-50}$$

Die geschätzte Regressionsfunktion ist darstellbar durch:

$$\hat{y} = \overline{y} + \hat{a}_1(x_1 - \overline{x}_1) + \hat{a}_2(x_2 - \overline{x}_2) \tag{1-51}$$

Zur Vollständigkeit werden noch die Hauptdiagonalelemente der Präzisionsmatrix $\left(\mathbf{F}^T\mathbf{F}\right)^{-1}$ für den Regressionsansatz $y = a_0 + a_1x_1 + a_2x_2$ angegeben:

$$c_{00} = \frac{(\operatorname{cov}(x_1,x_1) + \overline{x}_1^2)(\operatorname{cov}(x_2,x_2) + \overline{x}_2^2) - (\operatorname{cov}(x_1,x_2) + \overline{x}_1\overline{x}_2)^2}{k\left(\operatorname{cov}(x_1,x_1)\cdot\operatorname{cov}(x_2,x_2) - \left(\operatorname{cov}(x_1,x_2)\right)^2\right)}$$

$$c_{11} = \frac{\operatorname{cov}(x_2, x_2)}{k\left(\operatorname{cov}(x_1, x_1)\cdot \operatorname{cov}(x_2, x_2) - \left(\operatorname{cov}(x_1, x_2)\right)^2\right)} \tag{1-52}$$

$$c_{22} = \frac{\operatorname{cov}(x_1, x_1)}{k\left(\operatorname{cov}(x_1, x_1)\cdot \operatorname{cov}(x_2, x_2) - \left(\operatorname{cov}(x_1, x_2)\right)^2\right)}$$

Mit $S = \sqrt{\frac{1}{k-3}\sum_{i=1}^{k}\left(y_i - \hat{y}_i\right)^2}$ und den oben angegeben Koeffizienten ist es möglich, die jeweiligen Tests der Regressionsparameter beziehungsweise deren Konfidenzbereiche für den Regressionsansatz $y = a_0 + a_1 x_1 + a_2 x_2$ entsprechend (1-28) und (1-30) zu berechnen.

Die Bezeichnung empirische Kovarianz wird nur verwendet, weil die Berechnungen der Parameter dadurch wesentlich erleichtert werden. Die Regressionskoeffizienten nach (1-47), (1-48) und (1-49) zu bestimmen, bringt den Vorteil, dass diese Parameter auch im online Prozess berechnet werden können. Die hier gezeigten Möglichkeiten der Berechnung der Regressionskoeffizienten ist oft auch quasi lineare Regressionsansätze sehr hilfreich.

1.7 Quasi-lineare Regression

Regressionsansätze, die in ihren Koeffizienten nicht linear sind – sich aber durch eine geeignete Transformation linearisieren lassen, werde als quasi – lineare Regressionsfunktionen bezeichnet. Diese Möglichkeit wird dann angewendet, wenn die Gleichung des Sachverhaltes bekannt ist und die Parameter bestimmt werden sollen. Oft werden solche Transformationen auch bei Experimenten angewendet um gewisse Eigenschaften des untersuchten Zusammenhanges zu prognostizieren. Es ist zu beachten, dass die oben gezeigten Eigenschaften der ermittelten Regressionsparameter (Tests und Vertrauensintervall der ermittelten Parameter) für quasi lineare Regressionsaufgaben natürlich nicht übertragbar sind! Diese Testes sind für die quasi – linearen Regressionen nicht verwendbar, da die entsprechenden Rücktransformationen nicht möglich ist. Es ist zu beachten, dass die Orthogonalitätseigenschaften (1-17) und (1-18) nur im transformierten Bereich gelten. Deshalb kann das Bestimmtheitsmaß nur durch

$$B = \frac{S_{\hat{Y}}^2}{S_Y^2} = \frac{(\hat{\underline{\mathbf{y}}} - \overline{y})^T(\hat{\underline{\mathbf{y}}} - \overline{y})}{(\underline{\mathbf{y}} - \overline{y})^T(\underline{\mathbf{y}} - \overline{y})} = \frac{\sum_{j=1}^{k}\left(\hat{y}_j - \overline{y}\right)^2}{\sum_{j=1}^{k}\left(y_j - \overline{y}\right)^2} \tag{1-24}$$

berechnet werden.

Die Regressionskoeffizienten können relativ einfach im Prozessleitsystem oder ähnlicher Technikumssoftware online ermittelt werden. Mit der gewählten „Modellfunktion" können aktuelle Prognosen für den Verlauf des Produktionsprozesses und damit wichtige Abbruchentscheidungen sehr gut getroffen werden. Es macht Sinn, gleichzeitig das Bestimmtheitsmaß mit zu programmieren. Damit ist im Prozess noch eine Größe zur Genauigkeit der Regression und damit zur Prognose des Abbruchs einer Reaktion gegeben. Verschlechtert sich das Bestimmtheitsmaß von der „üblichen Größe“, dann ist der Gesamtprozess mehr zu überwachen und nach der Ursache der Verschlechterung des Bestimmtheitsmaßes zu suchen.

1.7.1 Ein Beispiel für die quasi-lineare Regression

Es soll die Dampfdruckkurve nach *Antoine* $y = \exp\left(a + \frac{b}{c+x}\right)$ einer kurzkettigen Siloxanverbindung ermittelt werden. Das folgende Datenmaterial steht zur Verfügung.

Tab. 1-5: Datensatz „Siloxan“.

Einflussgröße **Temperatur**	Zielgröße **kkSV**
2,8	13,33
26,7	53,32
42,7	133,30
54,1	215,28
62,0	299,93
80,0	533,20
97,0	997,09
98,0	1013,08
99,6	993,75
100,4	1009,08
100,4	990,42
100,8	1006,42

Es wird so verfahren, wie es unter „Quasi-lineare Regression“ beschrieben ist. Zu erst wird die Matrix $\mathbf{F}$ entsprechend der Linearisierung

$$x\ln(y) = b + ac + ax - c\ln(y)$$

erzeugt. Hier wird $A = b + ac$ sowie $B = a$ und $C = -c$ vereinbart. Daraus resultiert das lineare System

$$\eta(x,y) = x\ln(y) = A + \underline{\mathbf{a}} \cdot \underline{\mathbf{f}}$$

$$\text{mit } \underline{\mathbf{a}} = \begin{pmatrix} B \\ C \end{pmatrix} \text{ und } \underline{\mathbf{f}} = \begin{pmatrix} f_1(\underline{\mathbf{x}}) \\ f_2(\underline{\mathbf{x}}) \end{pmatrix} = \begin{pmatrix} x \\ \ln(y) \end{pmatrix}$$

Die Matrix $\mathbf{F}$ für den linearisierten Regressionsansatz hat die Gestalt:

$$\eta(x,y) = x\ln(y) = A + Bx + C\ln(y) = A + Bx_1 + Cx_2$$

$$\mathbf{F}=\begin{pmatrix} x=x_1 & \ln(y)=x_2 \\ 2{,}8 & 2{,}59001713 \\ 26{,}7 & 3{,}97631150 \\ 42{,}7 & 4{,}89260223 \\ 54{,}1 & 5{,}37193718 \\ 62{,}0 & 5{,}70353244 \\ 80{,}0 & 6{,}27889659 \\ 97{,}0 & 6{,}90484003 \\ 98{,}0 & 6{,}92075047 \\ 99{,}6 & 6{,}90148718 \\ 100{,}4 & 6{,}91679529 \\ 100{,}4 & 6{,}89812809 \\ 100{,}8 & 6{,}91414979 \end{pmatrix} \qquad \eta(x_1,y)=x_1\ln(y)=\begin{pmatrix} x_1\cdot\ln(y) \\ 7{,}25204798 \\ 106{,}16751692 \\ 208{,}91411510 \\ 290{,}62180165 \\ 353{,}61901149 \\ 502{,}31172706 \\ 669{,}76948328 \\ 678{,}23354650 \\ 687{,}38812267 \\ 694{,}44624758 \\ 692{,}57205983 \\ 696{,}94629888 \end{pmatrix}$$

Wie oben gezeigt, werden die Regressionskoeffizienten *A, B, C* berechnet durch:

$$B=\frac{\operatorname{cov}(x_2,x_2)\cdot\operatorname{cov}(x_1y)-\operatorname{cov}(x_1,x_2)\cdot\operatorname{cov}(x_2y)}{\operatorname{cov}(x_1,x_1)\cdot\operatorname{cov}(x_2,x_2)-\left(\operatorname{cov}(x_1,x_2)\right)^2} \tag{1-49}$$

$$C=\frac{\operatorname{cov}(x_1,x_1)\cdot\operatorname{cov}(x_2y)-\operatorname{cov}(x_1,x_2)\cdot\operatorname{cov}(x_1,y)}{\operatorname{cov}(x_1,x_1)\cdot\operatorname{cov}(x_2,x_2)-\left(\operatorname{cov}(x_1,x_2)\right)^2} \tag{1-50}$$

$$A=\overline{y}-B\overline{x_1}-C\overline{x_2} \tag{1-51}$$

Es ist:

$$\begin{aligned} \operatorname{cov}(x_1,x_1) &= 1057{,}41076 & & \\ \operatorname{cov}(x_2,x_2) &= 1{,}85185 & \overline{x_1} &= 72{,}0 \\ \operatorname{cov}(x_1,x_2) &= 43{,}82615 & \overline{x_2} &= 5{,}85578 \\ \operatorname{cov}(x_1,y) &= 8035{,}70926 & \overline{y} &= 465{,}68683 \\ \operatorname{cov}(x_2,y) &= 327{,}80651 & & \end{aligned}$$

Damit können die die Koeffizienten für den linearisierten Regressionsansatz $\eta(x,y)=x\ln(y)=A+Bx_1+Cx_2$ errechnet werden. Die Ergebnisse sind:

$$A=343{,}53435 \qquad B=13{,}74186 \qquad C=-148{,}20112$$

Entsprechend der Rücktransformation für Dampfdruckkurve nach *Antoine* $y=\exp\left(a+\frac{b}{c+x}\right)$ ist:

$$\begin{aligned} a &= B &&= 13{,}74186 \\ b &= A+BC &&= -1693{,}02529 \\ c &= -C &&= 148{,}20112 \end{aligned}$$

Dir Graphik zeigt das Ergebnis der Berechnungen.

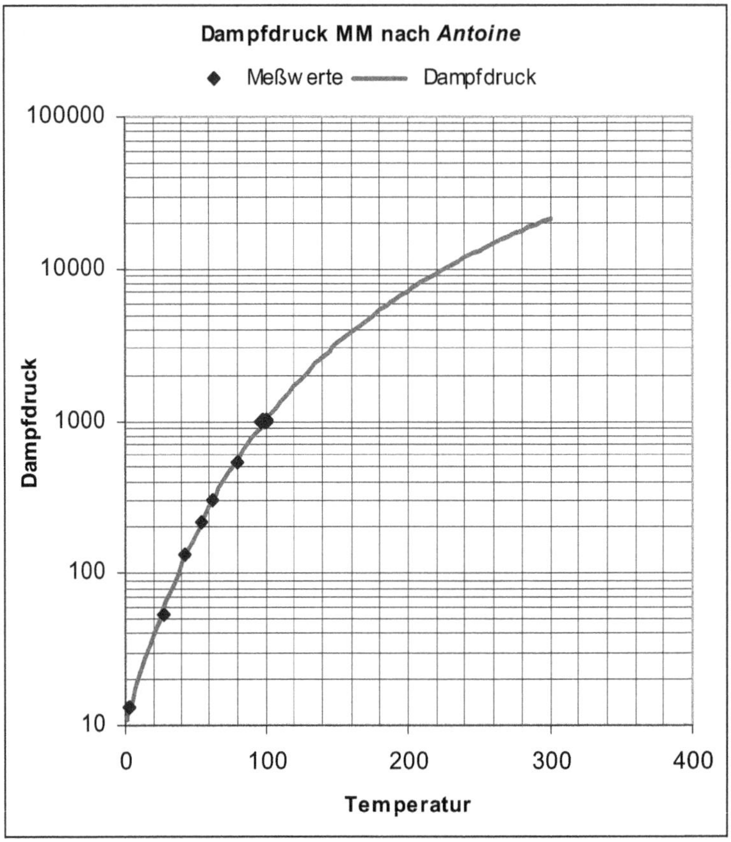

Abb. 1-4: Darstellung der quasi-linearen Regression.

1.7.2 Einige linearisierbare Funktionen

Die geforderte Qualität eines Produktes soll wenig schwanken. Häufig ist eine Prognose für den genauen Zeitpunkt des Abbruchs einer Reaktion notwendig. Dieser Abbruch ist vom Verlauf des Qualitätsparameters abhängig. Der Verlauf dieses Qualitätsmerkmals ist meist keine lineare Funktion. Aus diesem Grund werden verschiedene quasi – lineare Funktionen gesucht, die den Verlauf sehr gut beschreiben. Hat man das Glück, dass der Prozess durch einen – oder zwei Faktoren beschrieben werden kann, dann können mit einigen nicht linearen Funktionen oft gute Ergebnisse erzielt werden. Hier ist eine Liste von einigen Funktionen, die oft erfolgreich verwendet wurden:

$$y = a + bx$$

$$y = a + \frac{b}{x^p} \qquad \text{p – fest vorgegeben}$$

$$y = ax^b$$

$$y = ab^x$$

$$y = \exp(a + bx)$$

$$y = \exp\left(a + \frac{b}{x^n}\right) \qquad \text{n – fest vorgegeben}$$

$$y = a_0 + a_1x_1 + a_2x_2$$

$$y = \exp\left(a_0 + a_1x + \frac{a_2}{x^2}\right)$$

$$y = \exp\left(a_0 + \frac{a_1}{a_2 + x}\right)$$

$$y = \exp\left(\frac{a_0x}{a_1 + x} + a_2\right)$$

$$y = \exp\left(a_0 + a_1x + a_2x^2\right)$$

Diese „Modellfunktionen“ sind linear oder quasi-linear. Es lassen sich noch mehr solcher Funktionen finden. Mit entsprechender Transformation ist die Berechnung der Koeffizienten nach der Methode der kleinsten Quadrate möglich. Die ersten vier Funktionen können mit dem Regressionsansatz $y = a + bx$ bearbeitet werden. Die ersten beiden Funktionen sind lineare Modelle und können in MS Excel – nach Erzeugung der Matrix $\mathbf{F}$ – sofort berechnet werden. Es ist möglich, in den Funktionen die Einflussgröße x durch x^p zu ersetzen. In diesem Fall muss der Koeffizient p vorgegeben werden. Soll der Koeffizient p ebenfalls bestimmt werden, dann ist der Modellansatz nicht mehr linearisierbar und die Parameter können nicht mehr mit der Methode der linearen Regression berechnet werden. Es ist vorteilhaft, mit unterschiedlichen vorgegebenen p das quasi – lineare Modell zu lösen um dann mit den erhaltenen Parametern in einer Solver Funktion als Startparameter zu verwenden und so auch den Parmaer p zu ermitteln. Vor allem mit den letzten drei Funktionen konnten oft gute Ergebnisse erzielt werden. Im Prozessleitsystem, in dem eine online Regression vorhanden ist, lassen sich meist keine Matrixinversionen durchführen. Daher ist es von Vorteil, die (1-47), (1-48) und (1-49) angegebene der Berechnungsvorschriften der Koeffizienten für den Regressionsansatz $y = a_0 + a_1x_1 + a_2x_2$ zu verwenden, da damit eine explizite Matrixinversion nicht notwendig ist.

Entscheidend ist immer die „richtige“ Wahl der Modellfunktion. Am günstigsten ist es, wenn der physikalische Zusammenhang für den Verlauf des Qualitätsparameters bekannt ist. Dieser Fall trifft aber praktisch sehr selten zu. Es lassen sich keine allgemeinen Angaben über die Auswahl der „Modellfunktion“ machen. Hier hilft nur probieren! Es gibt zwei Grundsätze die Mannigfaltigkeit der Regressionsansätze etwas einzuschränken. Es sollte bekannt sein, ob das zu erwartende Ergebnis progressiv Wachsend oder fallend – bzw. degressive wachsend oder fallend ist. Werden zur Beschreibung des Prozesse mehre Variablen benötigt, so kann mit Versuchsplanung gegebenenfalls ein Modell ermittelt werden. Es ist jedoch immer besser, wenn den physikalische Zusammenhang zu modellieren. Es gibt genügend Prozesse, deren physikalische Gleichung nicht bekannt ist. In solchen Fällen können Modelle, die mit der Versuchsplanung ermittelt wurden, auch sehr gute Ergebnisse bringen. Bei der Versuchsplanung wird auf diese Problematik näher eingegangen.

1.8 Bedingungen an die Regression der Umkehrfunktion

Bisher wurde die Regression für die unabhängigen Variablen x und die abhängigen Variablen y betrachtet. Mitunter **scheint** die Berechnung Regressionskoeffizienten der Umkehrfunktion sinnvoll. Aus diesem Grund wird im Folgenden angenommen, dass die unabhängige Variable y und die abhängige Variable x ist. Die Untersuchungen werden nur an dem Beispiel der Regressionsfunktion $y = a + bx$ mit der Umkehrfunktion $x = \tilde{a} + \tilde{b}y$ erläutert. Für die Umkehrfunktion ist das folgende Regressionsproblem

$$\underline{\delta}^T \underline{\delta} = (\underline{\mathbf{x}} - \mathbf{F}\underline{\mathbf{a}})^T (\underline{\mathbf{x}} - \mathbf{F}\underline{\mathbf{a}}) = \sum_{i=1}^{k} \left(x_i - \tilde{a} - \tilde{b}y_i\right)^2$$

zu lösen. Es wird in bekannter Weise – wie in Kapitel 1.6.1 – vorgegangen und man erhält die Schätzung x für die Regressionsgerade:

$$x = \overline{x} + r\frac{\sigma_x}{\sigma_y}(y - \overline{y})$$

Wird diese Gleichung formal nach y umgestellt erhält man:

$$y = \overline{y} + \frac{1}{r}\frac{\sigma_y}{\sigma_x}(\hat{x} - \overline{x})$$

Vergleicht man das Ergebnis mit dem ursprünglichen Regressionsergebnis $y = a + bx$

$$y = \overline{y} + r\frac{\sigma_y}{\sigma_x}(x - \overline{x}) \tag{1-32}$$

so ist ersichtlich, dass die Berechnung der Umkehrfunktion einer Regressionsgeraden nur dann zulässig ist, wenn der Korrelationskoeffizient $r(x, y) = 1$ ist.

Diese Tatsache ist vor allem dann zu beachten, wenn nach geeigneten Funktionen für einen nicht bekannten Zusammenhang gesucht wird. Es ist also davor zu warnen, einen nicht linearisierbaren Funktionstyp zu wählen und dann aus der Umkehrfunktion die zu ermittelnden Parameter daraus zu bestimmen! Wenn die Regressionsparameter sich beispielsweise indirekt durch die Funktion

$$x = a + by + cy^2$$

gut berechnen lassen, aber die eigentlich gesuchte Größe die Variable y ist, dann liefert die Auflösung nach y

$$y_{1,2} = -\frac{b}{2c} \pm \sqrt{\left(\frac{b}{2c}\right)^2 - \frac{a-x}{c}}$$

auf Grund des oben benannten Zusammenhages im allgemeinem keine brauchbaren Ergebnisse – es sei denn, dass Bestimmtheitsmaß ist exakt 1. In solchen Fällen ist eine „geeignete" und linearisierbare Funktion zu suchen – oder was natürlich auch vorkommt – die Methoden der Regression sind für diese Aufgabe nicht geeignet. Möglicher Weise erhält man mit einem Solver eine geeignete Lösung.

1.9 Überprüfung der Adäquatheit

Um die Adäquatheit zu überprüfen, ist ein Vergleich mehrere Messungen in einem Versuchspunkt notwendig. Die Adäquatheit bezieht sich also nur auf die Wiederholbarkeit der Versuchsergebnisse in den festgelegten Versuchspunkten in Zusammenhang mit dem gewählten Regressionsansatz – siehe hierzu auch das Beispiel im Kapitel 1.11.2. Es wird davon ausgegangen, dass in mindesten einem Versuchspunkt eine Wiederholungsmessung gemacht wurde – das heißt $k_j > 1$ für mindesten einen Versuchspunkt $j \in \{1,2,\cdots,l\}$ ist. Es schafft aber wenig Vertrauen, auf Grund des Nachweises der Adäquatheit in einem Versuchspunkt, auf die Adäquatheit des gesamten Modells zu schließen. Aus diesem Grund wird im Allgemeinen gefordert, das der gesamte Versuchsumfang mindestens einmal wiederholt wird also in jedem Versuchspunkt die Bedingung $k_j > 1$ für $j \in \{1,2,\cdots,l\}$ erfüllt ist.

Zum Test der Adäquatheit wird davon ausgegangen, dass die Annahme $\mathbf{E}\hat{Y}_j = \overline{y}_j$ nicht gerechtfertigt ist. Diese Annahme wird getestet. Dazu wird die Summe der Fehlerquadrate:

$$S^2 = \left(\underline{\mathbf{y}} - \underline{\hat{\mathbf{y}}}\right)^T \left(\underline{\mathbf{y}} - \underline{\hat{\mathbf{y}}}\right) = \sum_{i=1}^{k} \left(y_i - \hat{y}\right)^2 \tag{1-53}$$

näher betrachtet. Geht man von der in (1-13) definierten allgemeinen Form der Matrix $\mathbf{F}$ aus, dann ist:

$$S^2 = \sum_{i=1}^{k} \left(y_i - \hat{y}\right)^2 = \sum_{j=1}^{l} \sum_{i=1}^{k_j} \left(y_{j,i} - \hat{y}_j\right)^2 = \sum_{j=1}^{l} \sum_{i=1}^{k_j} \left(y_{j,i} - \overline{y}_i + \overline{y}_i - \hat{y}_j\right)^2$$

$$= \sum_{j=1}^{l} \sum_{i=1}^{k_j} \left(y_{j,i} - \overline{y}_j\right)^2 - \sum_{j=1}^{l} \sum_{i=1}^{k_j} \left(y_{j,i} - \overline{y}_i\right)\left(\overline{y}_i - \hat{y}_j\right) + \sum_{j=1}^{l} k_j \left(\overline{y}_j - \hat{y}_j\right)^2$$

Nun ist: $\sum_{i=1}^{k_j} \left(y_{j,i} - \overline{y}_i\right) = \sum_{i=1}^{k_j} y_{j,i} - k_j \overline{y}_i = \sum_{i=1}^{k_j} y_{j,i} - k_j \frac{1}{k_j} \sum_{i=1}^{k_j} y_{j,i} = 0$

Daher ist:

$$S^2 = S_E^2 + S_D^2 = \sum_{j=1}^{l}\sum_{i=1}^{k_j}\left(y_{j,i} - \bar{y}_j\right)^2 + \sum_{j=1}^{l} k_j\left(\bar{y}_j - \hat{y}_j\right)^2 \tag{1-54}$$

Diese Zerlegung der Varianz ist identisch mit der Varianzanalyse der einfachen Klassifikation (Modell I).

$S_D^2 = \sum_{j=1}^{l} k_j\left(\bar{y}_j - \hat{y}_j\right)^2$ kann auch – wie in der Varianzanalyse üblich – als Defektquadratsumme bezeichnet werden. Die Größe $S_E^2 = \sum_{j=1}^{l}\sum_{i=1}^{k_j}\left(y_{j,i} - \bar{y}_j\right)^2$ bezeichnet die Fehlerquadratsumme. Es ist ersichtlich, dass S_D^2 eine Abschätzung der Fehlerquadratsumme des Mittelwertes der k_j Versuchswiederholungen im Versuchspunkt j ist. Entsprechend der Voraussetzung ist $Rang\left(\left(\mathbf{F}^T\mathbf{F}\right)\right) = n+1$. Damit ist

$$\sigma_D^2 = \frac{1}{l-n-1} S_D^2 = \frac{1}{l-n-1}\sum_{j=1}^{l} k_j\left(\bar{y}_j - \hat{y}_j\right)^2 \tag{1-55}$$

eine Schätzung für σ_D^2. Die Fehlerquadratsumme S_E^2 hat $k-l$ Freiheitsgrade

Somit lässt sich eine Schätzung für σ_E^2 angeben.

$$\sigma_E^2 = \frac{1}{k-l} S_E^2 = \frac{1}{k-l}\sum_{j=1}^{l}\sum_{i=1}^{k_j}\left(y_{j,i} - \bar{y}_j\right)^2 \tag{1-56}$$

Die Adäquatheit wird über die Hypothese $\sigma_E^2 = \sigma_D^2$ entschieden. Alle Messwerte sind identisch verteilt nach $N(0;\sigma^2)$. Die Größen σ_D^2 und σ_E^2 sind damit χ^2 verteilt. Der Adäquatheitstest erfolgt über die Testgröße

$$f = \frac{\sigma_D^2}{\sigma_E^2} = \frac{\dfrac{\sum_{j=1}^{l} k_j\left(\bar{y}_j - \hat{y}_j\right)^2}{l-n-1}}{\dfrac{\sum_{j=1}^{l}\sum_{i=1}^{k_j}\left(y_{j,i} - \bar{y}_j\right)^2}{k-l}} \tag{1-57}$$

Diese Testgröße f ist $F_{m_1;m_2}$ verteilt. Hierbei ist $m_1 = l-n-1$ und $m_2 = k-l$. Das Modell ist nicht adäquat, wenn die Bedingung

$$P(f > F_{krit(\alpha;l-n-1;k-l)}) \le \alpha \tag{1-58}$$

erfüllt ist.

Beispiel:

Die Messungen im Beispiel – Kapitel 1.2 wurden wiederholt. Bei zwei Messpunkte treten Abweichungen auf, die unrealistisch erscheinen. Aus diesem Grund werde diese beiden Messungen noch einmal wiederholt und die Ergebnisse entsprechend der Versuche sortiert.

Tab. 1-6: Versuchswiederholungen zum Beispiel im Kapitel 1.2.

x_1	x_2	x_3	y
0,1	2	30	13,5
0,1	2	30	13
0,6	4	20	30,5
0,6	4	20	31
0,2	12	12	92,0
0,2	12	12	89
0,2	12	12	93
0,2	4	20	29,8
0,2	4	20	31
0,2	4	20	30,0
0,3	6	50	18,5
0,3	6	50	18
0,2	1	10	9,5
0,2	1	10	10

Die Anzahl der verschiedenen Versuche beträgt: $l = 6$. Der Vektor der Versuchswiederholungen ist: $\mathbf{k} = (k_1, k_2, \cdots, k_6)^T = (2;2;3;3;2;2)$. Die Gesamtanzahl der Versuche ist $k = \sum_{i=1}^{l} k_i = 14$. Die Informationsmatrix für den Regressionsansatz $\eta(x_1, x_2, x_3) = a_0 + a_1 x_1 + a_2 x_1^2 + a_3 x_2 + a_4 x_2 x_3^2$ ist:

Tab. 1-7: Informationsmatrix.

a_0	x_1	x_1^2	x_2	$x_2 x_3^2$	y
1	0,1	0,01	2	1800	13,5
1	0,1	0,01	2	1800	**13**
1	0,6	0,36	4	1600	30,5
1	0,6	0,36	4	1600	**31**
1	0,2	0,04	12	1728	92,0
1	0,2	0,04	12	1728	*89*
1	0,2	0,04	12	1728	**93**
1	0,2	0,04	4	1600	29,8
1	0,2	0,04	4	1600	*31*
1	0,2	0,04	4	1600	**30,0**
1	0,3	0,09	6	15000	18,5
1	0,3	0,09	6	15000	**18**
1	0,2	0,04	1	100	9,5
1	0,2	0,04	1	100	**10**

Die Regressionsparameter entsprechend $\underline{\hat{\mathbf{a}}} = (\mathbf{F}^T\mathbf{F})^{-1}\mathbf{F}^T\underline{\mathbf{y}}$ für die obige Tabelle sind:

$$\begin{aligned}
\hat{a}_0 &= 0{,}3726879\\
\hat{a}_1 &= 13{,}5855661\\
\hat{a}_2 &= -14{,}6810077\\
\hat{a}_3 &= 7{,}7060824\\
\hat{a}_4 &= -0{,}0020724
\end{aligned}$$

Alle wesentlichen Daten werden in der folgenden Tabelle gelistet:

Tab. 1-8: Zusammenstellung der Daten für den Adäquatheitstest.

x_1	x_1^2	x_2	$x_2x_3^2$	y	$\hat{y}$	$\overline{y}$	k_i
0,1	0,01	2	1800	13,5	13,27	13,25	2
0,1	0,01	2	1800	13	13,27	13,25	
0,6	0,36	4	1600	30,5	30,75	30,75	2
0,6	0,36	4	1600	31	30,75	30,75	
0,2	0,04	12	1728	92,0	91,39	91,33	3
0,2	0,04	12	1728	89	91,39	91,33	
0,2	0,04	12	1728	93	91,39	91,33	
0,2	0,04	4	1600	29,8	30,01	30,27	3
0,2	0,04	4	1600	31	30,01	30,27	
0,2	0,04	4	1600	30,0	30,01	30,27	
0,3	0,09	6	15000	18,5	18,28	18,25	2
0,3	0,09	6	15000	18	18,28	18,25	
0,2	0,04	1	100	9,5	10,00	9,75	2
0,2	0,04	1	100	10	10,00	9,75	

Die Größen σ_D^2 und σ_E^2 werden berechnet zu:

$$\sigma_D^2 = \frac{1}{6-4-1}\sum_{j=1}^{l} k_j\left(\overline{y}_j - \hat{y}_j\right)^2 = 0{,}3357 \text{ und}$$

$$\sigma_E^2 = \frac{1}{14-6}\sum_{j=1}^{l}\sum_{i=1}^{k_j}\left(y_{j,i} - \overline{y}_j\right)^2 = 1{,}2492$$

Die Testgröße $f = \dfrac{\sigma_D^2}{\sigma_E^2} = 0{,}2687$. Es ist: $F_{krit(0,05;1;8)} = 5{,}3176$.

Da $f < F_{krit(0,05;1;8)}$, ist gegen die Adäquatheit des Modells nichts einzuwenden.

1.10 Regression – ANOVA

Eine andere Möglichkeit die Güte der Anpassung durch die Regression ist die Gegenüberstellung der Varianz der berechneten Regressionswerte mit der Quadratsumme der Residuen. Hier wird geprüft, ob alle Regressionskoeffizienten – außer dem Absolutglied a_0 – Null sind.

Die Hypothese lautet dann: $a_1 = a_2 = \cdots = a_n = 0$

Für die Schätzung von σ^2 wird

$$\sigma_{\hat{Y}}^2 = \frac{1}{k-n-1} S_{\hat{Y}}^2 = \frac{1}{k-n-1} \sum_{i=1}^{k} (\hat{y}_i - y_i)^2$$

verwendet. Die Freiheitsgrade in $\sigma_{\hat{Y}}^{*2}$ werden in diesem Fall durch $(n+1)-1 = n$ festgelegt. So dass $\sigma_{\hat{Y}}^{*2}$ hier durch

$$\sigma_{\hat{Y}}^{*2} = \frac{1}{n} S_{\hat{Y}}^{*2} = \frac{1}{n} \sum_{i=1}^{k} (\hat{y}_i - \overline{y})^2$$

geschätzt wird. Die Testgröße $f = \dfrac{\sigma_{\hat{Y}}^{*2}}{\sigma_{\hat{Y}}^2}$ ist dann $F_{(\alpha;n;k-n-l)}$ verteilt. Die Wahrscheinlichkeit, mit der die Hypothese richtig ist, liefert die Inverse der F-Verteilung mit den Freiheitsgraden n und $(k-n-1)$.

Beispiel:

Für die obigen Daten ist: $k = 14$ und $n = 4$. $S_{\hat{Y}}^2 = 10{,}329$ und $S_{\hat{Y}}^{*2} = 12380{,}465$.

Die Größe $f = \dfrac{\frac{S_{\hat{Y}}^{*2}}{4}}{\frac{S_{\hat{Y}}^2}{9}} = \dfrac{3095{,}1163}{1{,}1477} = 2696{,}87$. Die Inverse der F-Verteilung – hier mit $F^{-1}_{(\alpha;n;k-n-l)}$ bezeichnet und mit 4 und 9 Freiheitsgraden – liefert den kritischen Wert. In diesem Fall ist $f_{krit} = F^{-1}_{(0{,}05;4;9)} = 3{,}63$. Damit ist $f > f_{krit}$ und die Hypothese $a_1 = a_2 = \cdots = a_n = 0$ kann nicht bestätigt werden. Eine andere Interpretation ist: die Wahrscheinlichkeit das, $f > f_{krit}$ beträgt $F^{-1}(2696{,}87;4;9) = 7{,}663\text{E-}14$. Die Wahrscheinlichkeit, dass alle geschätzten Parameter die Bedingung $a_1 = a_2 = \cdots = a_n = 0$ ist praktisch Null. Für mindestens einen Koeffizienten gilt daher: $a_i \neq 0$.

1.11 Approximative Modelle

Wenn die Wirkungsfläche physikalischen Ursprungs ist, dann können mit der Regression nur lineare Modelle $\eta(\underline{\mathbf{x}}) = \underline{\mathbf{a}} \cdot \underline{\mathbf{f}}$ gelöst werden. Nur selten ist in der Praxis die Regressionsgleichung (Wirkungsfläche) bekannt und damit wissenschaftlich begründet. Für die Lösung approximativer Probleme wird folgendermaßen argumentiert: Es ist bekannt, dass sich stetige Funktionen in Potenzreihen entwickeln lassen.

$$f(x_1, x_2, ..., x_m) = a_0 + \sum_{i=1}^{k} a_i x_i^i + R_{k+1} \qquad (1\text{-}59)$$

Hier bedeutet R_{k+1} der Restfehler, der entsteht, wenn k Summanden berücksichtigt wurden. Beispielsweise ist:

$$\begin{aligned} \sqrt{1+x} &= 1 + \frac{1}{2}x - \frac{1}{2 \cdot 4}x^2 + \frac{1 \cdot 3}{2 \cdot 4 \cdot 6}x^3 + \cdots + R_{k+1} \\ \sin(x) &= x - \frac{x^3}{3!} + \frac{x^5}{5!} - \frac{x^7}{7!} + \cdots + R_{k+1} \end{aligned}$$

Es wird angenommen, dass sich der zu untersuchende Sachverhalt in eine Potenzreihe (mit mehreren Variablen $x_1, x_2, \cdots, x_m$) entwickeln lässt. Meist wird nach dem quadratischen Glied die Summation abgebrochen.

$$\eta(x_1, x_2, ..., x_m) = a_0 x_0 + \sum_{j=1}^{m} a_j x_j + \sum_{j=1}^{m} a_{j,j} x_j^2 + \sum_{j=1, i=1,\, j<i}^{\binom{m}{2}} a_{i,j} x_i x_j + \cdots + R(x_1, x_2, ..., x_m)$$

(1-60)

Dieser Ansatz berücksichtigt nur „Wechselwirkungsglieder" $x_i \cdot x_j$. Die Wechselwirkungsglieder höherer Ordnung werden meistens ignoriert. Mit dieser sehr vereinfachten Annahme, werden durch die Regression die Regressionsparameter von (1-59) oder (1-60) ermittelt. Es wird postuliert, dass für jeden Versuch der Modellfehler $R(\underline{\mathbf{x}}_j) = 0$ gilt. Bei jedem Versuch setzt sich der Fehler δ (Residuum) jedoch aus zwei Summanden zusammen.

$$\delta_j = R(\underline{\mathbf{x}}_j) + \varepsilon_j \qquad (1\text{-}61)$$

Hier ist ε_j eine Realisierung der Normalverteilung $N(\mu, \sigma^2)$. Für die Regression wird vorausgesetzt, dass die Messungen keinen systematischen Fehler haben. Das bedeutet, dass $\mu = 0$ gilt. Wenn $R(\underline{\mathbf{x}}_j) = 0$ ist, dann ist $\delta_j = \varepsilon_j$. Die Residuen δ_j müssen daher einer Normalverteilung $N(0, \sigma^2)$ genügen. Hierbei ist

$$\mu = \frac{1}{k} \sum_{j=1}^{k} \delta_j \quad \text{und} \quad \sigma^2 = \frac{1}{k-1} \sum_{j=1}^{k} (\delta_j - \mu)^2$$

Für den Mittelwert der Residuen muss entsprechend (1-17) gelten $\mu = \frac{1}{k}\sum_{j=1}^{k}\delta_j = 0$. Diese Bedingung ist am einfachsten zu untersuchen. Auch die Bedingung (1-18) $\underline{\hat{\mathbf{y}}}^T \underline{\boldsymbol{\delta}} = 0$ kann einfach überprüft werden. Der tatsächlicher Wert von $R(\underline{\mathbf{x}}_j)$ ist jedoch meist nicht bekannt. Für die Methode der kleinsten Quadrate wird $\delta_j = \varepsilon$ postuliert. Es wird so vorgegangen, als ob Abbruchfehler $R(\underline{\mathbf{x}}_j) = 0$ gilt. Es kommt also zu einer Vermengung des zufälligen Fehlers ε und des Abbruchfehlers. Die Bedingungen (1-17) und (1-18) sind einfache Kriterien. Genauere Untersuchungen müssen dann mit statistischen Tests der Residuen auf Normalverteilung durchgeführt werden. Da zu jeder Aussage eines Tests auch ein minimaler Versuchsumfang notwendig ist, wird der Test von *Shapiro-Wilk* empfohlen. Der minimale Versuchsaufwand liegt hier bei etwa 25 Versuchen. Da bei der Versuchsplanung oft weniger Versuche als 25 notwendig sind, ist der statistische Test auf Normalverteilung somit nicht gesichert. Hier muss man sich graphisch orientieren. Schlechte Modelle zeigen oft in den Residuen ein systematisches Verhalten.

Je mehr $R(\underline{\mathbf{x}}_j)$ $j = 1,2,\cdots,k$ von Null abweicht, umso schlechter ist die Modellapproximation. Man wird beispielsweise einen wissenschaftlich begründeten Ansatz $\eta(x) = a \cdot \sin(bx)$ nicht mit einem Regressionspolynom 2. Ordnung im Intervall $[-\pi;\pi]$ „sinnvoll" beschreiben. Da $R(\mathbf{x}_j)$ für verschiedene Versuchspunkte $\mathbf{x}_j$ „unterschiedlich stark" von Null abweicht, wird die Normalverteilung verfälscht und die Voraussetzung $\mu_j = 0$ („es existiert kein systematischer Fehler") verletzt. Praktisch überlagern sich systematische Fehler der Versuchsdurchführung und zufällige Fehler des zugrunde gelegten approximativen Modells. Da der systematische- oder Modellfehler $R(\mathbf{x}_j)$ unbekannt ist, wird dieser bei der Regression dem Residuum und damit dem Fehler ε_j zugeordnet. Eine Trennung des Modellfehlers für solche „approximativen" Regressionsansätze vom Messfehler ε_j ist also nicht möglich. Die Versuchsergebnisse können zwar oft zahlenmäßig oft sehr gut dargestellt werden, aber der mit Hilfe von (1-59) oder (1-60) ermittelte funktionale Zusammenhang muss – auch nach der möglichen Reduktion des Regressionsansatzes – nicht unbedingt etwas mit dem „tatsächlichen" zu tun haben. Hieraus ist auch ersichtlich, dass das approximative Modell der Regressionsanalyse – im Gegensatz zum wissenschaftlich begründeten Modell – nur in dem untersuchten Bereich gültig ist. Approximative Modelle sind deshalb auch nur in „kleineren" Gebieten am Glaubwürdigsten, da dort am Besten $\left|R(\underline{\mathbf{x}}_j)\right| \approx 0$ für alle Versuche v_j $j = 1,2,\cdots,k$ erfüllt werden kann. Man beachte auch, dass die Übereinstimmung des Modells „am Besten" im Zentrum des untersuchten Bereiches – siehe Kapitel 1.6.4 – ist.

Wenn diese massiven Vereinfachungen bei der Interpretation der Ergebnisse berücksichtigt werden, dann lassen sich auch mit solchen Vereinfachungen sehr gute Ergebnisse erzielen. Letzten Endes kommt es bei approximativen Modellen immer auf die „geeignete Wahl" des Ansatzes der Wirkungsfläche an – vorausgesetzt, dass die Bedingungen der Regression d.h. kein systematischer Messfehler und das der Messfehler unabhängig vom Versuchspunkt sowie die „ausreichende" Regularität der Informationsmatrix $\left(\mathbf{F}^T\mathbf{F}\right)$ [siehe Kapitel 1.14 und 1.15] ist – erfüllt werden.

Das folgende Argument – „wenn die Genauigkeit nicht ausreicht, wird die nächst höhere Potenz im Ansatz mit berücksichtigt“ – ist sehr differenziert zu betrachten. Meist ist in diesem Zusammenhang auch die Versuchsanzahl zu erhöhen. Durch die Erhöhung der Potenz im Regressionsansatz kann es zu numerischen Problemen bei der Inversion der Informationsmatrix $\left(\mathbf{F}^T\mathbf{F}\right)$ kommen, so dass das Berechnungsergebnis der Parameter letztlich von der implementierten Zahlendarstellung der verwendeten Software sein kann. In Kapitel 2 wird das an einem Beispiel demonstriert. Hat man beispielsweise einen Regressionsansatz 2. Ordnung eine nicht zufrieden stellende Wirkungsfläche bestimmt, dann geht eine Hinzunahme einer zusätzlichen Potenz einer Einflussgröße im Regressionsansatz meist mit einem „Schwingen“ der Wirkungsfläche einher. In solchen Fällen sollte der quadratische Term im Regressionsansatz beispielsweise durch die 3. Potenz (oder der Wurzel der Einflussgröße) ersetzt und die Wirkungsfläche neu berechnet werden. In der Praxis ist meist die Funktion der Regressionsfunktion nicht bekannt. Deshalb müssen „geeignete“ Funktionen als Ansatz gewählt werden. Ein „Spielen“ mit der Änderung des Regressionsansatzes bringt mit unter „bessere“ Wirkungsflächen. Es ist von Vorteil, wenn man sich bei der Wahl eines „geeigneten“ Regressionsansatzes Funktionen auswählt, die den Verlauf charakterisieren und deren Parameter zu ermitteln (Beispiel Kapitel 1.11.2). Oft wird versucht, das Residuum wieder zu modellieren und dann von dem Regressionsergebnis zu subtrahieren. Das führt meist zu nichts. Es ist besser, einen „brauchbareren“ Regressionsansatz zu wählen. Es gibt keine Vorschrift zur treffsicheren Auswahl der Approximationsfunktion. Es ist immer von Vorteil, wenn der physikalische Zusammenhang durch eine Beziehung beschrieben werden kann.

1.11.1 Beispiel zur Modellierung des Phasengleichgewichts H_2SO_4-H_2O

Tab. 1-9: Daten[5] des Zusammenhanges des Phasengleichgewichtes H_2SO_4-H_2O.

xw_H₂O	Temp °C	p_H₂O	xw_H₂O	Temp °C	p_H₂O	xw_H₂O	Temp °C	p_H₂O
0,3	10	0,000467	0,3	30	0,00201	0,3	50	0,00715
0,25	10	0,000175	0,25	30	0,000811	0,25	50	0,00309
0,2	10	0,000049	0,2	30	0,000253	0,2	50	0,00106
0,15	10	0,00000952	0,15	30	0,0000589	0,15	50	0,000286
0,1	10	0,00000159	0,1	30	0,0000117	0,1	50	0,0000652
0,08	10	0,000000762	0,08	30	0,00000587	0,08	50	0,0000341
0,06	10	0,000000344	0,06	30	0,00000275	0,06	50	0,0000166
0,04	10	0,00000013	0,04	30	0,00000108	0,04	50	0,00000672
0,03	10	7,13E-08	0,03	30	0,000000598	0,03	50	0,00000379
0,02	10	3,23E-08	0,02	30	0,000000275	0,02	50	0,00000177
0,015	10	1,88E-08	0,015	30	0,000000161	0,015	50	0,00000105
0,01	10	8,88E-09	0,01	30	7,66E-08	0,01	50	0,000000503
0,005	10	2,58E-09	0,005	30	2,24E-08	0,005	50	0,000000149
1,00E-25	10	6,55E-10	1,00E-15	30	5,75E-09	1,00E-15	50	3,84E-08

5 Aus Perry's Chemical Engineers' Handbook, McGraw Hill, 7.Aufl. 1997 (TABLE 2-12 Water Partial Pressure, bar, over Aqueous Sulfuric Acid Solutions)

Tab. 1-9: Daten des Zusammenhanges des Phasengleichgewichtes H_2SO_4-H_2O *(Fortsetzung).*

xw_H_2O	Temp °C	p_H_2O	xw_H_2O	Temp °C	p_H_2O
0,3	20	0,000995	0,3	40	0,00387
0,25	20	0,000388	0,25	40	0,00162
0,2	20	0,000115	0,2	40	0,000531
0,15	20	0,0000245	0,15	40	0,000133
0,1	20	0,00000448	0,1	40	0,0000285
0,08	20	0,0000022	0,08	40	0,0000146
0,06	20	0,00000101	0,06	40	0,00000696
0,04	20	0,00000039	0,04	40	0,00000278
0,03	20	0,000000215	0,03	40	0,00000155
0,02	20	9,78E-08	0,02	40	0,00000072
0,015	20	5,72E-08	0,015	40	0,000000424
0,01	20	2,71E-08	0,01	40	0,000000202
0,005	20	7,89E-09	0,005	40	5,95E-08
1,00E-15	20	2,01E-09	1,00E-15	40	1,53E-08

Das bisherige Ergebnis der Modellierung der Daten war unbefriedigend. Es sollte versucht werden durch die Modellierung der bisherigen Residuen das Modellergebnis zu verbessern.

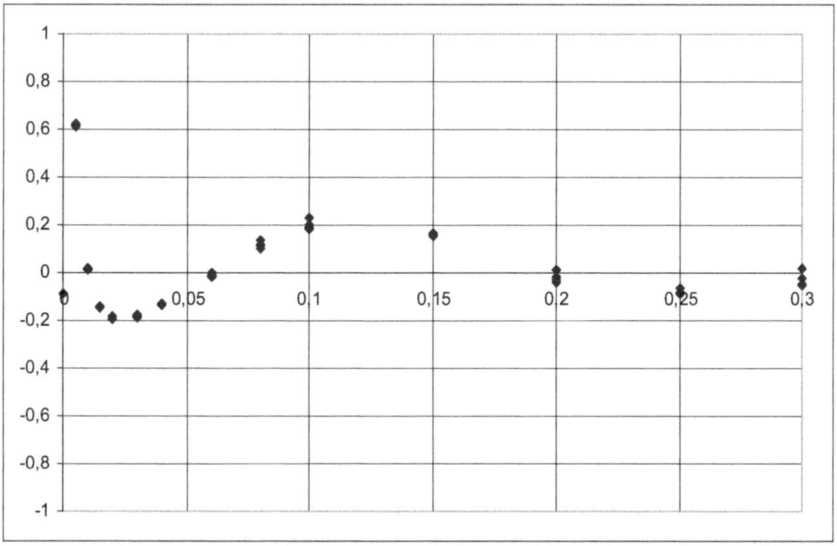

Abb. 1-5: Ursprüngliche Residuen einer Modellierung.

Auf Grund dieses Regressionsergebnisses wurde diese ursprünglich gewählte Modellfunktion (ein Polynomansatz) verworfen. Wegen der gut tabellarisch erfassten Daten wurde versucht mit der Funktion

$$y = \exp\left(ax_1^{\,b} + c\right)$$

für jede konstant gehaltene Temperatur die jeweiligen Parameter zu ermitteln (Tabelle 1-10). Da diese Funktion nicht mehr linearisierbar ist, wurde versucht, die Parameter mit dem Excel

Solver zu ermitteln. Auch Excel verwendet zu Berechnung der Logarithmen Approximationsfunktionen, die in unterschiedlichen Bereichen auch unterschiedliche Genauigkeit haben. Um in einen günstigen Bereich der Genauigkeit zu kommen, wurde die Messwerte 10 000 000 multipliziert. Die Lösung mit dem Excel Solver brachte dann auch verwertbare Ergebnisse.

Tab. 1-10: Veränderung der Parameter in Abhängigkeit von der Temperatur.

Temp °C	a	b	c
10	24,0536689	0,47304338	–5,12435765
20	23,1312639	0,46123249	–4,02808615
30	22,2880011	0,45073437	–2,99872707
40	21,5237919	0,44117086	–2,03612581
50	20,8165784	0,43242026	–1,12897261

Die folgende Abbildung zeigt den vermuteten Zusammenhang der Änderung der Koeffizienten von der Temperatur.

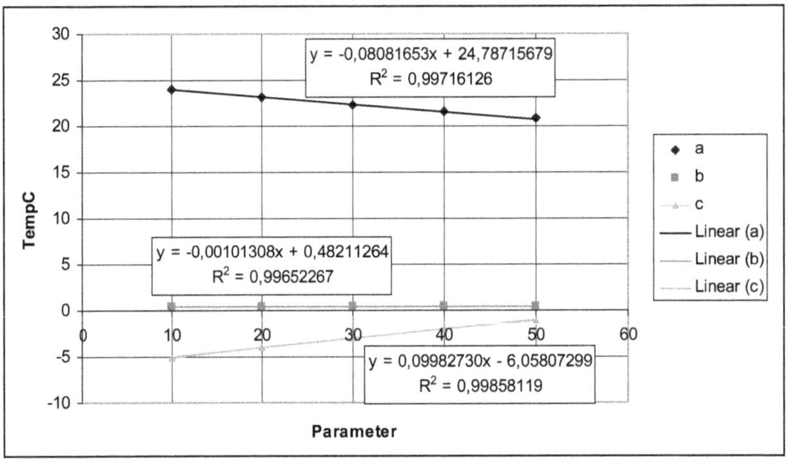

Abb. 1-6: Linearer Verlauf der Parameter.

Um die Abhängigkeit der Temperatur in den Ansatz $y = \exp\left(ax_1{}^b + c\right)$ zu bringen, wurde der Ansatz

$$y = \exp\left(\left(a_1x_2 + a_2\right)x_1{}^{(b_1x_2+b_2)} + c_1x_2 + c_2\right) \tag{1-62}$$

mit den ermittelten Koeffizienten berechnet. Die Übereinstimmung mit den Messergebnissen war sehr gut. Eine nochmalige Parametrierung des erweiterten Ansatzes mit den bisher bekannten Werte als Startwerte mit dem „Solver" brachte eine nochmalige Verbesserung der Summe der Abweichungsquadrate[6] von 5,74E-07 auf 4,14E-08. Die folgende Abbildung

6 Bei einem stark nicht – linearen Modell – wie dieses hier – wird auch die Minimierung der mittleren quadratische Abweichung des relativen Fehlers empfohlen!

zeigt die Residuen mit dem neuen Modellansatz $y = \exp\left(\left(a_1 x_2 + a_2\right) x_1^{(b_1 x_2 + b_2)} + c_1 x_2 + c_2\right)$ mit den Parametern[7]:

Tab. 1-11: Parameter für die Funktion (1-61).

$a_1 =$	−0,09084441123658	$a_2 =$	24,78730192233490
$b_1 =$	−0,00173063054634	$b_2 =$	0,47574048374239
$c_1 =$	0,09135550995261	$c_2 =$	−6,05778456472521

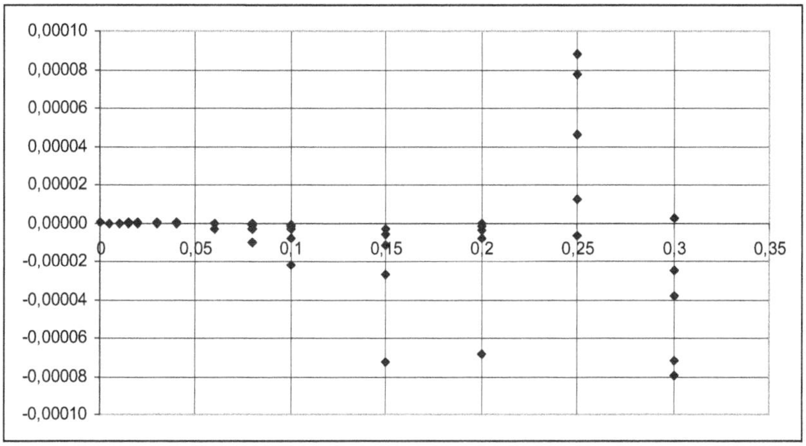

Abb. 1-7: Residuen – neues Modell.

Zum Vergleich – das Ausgangsresiduum mit dem neuen Ergebnis:

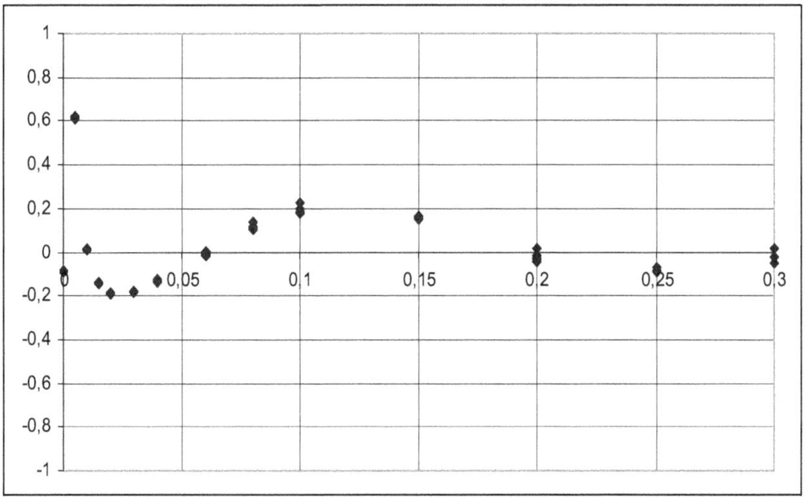

Abb. 1-8: Residuen – altes Modell.

[7] Das die Änderung der Koeffizienten in Abhängigkeit von der Temperatur hervorragend korreliert, ist ein Glücksumstand, der sicherlich auf den tatsächlichen Zusammenhang hinweist!

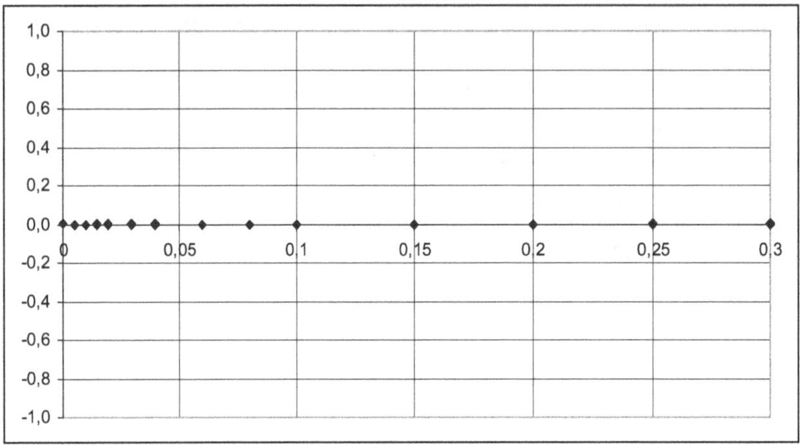

Abb. 1-9: Residuen – neues Modell.

Hier die zweidimensionale Darstellung der Daten.

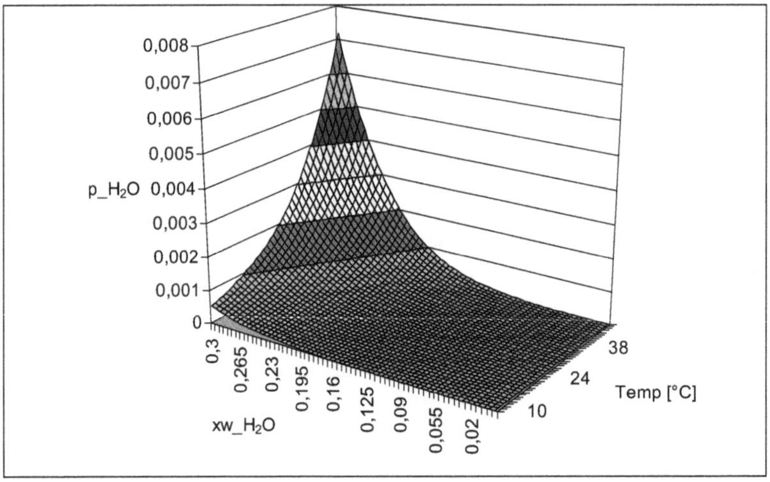

Abb. 1-10: Graphische Darstellung – neues Modell: Modellierung der Phasengleichgewichtsdaten H_2SO_4-H_2O; aus Perry's Chemical Engineers' Handbook, McGraw Hill, 7. Aufl. 1997.

Werden zur Modellierung lineare Modelle verwendet, kommt es darauf an, dass der zu untersuchende Prozess sich auch linear verhält. Aus diesem Grund sind oft Optimierungen von Fertigungsstrassen erfolgversprechend. Werden Prozesse untersucht, bei denen Rückkopplungen auftreten (differentielle Zusammenhänge) – wie es beispielsweise bei Destillationsprozessen sein kann – so sollte bei der Interpretation mit linearen Modellen beachtet werden, dass der Prozess eigentlich sich nicht linear verhält und die Gültigkeit des Modells bestenfalls nur in „kleinen" Bereichen möglich ist. Bei der Optimierung einer bestehenden Produktionsanlage werden meist nur kleine Veränderungen vorgenommen – in diesem Zusammenhang können lineare Modelle hilfreich sein.

Es ist immer wichtig, vor der Modellierung in Erfahrung zu bringen, wie der typische Verlauf des Ergebnisses erfahrungsgemäß ist. Dazu ist eine Grundauswahl über den erwarteten Verlaufes des betrachteten Zusammenhanges notwendig. Die Frage nach progressiv beziehungsweise degressiv wachsend oder fallend ist bereits sehr hilfreich.

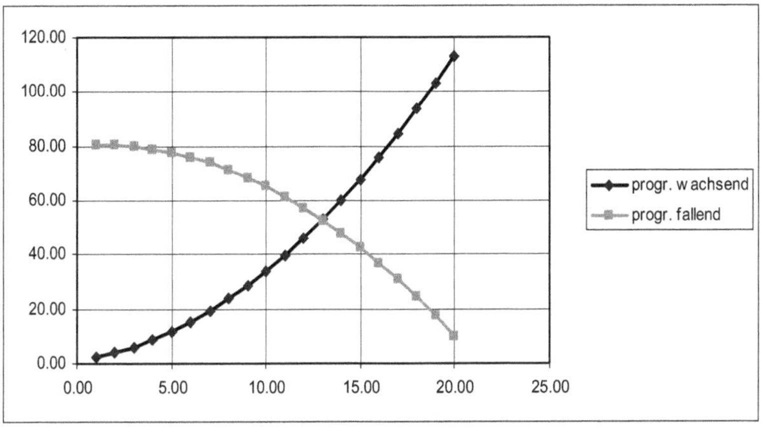

Abb. 1-11: Modell progressiv wachsend – progressiv fallend.

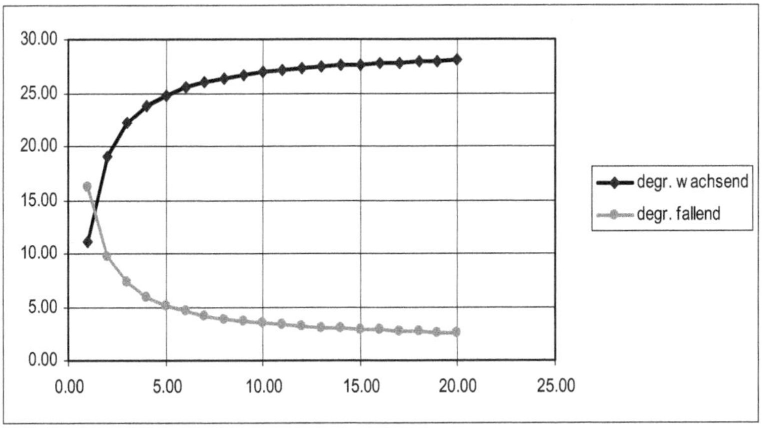

Abb. 1-12: Modell degressiv wachsend – degressiv fallend.

Entsprechend der Einschätzung wird die entsprechende Regressionsfunktion gewählt.

1.11.2 Beispiel zur Auswahl einer geeigneten Regressionsfunktion

Ein typischer Verlauf einer Messung ist bekannt (Viskosität). Zur Bestimmung einer Regressionsfunktion wurden in 3 Punkte je zwei Messungen durchgeführt.

Tab. 1-12: Daten zum Beispiel „Viskosität“.

Einflussgröße x	Messwert y
1	11,1
1	11,0
5	24,9
5	24,8
20	28,1
20	28,0

Im Modell 1 werden diese Daten formal mit dem Regressionsansatz $y = a_0 + a_1x + a_2x^2$ berechnet.

$$y = 6{,}748245 + 4{,}472105x - 0{,}170350x^2$$

Bestimmtheitsmaß: 0,99995

Reststandardabweichung: 0,07071

Der Test der Adäquatheit wurde bestätigt. Das Ergebnis scheint also sehr gut zu sein. Hier ist die Gegenüberstellung des bekannten Messverlaufes mit dem Ergebnis der Regression.

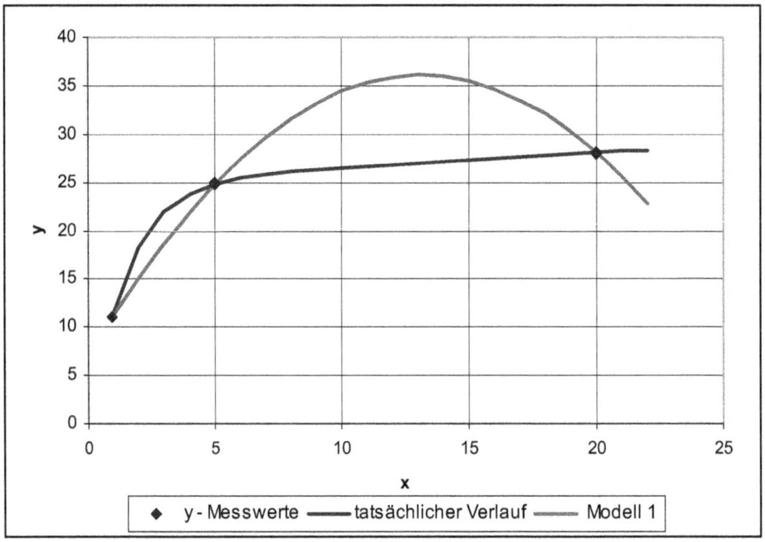

Abb. 1-13: Die Minimierung der Residuen ist wichtig – ebenso wichtig ist die Auswahl der geeigneten Approximationsfunktion!

Der quadratische Modellansatz ist für diesen Fall ungeeignet. Es gibt einige Modellansätze, die besser geeignet sind. Im Modell 2 wird die Funktion

$$y = a + \frac{b}{x^p} \qquad \text{p – fest vorgegeben}$$

gewählt. Diese Funktion genügt dem Funktionstyp $\eta(\underline{\mathbf{x}}) = y(x) = \underline{\mathbf{a}} \cdot \underline{\mathbf{f}}$. Hier ist: $\underline{\mathbf{a}} = \begin{pmatrix} a \\ b \end{pmatrix}$ und

$\underline{\mathbf{f}} = \begin{pmatrix} 1 \\ \frac{1}{x^p} \end{pmatrix}$ Es wird $p = 0{,}5$ p – willkürlich gewählt. Damit hat die Matrix **F** die folgende Gestalt:

$$\mathbf{F} = \begin{pmatrix} a & b\left[\frac{1}{x^{0,5}}\right] \\ 1 & 1 \\ 1 & 1 \\ 1 & 0{,}2494820 \\ 1 & 0{,}2494820 \\ 1 & 0{,}0754531 \\ 1 & 0{,}0754531 \end{pmatrix}. \text{ Mit dem Vektor der Messwerte } \underline{\mathbf{y}} = \begin{pmatrix} y \\ 11{,}1 \\ 11{,}0 \\ 24{,}9 \\ 24{,}8 \\ 28{,}1 \\ 28{,}0 \end{pmatrix}$$

liefert die lineare Regression die Werte für die Parameter:

$$a = \ 33{,}835962$$
$$b = -22{,}478709$$

Um den bisher frei gewählten Parameter p besser an die Messwerte an zu passen, werden die ermittelten Regressionskoeffizienten als Startlösung für eine Iterative Berechnung (Solver) genutzt. Die verbesserte Ausgleichsfunktion für Modell 2 ist jetzt:

$$y = 29{,}4373513 - \frac{18{,}3873841}{x^{0,86264181}}$$

Bestimmtheitsmaß: 0,99995

Reststandardabweichung: 0,07071

Der Test der Adäquatheit wurde bestätigt. Obwohl beide Regressionsfunktionen etwa die gleichen statistischen Gütekriterien haben, zeigt das folgende Bild deutlich den Unterschied zwischen den gewählten Regressionsansätzen.

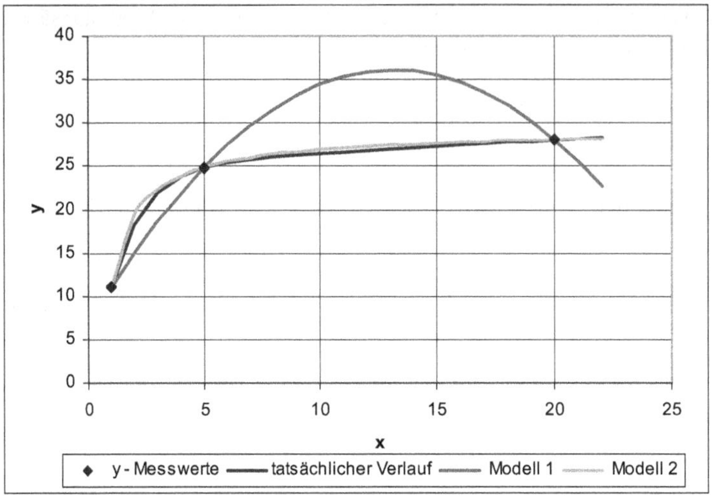

Abb. 1-14: Bessere Wahl der geeigneten Modellfunktion.

Es sie an dieser Stelle darauf hingewiesen, dass sich die Gleichung $y = \exp\left(a_0 + \frac{a_1}{a_2 + x}\right)$ auch sehr gut zur Berechnung derartiger Zusammenhänge eignet. Diese Funktion ist vom Typ quasi-linear. (Kapitel 1.7.)

1.12 Reduzierung des Regressionsansatzes

Bei approximativen Modellansätzen ist es oft sinnvoll, den Regressionsansatz zu reduzieren. Solche Reduktionen beinhalten immer eine Verschlechterung des Bestimmtheitsmaßes und eine Verschlechterung des Wertes des F-Testes. Ziel ist es, die Reduktion des Regressionsansatzes so zu wählen, dass die Verschlechterung tolerierbar ist. Eine Möglichkeit besteht darin, den Parameter der den Test $a_i = 0$ nicht abgelehnt wird und den kleinsten Testwert $T_i = \frac{|\hat{a}_i|}{S\sqrt{c_{ii}}} < t_{\alpha;k-n-1}$ hat, zu eliminieren. Es wird wieder das erste Beispiel von Kapitel 1.2 mit dem Regressionsansatz

$$\eta(x_1, x_2, x_3) = a_0 + a_1 x_1 + a_2 x_1^2 + a_3 x_2 + a_4 x_2 x_3^2$$

betrachtet. Dort ist $t_{0{,}05;6-4-1} = t_{0{,}05;1} = 12{,}7062$. Mit dem unreduzierten Regressionsansatz wurde das Bestimmtheitsmaß $B = 0{,}999999575$ errechnet.

Tab. 1-13: Berechnete Parameter zum Beispiel von Kapitel 1.2.

	Parameter	c_{ii}	$S\sqrt{c_{ii}}$	$T_i = \frac{\lvert\hat{a}_i\rvert}{S\sqrt{c_{ii}}}$	$\alpha_i = P(T)$	Konfidenzintervall	
$a_0 =$	1,156329	5,786600	0,106803	10,82669	0,058634	–0,200738	2,513396
$a_1 =$	4,253562	369,7229	0,853713	4,982424	0,126097	–6,593894	15,10101
$a_2 =$	–3,242188	649,6835	1,131682	2,864922	0,213794	–17,62157	11,13721
$a_3 =$	7,801858	0,015175	0,005463	1426,456	0,000446	7,732363	7,871354
$a_4 =$	–0,002030	1,03E-08	4,51E-06	449,5297	0,001416	–0,002087	–0,001972

Wegen $T_1 < 12,7062$ und $T_2 < 12,7062$ und $T_2 < T_1$ wird zunächst der Parameter a_2 für die nächste Regression nicht beachtet. Die Regression mit den Daten

Tab. 1-14: Datensatz für die Regression bei Nichtbeachtung des Parameters Va_2.

x_1	x_2	x_3	y
0,1	2,0	30,0	13,5
0,6	4,0	20,0	30,5
0,2	12,0	12,0	92,0
0,2	4,0	20,0	29,8
0,3	6,0	50,0	18,5
0,2	1,0	10,0	9,5

wird mit dem reduzierten Regressionsansatz $\eta_1(x_1, x_2, x_3) = a_0 + a_1 x_1 + a_2 x_2 + a_3 x_2 x_3^2$ durchgeführt. Damit werden die folgenden Regressionsergebnisse ermittelt:

Tab. 1-15: Regressionsergebnisse bei Verwendung des reduzierten Regressionsansatzes.

	Parameter	$T_i = \frac{\lvert\hat{a}_i\rvert}{S\sqrt{c_{ii}}}$
$a_0 =$	1,4365318	15,60250
$a_1 =$	1,8296398	7,48058
$a_2 =$	7,8069933	704,11694
$a_3 =$	–0,002022	259,38345

Das Bestimmtheitsmaß ist:

$$B_1 = 0,99999609\,.$$

Da alle $T_i > t_{0,05;6-3-1} = t_{0,05;2} = 4,30265$ sind, wird der Regressionsansatz nicht weiter reduziert. Mit einem Iterationsschritt wurde der ursprüngliche Regressionsansatz

$$\eta(x_1, x_2, x_3) = a_0 + a_1 x_1 + a_2 x_1^2 + a_3 x_2 + a_4 x_2 x_3^2$$

auf den Regressionsansatz

$$\eta_1(x_1, x_2, x_3) = a_0 + a_1 x_1 + a_2 x_2 + a_3 x_2 x_3^2$$

reduziert. Durch diesen Eliminationsschritt wurde eine Verschlechterung des Bestimmtheitsmaßes von $B = 0{,}999999575$ auf $B_1 = 0{,}99999609$ erzielt. (Derartige Bestimmtheitsmaße sind in der Praxis sehr selten!)

Um zu einem reduzierten Regressionsansatz zu erhalten, ist es aber auch möglich, in aufbauenden Schritten vor zugehen. Dazu werden die Testgrößen für die Regressionsansätze

$$\eta_1(x_1, x_2, x_3) = a_0 + a_1 x_1$$

$$\eta_2(x_1, x_2, x_3) = a_0 + a_2 x_1^2$$

$$\eta_3(x_1, x_2, x_3) = a_0 + a_3 x_2$$

$$\eta_4(x_1, x_2, x_3) = a_0 + a_4 x_2 x_3^2$$

berechnet. Der Parameter mit dem „signifikantesten" Testwert wird verbleibend in den Ansatz übernommen. Dazu wird oft das Kriterium $W_i = \frac{\hat{a}_i^2}{c_{i,i}}$ und das Maximum $W_j = \max W_i$ für die weitere Aufnahme in den Regressionsansatz verwendet. Diese Vorgehensweise wird so lange wiederholt, bis $T_j = \frac{\hat{a}_j}{S\sqrt{c_{j,j}}} \geq t_{\alpha;k-n-1}$ erfüllt ist.

1.12.1 Der partielle Korrelationskoeffizient

Eine weitere Möglichkeit der Entscheidung der Reduzierung eines Parameters im Regressionsansatz ist der partielle Korrelationskoeffizient. Der Korrelationskoeffizient zweier Variablen beschreibt die lineare Abhängigkeit zweier Variablen. Die Korrelationsmatrix gibt darüber Auskunft. Für das betrachtete Beispiel lautet die Korrelationsmatrix:

Tab. 1-16: Korrelationsmatrix.

	x_1	x_{12}	x_2	x_2x_{32}	y
x_1	1	0,9838	0,0194	0,1029	–0,0082
x_{12}	0,9838	1	–0,0478	–0,0078	–0,0350
x_2	0,0194	–0,0478	1	0,1979	0,9314
x_2x_{32}	0,1029	–0,0078	0,1979	1	–0,1721
y	–0,0082	–0,0350	0,9314	–0,1721	1

Oft interessiert aber der Einfluss einer Größe auf die Zielgröße, bei der die Korrelationen unter einander ausgeschlossen werden. Die verbleibenden Einflussgrößen werden als konstant betrachtet. Dieser – isolierte – Einfluss kann mit dem partiellen Korrelationskoeffizienten berechnet werden. Angenommen die Messwerte y hängen von den Variablen x_1 und x_2

ab. Diese Variablen korrelieren miteinander und mit der Zielgröße. Der partielle Korrelationskoeffizient wird berechnet durch:

$$r_{x_1 y;x_2} = \frac{r_{x_1 x_2} - r_{x_1 y} r_{x_2 y}}{\sqrt{(1 - r^2_{x_1 y})(1 - r^2_{x_2 y})}} \tag{1-63}$$

und beschreibt den Einfluss der Variablen x_1 auf das Messergebnis y unter Ausschaltung des Einflusses der Variablen x_2. Hängt die Wirkungsfläche $\eta(\underline{\mathbf{x}})$ Zielgröße von n Parametern ab, dann beschreibt der partielle Korrelationskoeffizient $(n-1)$ Ordnung den Einfluss des Parameters j mit der Wirkungsfläche $\eta(\underline{\mathbf{x}})$. Dieser partielle Korrelationskoeffizient wird geschätzt durch:

$$\hat{r}_{x_j y;x_1,x_2,\ldots,x_{j-1},x_{j+1},\ldots,x_n} = \frac{T_j}{\sqrt{T_j^2 + (k-n-1)}} \tag{1-64}$$

mit $T_j = \frac{\hat{a}_j}{S\sqrt{c_{jj}}}$. Der so geschätzte partielle Korrelationskoeffizient $(n-1)$ Ordnung genügt der t-Verteilung.

$$\hat{r}_{x_j y;x_1,x_2,\ldots,x_{j-1},x_{j+1},\ldots,x_n} \sim t_{\alpha;k-n-1} \tag{1-65}$$

Die Testgröße für Hypothese $r_{x_j y;x_1,x_2,\ldots,x_{j-1},x_{j+1},\ldots,x_n} = 0$ wird berechnet durch:

$$T = \sqrt{k-n-1}\,\frac{\hat{r}_{x_j y;x_1,x_2,\ldots,x_{j-1},x_{j+1},\ldots,x_n}}{\sqrt{1 - \hat{r}^2_{x_j y;x_1,x_2,\ldots,x_{j-1},x_{j+1},\ldots,x_n}}} \tag{1-66}$$

Die Hypothese, der partielle Korrelationskoeffizient $r_{x_j y;x_1,x_2,\ldots,x_{j-1},x_{j+1},\ldots,x_n} = 0$ wird abgelehnt, wenn $T > t_{\alpha;k-n-1}$ ist. Das bedeutet, dass die Einflussgröße x_j und die Messgröße y in Beziehung stehen, auch wenn die Korrelation der anderen Einflussgrößen ausgeschaltet wird. Möglicherweise gibt aber die Interpretation der partiellen Korrelationskoeffizienten Hinweise für nicht vermutete Wirkungen einzelner Einflussgrößen auf die Zielgröße.

1.12.2 Das partielle Bestimmtheitsmaß

Das partielle Bestimmtheitsmaß wird berechnet durch

$$B_{x_j y;x_1,x_2,\ldots,x_{j-1},x_{j+1},\ldots,x_n} = r^2_{x_j y;x_1,x_2,\ldots,x_{j-1},x_{j+1},\ldots,x_n} \tag{1-67}$$

Es beschreibt den Anteil der Einflussgröße x_j an der gesamten Varianz $S^2_{\hat{Y}} = \frac{1}{k-n-1}(\underline{\hat{\mathbf{y}}} - \bar{y})^T(\underline{\hat{\mathbf{y}}} - \bar{y}) = \frac{1}{k-n-1}\sum_{i=1}^{k}(\hat{y}_i - \bar{y})^2$. Über das partiellen Bestimmtheitsmaß kann ebenfalls die Reduktion des Regressionsansatzes entschieden werden. Das partielle

Bestimmtheitsmaß ist F – verteilt mit $(m_1;m_2)=(n;k-n-1)$ Freiheitsgraden. Die Testgröße F wird berechnet durch

$$F=\frac{B_{x_jy;x_1,x_2,\ldots,x_{j-1},x_{j+1},\ldots,x_n}}{1-B_{x_jy;x_1,x_2,\ldots,x_{j-1},x_{j+1},\ldots,x_n}}\cdot\frac{k-n-1}{n} \tag{1-68}$$

Soll eine Variable aus dem Regressionsansatz eliminiert werden, dann wird das Bestimmtheitsmaß geringer. Wenn die Variable j aus dem Regressionsansatz entfernt werden soll, dann wird der Anteil der Verringerung des Bestimmtheitsmaßes berechnet durch:

$$\Delta B_j=T_j^2\frac{1-B}{k-n-1} \tag{1-69}$$

Damit ist die Möglichkeit gegeben, die Auswahl der zu reduzierenden Variablen nach der minimalen Verringerung des Bestimmtheitsmaßes auszuwählen. Eine andere Interpretation: die Variable, welche die größte Verschlechterung im Ansatz bringt ist wesentlich und unbedingt im Ansatz zu behalten. Mit den verbleibenden Regressoren wird analog verfahren – bis kein signifikanter Regressor mehr gefunden werden kann. Entscheidend ist letztlich wieder die Testgröße $T_j=\frac{\hat{a}_j}{S\sqrt{c_{jj}}}$.

Da c_{jj} das Element der Hauptdiagonale der Informationsmatrix ist, ist für die Genauigkeit aller Testgrößen ist wieder die Genauigkeit der Inversion der Informationsmatrix entscheidend! Die folgende Übersicht gibt die bisher dargestellten Möglichkeiten der Reduzierung des Regressionsansatzes wieder. Der gewählte Regressionsansatz[8] ist:

$$\eta(x_1,x_2,x_3)=a_0+a_1x_1+a_2x_1^2+a_3x_2+a_4x_3^2$$

Die Ergebnisse der Versuchsrealisierungen sind in der folgenden Tabelle enthalten:

Tab. 1-17: Ergebnisse der Versuchsrealisierung.

x_1	x_2	x_3	y
0,1	2,0	30,0	13,5
0,6	4,0	20,0	30,5
0,2	12,0	12,0	92,0
0,2	4,0	20,0	29,8
0,3	6,0	50,0	18,5
0,2	1,0	10,0	9,5

Die folgenden Tabellen geben Auskunft über die Berechnungsergebnisse der verschiedenen Auswahlkriterien

8 Der Regressionsansatz wurde gegenüber Kapitel 1.1 geändert!

Tab. 1-18: Das Kriterium „t-Test“.

	Parameter	$S\sqrt{c_{ii}}$	$T_i = \frac{\lvert\hat{a}_i\rvert}{S\sqrt{c_{ii}}}$	$t_{0,05;1}$	$\alpha_i = P(T)$	$\Delta B_j = T_j^2 \frac{1-B}{k-n-1}$	B_{neu}
$a_0 =$	15,220386	1,5969	9,5311	12,7062	0,0586	0,0109	0,9890
$a_1 =$	–79,53111	12,7306	6,2472	12,7062	0,1261	0,0047	0,9952
$a_2 =$	103,51742	16,9704	6,0999	12,7062	0,2138	0,0045	0,9954
$a_3 =$	7,5210641	0,0930	80,8285	12,7062	0,0004	0,7855	0,2144
$a_4 =$	–0,010896	0,0004	26,7106	12,7062	0,0014	0,0858	0,9141

Es ist hier ersichtlich, dass die Koeffizienten mit der größten Irrtumswahrscheinlichkeit $\alpha_i = P(T_i)$ die geringste Verschlechterung $\boldsymbol{\Delta B}$ erzeugen. Der Vorteil dieser Beziehung ist, dass die Änderung des Bestimmtheitsmaßes sofort ablesbar. Damit ist eine gute Möglichkeit gegeben, die Bedeutung der jeweiligen Einflussgröße auf den untersuchten Prozess zu interpretieren. Wenn ein Koeffizient eine „große“ Irrtumswahrscheinlichkeit $\alpha_i = P(T_i)$ hat, dann bedeutet das nicht, dass der Koeffizient generell keinen Einfluss auf den untersuchten Zusammenhang haben muss. Die „geringe“ Änderung des Koeffizienten im untersuchten Bereich kann für das Berechnungsergebnis der Irrtumswahrscheinlichkeit $\alpha_i = P(T_i)$ verantwortlich sein. Man beachte jedoch die folgende Aufgabe. Die Qualität einer Brotsorte soll getestet werden. Dabei werden die Anteile von Mehl, Salz und Hefe geändert. Der Anteil der Hefe wird bei den Versuchen sehr gering geändert. Daraus resultiert, dass die Irrtumswahrscheinlichkeit des Koeffizienten für die Einflussgröße „Hefe“ groß ist. Kein Bäcker käme auf die Idee auf Grund dieser Aussage, die Hefe beim Brotbacken wegzulassen! Diese Irrtumswahrscheinlichkeit $\alpha_i = P(T_i)$ sind Hinweise für den Praktiker.

Tab. 1-19: Das Kriterium „partieller Korrelationskoeffizient“.

	Parameter	Part. Korrel.koeff.	$T = \sqrt{(k-n-1)}\frac{\hat{r}^2}{\sqrt{1-\hat{r}^2}}$	$t_{0,05;1}$	$\alpha_i = P(T)$
$a_0 =$	15,220386	0,9945	9,4791	12,7062	0,0586
$a_1 =$	–79,53111	0,9874	6,1687	12,7062	0,1261
$a_2 =$	103,51742	0,9868	6,0195	12,7062	0,2138
$a_3 =$	7,5210641	0,9999	80,8223	12,7062	0,0004
$a_4 =$	–0,010896	0,9993	26,6919	12,7062	0,0014

Tab. 1-20: Das Kriterium „partielle Bestimmtheitsmaß“.

	Parameter	part. B.Maß	$F = \frac{B}{1-B} \cdot \frac{k-n-1}{n}$	$F(1;6;0,025)$	$\alpha_i = P(F)$
$a_0 =$	15,220386	0,9891	15,1404	8,8131	0,1942
$a_1 =$	–79,53111	0,9750	6,5047	8,8131	0,2915
$a_2 =$	103,51742	0,9738	6,2014	8,8131	0,2981
$a_3 =$	7,5210641	0,9998	1088,8738	8,8131	0,0232
$a_4 =$	–0,010896	0,9986	118,9091	8,8131	0,0701

Es ist möglich, aufbauende und abbauende Eliminationsverfahren zu koppeln. Um die günstigste Reduzierung (in Hinblick auf das Bestimmtheitsmaß) müssten alle Möglichkeiten der Variation der Elimination der Regressionskoeffizienten berechnet werden. Es gibt hier nun verschiedene Möglichkeiten der Auswahl der Koeffizienten zu treffen. Jede Software hat sein eigenes Eliminationsverfahren zur Regression. Es ist durch aus nicht so, dass die – nach unterschiedlichen Reduktionsverfahren – berechneten reduzierten Regressionsansätze übereinstimmen. Zwischen den Bestimmtheitsmassen bestehen jedoch oft nur geringe Differenzen.

Günstig ist es, wenn das Regressionsprogramm die Berechnung (Elimination) auch in Gruppen zulässt und damit die Möglichkeit gegeben ist, dass Einflussgrößen fest im Ansatz verbleiben. Es reicht nicht aus, wenn nur „quadratische Regressionsansätze“ vorprogrammiert sind. Der Regressionsansatz sollte frei editierbar sein und die festgelegten Anforderungen sollten mit verschiedenen Regressionsverfahren berechenbar sein. In sehr wenigen Softwareprodukten [36] sind diese Möglichkeiten gegeben!

Allein aus diesen Beispielen ist ersichtlich, dass das Ergebnis des reduzierten Regressionsansatzes abhängig von dem gewählten Kriterium des Ausschlusses eines Parameters und von der Strategie (aufbauendes oder abbauendes oder beides gemischt ...) Verfahren ist. Das Kriterium der Elimination der Regressionsparameter – nach dem „Vorhersagebestimmtheitsmaß“ nach *Enderlein* z. B. [6] – optimiert die Genauigkeit der Vorhersagewerte $\hat{y}_i$. In unzähligen Tests wurde das Eliminationsergebnis dieses Verfahrens mit dem Ergebnis der sehr zeitaufwendigen kombinatorischen Elimination der Regressionsparameter (alle Möglichkeiten der Parameterkonstellation wurden berechnet) und das günstigste Ergebnis in Hinblick auf das Bestimmtheitsmaß und Anzahl Parameter im Regressionsansatz verglichen. Bei jedem Vergleich der Verfahren lieferte das nach dem Vorhersagebestimmtheitsmaß nach *Enderlein* das gleiche Ergebnis wie die kombinatorische Elimination. Diese Aussage ist nicht auf Allgemeingültigkeit mathematisch untersucht worden. Für die praktische Anwendung ist dieses Verfahren aber sehr interessant.

Die Ergebnisse für die Anwendung unterschiedlicher Regressionsverfahren auf den gleichen Datensatz zeigt das folgende Beispiel. In [18] wird ein Beispiel zur Maximierung der Ausbeute und der Farbbestandheit eines Färbeprozesses angegeben.

Tab. 1-21: Datensatz: „Färbeprozess".

		Niveaus				
X_1	NaOH Konzentration	5	8	11	14	[g/l]
X_2	Wasserglas	30	45	60	80	[ml/l]
X_3	Temperatur	20	30	40		[°C]
X_4	Standzeit	5	10	15	20	[min]
X_5	Reaktionszeit	2	4	6	8	[h]

Tab. 1-22: Versuchsplan[9] und Validierung.

Versuchsplan					Zielgrößen	
X_1	X_2	X_3	X_4	X_5	Ausbeute	Farbst.
14	80	20	5	4	79,16	99,22
5	80	40	20	6	80,89	104,7
14	30	20	10	4	75,4	95
11	30	30	10	6	64,79	86,57
5	30	20	50	4	61,89	92,5
11	80	40	50	2	79,47	102,6
8	60	40	15	2	75,95	95,69
11	45	20	20	8	75,2	92,06
8	30	20	5	2	66,78	85,61
14	45	30	20	8	64,09	78,07
14	80	30	20	2	68,97	79,9
8	45	40	10	8	75,32	98,84
14	80	40	20	8	58,01	79,99
11	30	30	20	2	61,14	77,2
14	80	40	5	8	76,03	98,05
5	45	40	15	4	80,48	104,1

Versuchsplan					Zielgrößen	
X_1	X_2	X_3	X_4	X_5	Ausbeute	Farbst.
5	80	20	20	8	73,54	93,85
14	30	30	5	2	72,79	85,69
11	30	40	10	8	61,41	85,22
8	45	40	15	4	71,42	95,78
5	60	20	5	6	63,8	87,07
14	80	20	20	2	68,62	85,69
5	80	30	5	2	68,34	81
14	30	40	20	8	51,44	70,59
11	60	20	10	6	80,6	96,09
8	45	30	15	4	77,6	94,06
5	30	40	20	2	73,93	102,2
14	80	20	5	8	80,66	96,91
14	60	40	5	2	73,93	96,68
5	80	30	20	8	81,65	100,6
11	30	20	15	6	73,98	92,6

Dieser Datensatz wurde mit fünf verschieden Regressionsverfahren berechnet.

Verfahren I	Schrittweise Reduzierung in vorgegebener Reihenfolge (1. Schritt!)
Verfahren II	Maximierung der Vorhersagebestimmtheitsmaßes (nach *Enderlein* [5],[6])
Verfahren III	Schrittweise Reduzierung (partielles Bestimmtheitsmaß)
Verfahren IV	Regressionsverfahren der Software APO [12]
Verfahren V	Schrittweiser Aufbau des Regressionsansatzes mit Reduzierung nach jedem Schritt

9 Software „APO" [12]

Tab. 1-23: Berechnete Koeffizienten mit verschiedenen Regressionsverfahren zum Datensatz Tabelle 1-22.

	Verfahren I B = 0,954	Verfahren II B = 0,935	Verfahren III B = 0,926	Verfahren IV B = 0,924	Verfahren V B = 0,335
X1	3,749	5,2501	5,2735	5,1526	
X2	0,85896	1,02	0,8516	0,0727	
X3	0,6827			0,567	
X4	2,6737	2,1848	2,0372	2,3114	
X5	0,12869				
X12	0,048704				
X22	–0,010718	–0,010382	–0,009136	–0,0085	
X32	–0,011141				
X42	–0,0030349	–0,0021915			
X52	0,18069	0,002195	0,14192		
X1 X2	0,015592				
X1 X3	–0,088532	–0,088578	–0,96703	–0,1086	
X1 X4	–0,23463	–0,22813	–0,21688	–0,1758	–0,064733
X1 X5	–0,065164				
X2 X3	0,014236	0,012181	0,013218	0,0108	
X2 X4	–0,0026936				0,0073165
X2 X5	0,0022257				
X3 X4	–0,011446	–0,02638		–0,0214	
X3 X5	–0,028292		–0,025718		
X4 X5	0,018123				
Konst.	9,3813	10,077	15,083	8,36	74,6

Bei der Ergebnisinterpretation kommt es immer wieder darauf an, die Wirkung einer Einflussgröße auf die Zielgröße zu beurteilen. Welche Regressionsfunktion bei dem obigen Beispiel die „richtige" ist, kann nicht gesagt werden. Sicherlich ist das Regressionsverfahren V für diese Datensatz unbrauchbar. Dieses Beispiel verdeutlicht, das es nicht möglich ist nur aus dem Vorhandensein eines Parameters vor einem linearen Term im Regressionsansatz auf die unmittelbare Bedeutung des Parameters – hier X_3 – zu schließen. Diese Regressionsfunktionen unterscheiden sich zwar in ihrem Aufbau; die graphische Interpretation bringt – außer der Regressionsgleichung V – jedoch sehr ähnliche Tendenzen im untersuchten Bereich. Es hat sich gezeigt, dass die graphische Interpretation und Diskussion des (reduzierten) Regressionsansatzes für Plausibilität des Modells eine größere Bedeutung hat als die formale Interpretation der Parameter.

Wichtig ist immer die Diskussion der Residuen. Hierbei spielt die „Qualität" der Normalverteilung eine wichtige Rolle. Auch ein Modell mit einem „schlechten" Bestimmtheitsmaß $[0,7 < B < 0,9]$ kann wichtige Informationen liefern, wenn auf Grund der „guten" Normalverteilung der Residuen logische Schlüsse für den untersuchten Zusammenhang erzielt werden können.

1.12.3 Das innere Bestimmtheitsmaß

Die numerische Handhabbarkeit wir oft auch mit Hilfe des inneren Bestimmtheitsmaßes beschrieben. Die Korrelation zwischen einer Einflussgrößen (Regressoren) und den verbleibenden Einflussgrößen wird durch die innere Bestimmtheit der Matrix $(\mathbf{F}^T\mathbf{F})$ ausgedrückt. Dieses innere Bestimmtheitsmaß einer jeden Einflussgröße erklärt, wie die betrachtete Einflussgröße von allen anderen Einflussgrößen der Matrix $(\mathbf{F}^T\mathbf{F})$ abhängt. Sind diese inneren Bestimmtheiten einer Einflussgröße „sehr groß“, dann wird dieser Zusammenhang als Multikollinearität (siehe auch 1.14) bezeichnet. Das innere Bestimmtheitsmaß für die j-te Einflussgröße (j-ten Einflussgröße) wird geschätzt durch:

$$B_{I;i} = r_i^2 = r^2_{x_i;x_1,x_2,\dots,x_{i-1},x_{i+1},\dots,x_k} = 1 - \frac{1}{kc_{ii}s^2_{f_i}} \tag{1-70}$$

wobei $s^2_{f_j} = \frac{1}{k}\sum_{i=1}^{k} f_j(x_{1,i}, x_{2,i}, \dots, x_{m,i})^2 - \left(\frac{1}{k}\sum_{i=1}^{k} f_j(x_{1,i}, x_{2,i}, \dots, x_{m,i})\right)^2$

und c_{ii} das Hauptdiagonalelement von $(\mathbf{F}^T\mathbf{F})^{-1}$ ist. Liegt $B_{I;i}$ „nahe“ bei 1, so hängt die Einflussgröße sehr stark von den verbleibenden Einflussgrößen ab und wird als Multikollinearität bezeichnet. $B_{I;i}$ kann mit Hilfe von (1-63) einfach berechnet werden. Die Toleranz der inneren Bestimmtheit wird durch

$$\eta_i = 1 - B_{I;i} = 1 - r_i^2 \tag{1-71}$$

angegeben. Ist die Toleranz $\eta_i < 0{,}9$ dann liegt eine Multikollinearität vor. Zur Abschätzung des linearen Zusammenhanges und dessen Einfluss auf das Regressionsergebnis wird oft auch der *Varianz Inflation Factor* (VIF) verwendet.

$$VIF_i = \frac{1}{\eta_i} = \frac{1}{1 - R_i^2} = k \cdot c_{ii} \cdot s_i^2 \tag{1-72}$$

In [8] werden Angaben über den zulässigen VIF Wertes eines Versuchsplanes gemacht. Danach sollen die VIF Werte so nahe wie möglich am Wert 1 und höchstens den Wert 5 betragen. Ist VIF > 10, dann kann die Berechnung der Regressionskoeffizienten fehlerhaft erfolgen. Dieser Wert ist letztlich von Anzahl der Bits, die für die Zahlendarstellung verwendet werden, abhängig. So konnte – mit einer 32 Bit Software – der maximale zulässige Wert $VIF_i = 5$ nicht bestätigt werden. Er ist größer! Da die Berechnung des VIF_i -Koeffizienten abhängig von der Qualität der Inversion der Informationsmatrix $\left(\mathbf{F}^T\mathbf{F}\right)$ ist, sollte die numerische Qualität der Lösung des Regressionsproblems besser über die Regularitätsbedingung $\mathbf{E} = \left(\mathbf{F}^T\mathbf{F}\right)^{-1}\left(\mathbf{F}^T\mathbf{F}\right)$ beurteilt werden.

1.13 Standardisierung des Regressionsproblems

Um unerwünschten numerische Effekte einzudämmen, wird das Regressionsproblem

$$\begin{aligned} \underline{\mathbf{y}} &= a_0 + \mathbf{F}\underline{\mathbf{a}} + \underline{\boldsymbol{\varepsilon}} \\ \mathbf{a}^T &= (a_1, a_2, \cdots, a_n) \\ \mathbf{f}(\mathbf{x}) &= \left(f_1(x_1, x_2, \cdots x_m), f_2(x_1, x_2, \cdots x_m), \cdots, f_n(x_1, x_2, \cdots x_m) \right) \end{aligned} \tag{1-73}$$

standardisiert. Da die Regressionskonstante a_0 entsprechend (1-45) durch $a_0 = \overline{y} - \sum_{i=1}^{m} a_i \mu_i$ bestimmt wird, bezieht sich die Standardisierung nur auf die Matrix $\left(\mathbf{F}^T\mathbf{F}\right)$ in der die Matrix $\mathbf{F}$ den Aufbau wie in (1-13) hat. Da durch die Standardisierung der Konstanten $a_0 = 0$ ist, enthält die standardisierte Matrix $\left(\mathbf{F}^T\mathbf{F}\right)$ alle die Elemente, die direkt abhängig von den Einflussvariablen $f_i(x_1, x_2, ..., x_m)$ sind – siehe auch Kapitel 2.1.1.

Die Modellgleichung wird in der folgenden Form standardisiert.

$$\tilde{y} = \frac{y - \overline{y}}{s_y \cdot \sqrt{k}} = \sum_{j=1}^{m} \breve{a}_j \frac{f_j(x_1, x_2, ..., x_m) - \overline{f_i}}{s_{f_j} \cdot \sqrt{k}} + \varepsilon \tag{1-74}$$

mit $s_y = \sqrt{\frac{1}{k}\sum_{i=1}^{k} y_i^2 - \overline{y}^2}$ und $s_{f_j} = \sqrt{\frac{1}{k}\sum_{i=1}^{k} f_j(x_{1,i}, x_{2,i}, ..., x_{m,i})^2 - \overline{f_i}^2}$ und

$$\overline{f_i} = \frac{1}{k}\sum_{i=1}^{k} f_j(x_{1,i}, x_{2,i}, ..., x_{m,i}) \text{ und } \overline{y} = \frac{1}{k}\sum_{i=1}^{k} y_j$$

Die Parameter des standardisierten Regressionsproblems

$$\underline{\breve{\mathbf{y}}} = \mathbf{D}\underline{\breve{\mathbf{a}}} + \underline{\boldsymbol{\varepsilon}} \tag{1-75}$$

werden berechnet durch:

$$\underline{\breve{\mathbf{a}}} = \left(\mathbf{D}^T\mathbf{D}\right)^{-1} \mathbf{D}^T \underline{\breve{\mathbf{y}}} \text{ und } \breve{a}_0 = \overline{\breve{y}} - \sum_{j=1}^{m} \breve{a}_j \overline{x}_j$$

Die Matrix $\left(\mathbf{D}^T\mathbf{D}\right)$ ist mit der Korrelationsmatrix der Matrix $\mathbf{F}$ identisch.

Beispiel: Es wurden *k* Versuche für den Regressionsansatz $y = a_0 + a_1 x_1 + a_2 x_2$ realisiert.

$$\begin{aligned} y_1 &= a_0 + a_1 x_{1,1} + a_2 x_{2,1} \\ y_2 &= a_0 + a_1 x_{1,2} + a_2 x_{2,2} \\ &\vdots \\ y_k &= a_0 + a_1 x_{1,k} + a_2 x_{2,k} \end{aligned}$$

Um die Regressionskonstante $a_0 = \bar{y} - a_1\bar{x}_1 - a_2\bar{x}_2$ zu bestimmen, sind die Parameter a_1 und a_2 zu errechnen. Für den Regressionsansatz $y = \eta(x_1, x_2) = a_0 + a_1x_1 + a_2x_2$ ist

$$f_1(x_1, x_2) = x_1$$

$$f_2(x_1, x_2) = x_2 \,.$$

Die standardisierten Messergebnisse und standardisierte Matrix **D** hat die folgende Gestalt:

$$\tilde{\mathbf{y}} = \begin{pmatrix} \dfrac{y_1 - \bar{y}}{s_y \cdot \sqrt{k}} \\ \dfrac{y_2 - \bar{y}}{s_y \cdot \sqrt{k}} \\ \vdots \\ \dfrac{y_k - \bar{y}}{s_y \cdot \sqrt{k}} \end{pmatrix} \text{ und } \mathbf{D} = \begin{pmatrix} \dfrac{x_{1,1} - \bar{x}_1}{s_{x_1} \cdot \sqrt{k}} & \dfrac{x_{2,1} - \bar{x}_2}{s_{x_2} \cdot \sqrt{k}} \\ \dfrac{x_{1,2} - \bar{x}_1}{s_{x_1} \cdot \sqrt{k}} & \dfrac{x_{2,2} - \bar{x}_2}{s_{x_2} \cdot \sqrt{k}} \\ \vdots & \vdots \\ \dfrac{x_{1,k} - \bar{x}_1}{s_{x_1} \cdot \sqrt{k}} & \dfrac{x_{2,k} - \bar{x}_2}{s_{x_2} \cdot \sqrt{k}} \end{pmatrix}$$

Die Informationsmatrix $(\mathbf{D}^T\mathbf{D})$ – die Korrelationsmatrix für die Matrix **F** – für dieses Beispiel ist:

$$(\mathbf{D}^T\mathbf{D}) = \begin{pmatrix} \dfrac{1}{s_{x_1}^2}\dfrac{1}{k}\sum_{j=1}^{k}(x_{1,j} - \bar{x}_1)^2 & \dfrac{1}{k}\sum_{j=1}^{k}\left(\dfrac{x_{1,j} - \bar{x}_1}{s_{x_1}}\right)\left(\dfrac{x_{2,j} - \bar{x}_2}{s_{x_2}}\right) \\ \dfrac{1}{k}\sum_{j=1}^{k}\left(\dfrac{x_{1,j} - \bar{x}_1}{s_{x_1}}\right)\left(\dfrac{x_{2,j} - \bar{x}_2}{s_{x_2}}\right) & \dfrac{1}{s_{x_2}^2}\dfrac{1}{k}\sum_{j=1}^{k}(x_{2,j} - \bar{x}_2)^2 \end{pmatrix} = \begin{pmatrix} 1 & r_{x_1x_2} \\ r_{x_1x_2} & 1 \end{pmatrix}$$

Nach dem die Regressionskoeffizienten $\underline{\breve{\mathbf{a}}} = (\mathbf{D}^T\mathbf{D})^{-1}\mathbf{D}^T\underline{\breve{\mathbf{y}}}$ für das standardisierte Regressionsproblem gelöst wurde, werden die gesuchten Regressionskoeffizienten, wobei $s_{f_j} = s_{x_i} = \sqrt{\dfrac{1}{k}\sum_{i=1}^{k} x_i^2 - \bar{x}_i^2}$ durch:

$$\hat{a}_i = \frac{s_y}{s_{x_i}}\breve{a}_i \qquad (1\text{-}76)$$

berechnet. Wegen (1-45) $\hat{a}_0 = \bar{y} - \sum_{i=1}^{m} a_i\mu_i$ wird durch $\hat{a}_0 = \bar{y} - \hat{a}_1\bar{x}_1 - \hat{a}_2\bar{x}_2$ bestimmt. Siehe Kapitel (1.6.5).

Mit dieser Standardisierung (Normierung) werden viele numerisch ungünstige Effekte eingedämmt. Alle „besseren“ Regressionsverfahren verwenden die Standardisierung der Informationsmatrix – dennoch bleibt das Problem der Inversion der Informationsmatrix.

1.14 Multikollinearität

Eine symmetrische (m,m) Matrix $\mathbf{X} = (\underline{\mathbf{x}}_1, \underline{\mathbf{x}}_2, \cdots, \underline{\mathbf{x}}_m)$ mit den Vektoren $\underline{\mathbf{x}}_i = (x_{i,1}, x_{i,2}, \cdots, x_{i,m})^T$ und $\text{Rang}(\mathbf{X}) = m$ heißt multikollinear, wenn ein Vektor $\underline{\mathbf{c}} = (c_1, c_2, \cdots, c_m)^T \neq \underline{\mathbf{0}}$ existiert mit der Eigenschaft:

$$\sum_{j=1}^{m} c_j \underline{\mathbf{x}}_j = \underline{\Delta} \qquad (1\text{-}77)$$

und $\underline{\Delta}$ „klein“ – also – $\|\underline{\Delta}\| = \underline{\Delta}^T \underline{\Delta} < \varepsilon$ und $\underline{\Delta} \neq \underline{\mathbf{0}}$. Diese Matrix hat dann einen „fast linearen“ Zusammenhang und der Vektor $\underline{\Delta}$ ist „nahe“ dem Nullvektor $\underline{\mathbf{0}}$. Beispiele siehe Kapitel 1.17.

1.15 Konditionszahlen einer Matrix

Mit Hilfe der Eigenwerte $\lambda_1, \lambda_2, \cdots, \lambda_m$ werden die Konditionszahlen p_i der Matrix $(\mathbf{D}^T\mathbf{D})$ ermittelt. Die Konditionszahlen k_i sind definiert durch:

$$p_i = \frac{\lambda_{\max}}{\lambda_i} \text{ und } \lambda_{\max} = \underset{i}{Max}(\lambda_i) \qquad (1\text{-}78)$$

Erfahrungswerte sollen besagen, dass die Anzahl der p_i für die $p_i > 30$ ist, der Anzahl der Multikollinearitäten entspricht. Diese Aussage ist sehr abhängig von der verwendeten Zahlendarstellung im Rechner und von den Elementen der Matrix. Weiter unten wird gezeigt, dass die Konditioniertheit einer Matrix brauchbar ist, deren Konditionszahlen wesentlich größer als 30 sind!

Die Matrix $(\mathbf{D}^T\mathbf{D})$ – die Korrelationsmatrix der Matrix $\mathbf{F}$ – ist symmetrisch und der $Rang(\mathbf{D}^T\mathbf{D}) = m$. Es wird das Eigenwertproblem der Matrix $(\mathbf{D}^T\mathbf{D})$ gelöst. Es sind $\lambda_1, \lambda_2, \cdots, \lambda_m$ die Eigenwerte der Matrix $(\mathbf{D}^T\mathbf{D})$.

$$\mathbf{\Lambda} = \begin{pmatrix} \lambda_1 & & & \\ & \lambda_2 & & \\ & & \cdots & \\ & & & \lambda_m \end{pmatrix}$$

Die zu den Eigenwerten gehörenden Eigenvektoren sind die Vektoren $\mathbf{e}_1, \mathbf{e}_2, \cdots, \mathbf{e}_m$.

$$\mathbf{W} = (\mathbf{e}_1, \mathbf{e}_2, \cdots, \mathbf{e}_m)$$

Das Eigenwertproblem lautet somit:

$$\mathbf{W}^T (\mathbf{D}^T\mathbf{D}) \mathbf{W} = \mathbf{\Lambda}$$

Wie gezeigt wurde, ist $coov(\underline{\hat{\mathbf{a}}}) = \mathrm{E}\left(\underline{\hat{\mathbf{a}}} - \underline{\mathbf{a}}\right)\left(\underline{\hat{\mathbf{a}}} - \underline{\mathbf{a}}\right)^T = \left(\mathbf{F}^T\mathbf{F}\right)^{-1}\sigma^2$ somit ist

$$coov(\underline{\tilde{\mathbf{a}}}) = \left(\mathbf{D}^T\mathbf{D}\right)^{-1}\sigma^2 = \mathbf{W}\boldsymbol{\Lambda}^{-1}\mathbf{W}^T\sigma^2$$

Die Varianz der Parameter berechnet durch $D^2\tilde{a}_i = d_{ii}\sigma^2$ wobei d_{ii} das Hauptdiagonalelement von $\left(\mathbf{D}^T\mathbf{D}\right)^{-1}$ ist. Die Spur von $\left(\mathbf{D}^T\mathbf{D}\right)^{-1}$ ist also ein Kriterium für die Genauigkeit der geschätzten Regressionsparameter.

$$spur\left(\mathbf{D}^T\mathbf{D}\right)^{-1} = spur\left(\mathbf{W}\boldsymbol{\Lambda}^{-1}\mathbf{W}^T\sigma^2\right) = \sigma^2\sum_{i=1}^{m}\lambda_i^{-1} \qquad (1\text{-}79)$$

Wenn Multikollinearitäten vorliegen, dann hat die Matrix $\left(\mathbf{D}^T\mathbf{D}\right)$ „sehr kleine" Eigenwerte. Somit sind die Varianzen der Regressionsparameter $D^2(\tilde{a}_i) = \mathrm{cov}(\tilde{a}_i, \tilde{a}_i) = \sigma^2 d_{ii} = \dfrac{\sigma^2}{\lambda_i}$ „groß".

Hat die Präzisionsmatrix $\left(\mathbf{D}^T\mathbf{D}\right)^{-1}$ Multikollinearitäten, dann werden die Varianzen der Regressionsparameter „ungenau" geschätzt. Außerdem kann die numerische Qualität der Matrixinversion – die Regularität der Matrix $\left(\mathbf{D}^T\mathbf{D}\right)$

$$\mathbf{E} = \left(\mathbf{D}^T\mathbf{D}\right)^{-1}\left(\mathbf{D}^T\mathbf{D}\right)$$

stark in Mitleidenschaft gezogen werden, so dass die Matrix $\left(\mathbf{D}^T\mathbf{D}\right)$ nicht mehr regulär und damit $\mathbf{E} \neq \left(\mathbf{D}^T\mathbf{D}\right)^{-1}\left(\mathbf{D}^T\mathbf{D}\right)$ ist!

Die Schätzungen $D^2(\tilde{a}_i) = \mathrm{cov}(\tilde{a}_i, \tilde{a}_i) = \sigma^2 d_{ii} = \dfrac{\sigma^2}{\lambda_i}$ haben aber unmittelbaren Einfluss auf die gegebenenfalls geplante Reduktion des Modellansatzes. Es ist erstaunlich, wie oft diese Bedingung bei der Lösung von Regressionsproblemen nicht erfüllt ist! Es sollte bei einem Regressionsprogramm auch die Qualität der Regularitätsbedingung $\mathbf{E} = \left(\mathbf{D}^T\mathbf{D}\right)^{-1}\left(\mathbf{D}^T\mathbf{D}\right)$ untersucht und angegeben werden.

1.16 Ridge-Regression

Durch den Zusammenhang (1-79) ist ersichtlich, dass Multikollinearitäten die Genauigkeit der Schätzung der Regressionsparameter negativ beeinflussen. Um diesen Auswirkungen entgegen zu wirken, wird die Matrix $\left(\mathbf{D}^T\mathbf{D}\right)$ mit „Gewichten" versehen. Damit soll die MkQ Schätzung in eine günstigere Lage gebracht werden. Diese Vorgehensweise wird als Ridge-Regression oder Regression mit verzerrten Schätzern bezeichnet. Der Ausgangspunkt der Berechnungen ist nicht mehr die Matrix $\left(\mathbf{D}^T\mathbf{D}\right)$ sondern die „gewichtete" Matrix $\left(\mathbf{D}^T\mathbf{D} + \mathbf{K}\right)$. Dabei ist die Matrix $\mathbf{K}$ eine Diagonalmatrix in der Form:

$$\mathbf{K} = \begin{pmatrix} p_1 & 0 & \vdots & 0 \\ 0 & p_2 & \vdots & 0 \\ \cdots & \cdots & \cdots & \vdots \\ 0 & 0 & 0 & p_m \end{pmatrix}$$

mit $k_i > 0$ ist. Entsprechend $\underline{\tilde{a}} = \left(\mathbf{D}^T\mathbf{D}\right)^{-1}\mathbf{D}^T\underline{\tilde{y}}$ gilt dann $\underline{\tilde{a}}^* = \left(\mathbf{D}^T\mathbf{D}+\mathbf{K}\right)^{-1}\mathbf{D}^T\underline{\tilde{y}}$. Es gibt zwei Möglichkeiten die Matrix $\mathbf{K}$ aufzubauen. In der gewöhnlichen *Ridge* – Regression haben alle Hauptdiagonalelemente von $\mathbf{K}$ den gleichen Wert p. Zur Beistimmung dieser Konstante p werden in [15] drei Verfahren vorgeschlagen. In der allgemeinen Ridge – Regression sind die Elemente der Hauptdiagonale nicht notwendig identisch. In [13] wird gezeigt, dass

$$E(\underline{\hat{a}}^* - \underline{a})^T(\underline{\hat{a}}^* - \underline{a}) \le E(\underline{\hat{a}} - \underline{a})^T(\underline{\hat{a}} - \underline{a})$$

Wenn die Multikollinearität jedoch so hoch ist, dass die Korrelationsmatrix von $\mathbf{F} = \left(\mathbf{D}^T\mathbf{D}\right)$ praktisch singulär ist, dann müssen auch bei *Ridge*-Verfahren die verursachenden Größen (meist abhängige Regressoren) aus dem Ansatz entfernt oder die Korrelation der unabhängigen Regressoren verringert werden um danach neu zu rechnen.

1.17 Beispiel zur Abhängigkeit der Regression von der Wahl der Versuchspunkte

Um den Einfluss der Korrelation der Versuchspunkte auf das Ergebnis der Regression darzustellen, sollen zwei Einflussgrößen x und y auf die Zielgröße z wirken. Der wahre Zusammenhang ist durch die Beziehung $z = 1\text{-}3y + 2x^2 + 4xy$ gegeben. In Abhängigkeit von unterschiedlichen Versuchsrealisierungen werden die Ergebniswerte errechnet, um dann mit der Regression zu überprüfen, ob die Ausgangsgleichung mit der Regressionsgleichung übereinstimmt. Lediglich der erste Wert wurde geringfügig geändert. Als Regressionsfunktion wurde der Ansatz $z = a_0 + a_1x + a_2y + a_3xy + a_4x^2 + a_5y^2$ gewählt.

Realisierung I		
x	y	z
1	0	2,999
2	1	14
3	9	100
4	1	46
5	8	187
6	2	115
7	7	274
8	1	158
9	4	295
10	1	238

Realisierung II		
x	y	z
1	0	2,999
2	3	24
3	4	55
4	5	98
5	6	153
6	7	220
7	8	299
8	9	390
9	10	493
10	11	608

Realisierung III		
x	y	z
1	0	2,999
2	3	24
3	4	55
4	5	98
5	6	153
6	7	220
7	8	299
8	9	390
9	2	229
10	11	608

Realisierung IV		
x	y	z
1	0	2,999
2	3	14
3	4	55
4	5	98
5	6	153
6	7	220
7	2	149
8	9	390
9	2	229
10	1	237,9

Die Ergebnisse der Berechnungen sind:

Regressionsgleichung für Realisierung I	Regressionsgleichung für Realisierung II
$\mathbf{z = 0{,}9996 - 2{,}9999y + 2x^2 + 4xy}$	$\mathbf{z = -2{,}5006 + 5{,}4999x^2 + 0{,}50009y^2}$
Bestimmtheitsmaß = 1	Bestimmtheitsmaß = 1
Reststandardabweichung = 0,0095	Reststandardabweichung = 0,0175
Korrelation der Versuchspunkte: r = 0,0098	Korrelation der Versuchspunkte: r = 0,98
Det $(\mathbf{F}^T\mathbf{F}) = 7{,}24$	Det $(\mathbf{F}^T\mathbf{F}) = 2{,}167 \cdot 10^{-6}$
Konditionszahl $(\mathbf{F}^T\mathbf{F}) = 18.2$	Konditionszahl $(\mathbf{F}^T\mathbf{F}) = 30.53$
Regressionsgleichung für Realisierung III	Regressionsgleichung für Realisierung IV
$\mathbf{z = 0{,}19912 - 5{,}3997y + 2{,}8x^2 + 3{,}2y^2}$	$\mathbf{z = 0{,}90746 - 2{,}9615y + 1{,}9988x^2 - 0{,}009532y^2 + 4{,}0081xy}$
Bestimmtheitsmaß = 1	Bestimmtheitsmaß = 1
Reststandardabweichung = 0,0172	Reststandardabweichung = 0,0169
Korrelation der Versuchspunkte: r = 0,69	Korrelation der Versuchspunkte: r = 0,12
Det $(\mathbf{F}^T\mathbf{F}) = 2{,}97 \cdot 10^{-13}$	Det $(\mathbf{F}^T\mathbf{F}) = 9397.24$
Konditionszahl $(\mathbf{F}^T\mathbf{F}) = 10416.4$	Konditionszahl $(\mathbf{F}^T\mathbf{F}) = 34204.7$

Die Berechnungen erfolgen mit einem Regressionsverfahren, dass das Vorhersagebestimmtheitsmaß nach *Enderlein* maximiert [6];[9]. Für die interne Zahlendarstellung wurden 16 Bit verwendet. Ob die Konditionszahlen[10] – vor allem für die Realisierung II und Realisierung IV – zahlenmäßig exakt sind, wurde nicht untersucht. Auf alle Fälle wird der Trend richtig dargestellt. Interessant sind die „Entwicklungen" der einzelnen Modellgraphiken:

10 Berechnet mit der Software „MATLAB"

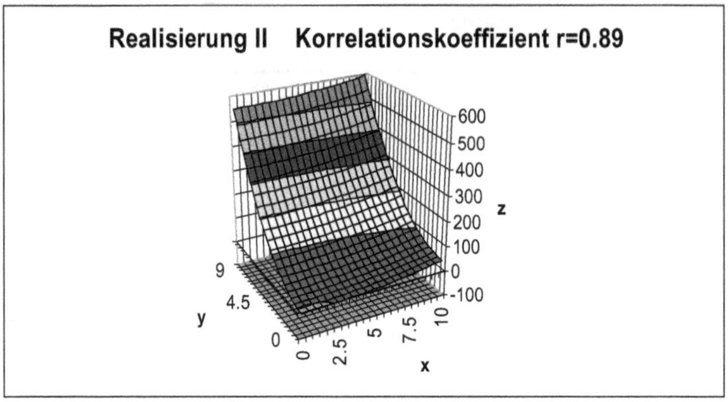

Abb. 1-15: Darstellung des Regressionsergebnisses in Abhängigkeit von der Korrelation der Versuchspunkte im Versuchsplan r = 0,89.

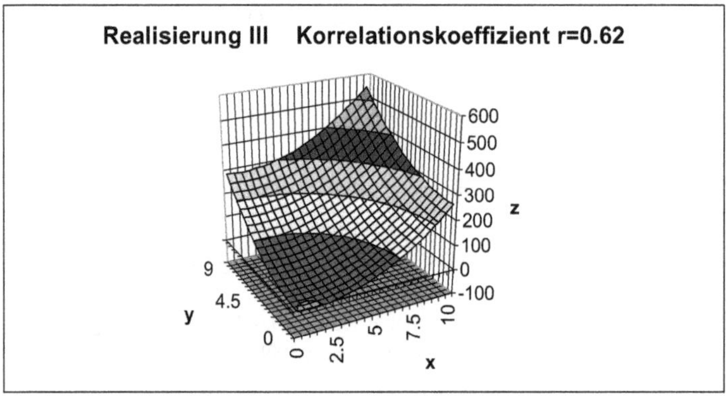

Abb. 1-16: Darstellung des Regressionsergebnisses in Abhängigkeit von der Korrelation der Versuchspunkte im Versuchsplan r = 0,62.

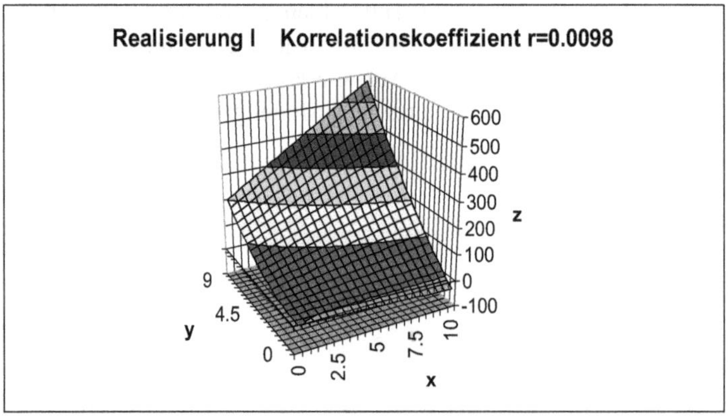

Abb. 1-17: Darstellung des Regressionsergebnisses in Abhängigkeit von der Korrelation der Versuchspunkte im Versuchsplan r = 0, 01.

Mit der Auswahl der Versuchspunkte wird nicht nur die Varianz der geschätzten Wirkungsfläche beeinflusst, sondern auch im hohen Maße die numerische Handhabbarkeit der Matrix $(\mathbf{F}^T\mathbf{F})$. Die Berechnung der Koeffizienten der Regressionsgleichung

$$\mathbf{a} = (\mathbf{F}^T\mathbf{F})^{-1}\mathbf{F}^T\hat{\mathbf{Y}}$$

ist abhängig von der Qualität der Inversion der Matrix $(\mathbf{F}^T\mathbf{F})$. Bekanntlich gilt für die Inversion:

$$(\mathbf{F}^T\mathbf{F})^{-1} = \frac{1}{\det(\mathbf{F}^T\mathbf{F})}\begin{pmatrix} A_{1,1} & A_{1,2} & A_{1,3} & \dots & A_{1,m} \\ A_{2,1} & A_{2,2} & A_{2,3} & \dots & A_{2,m} \\ \dots & \dots & \dots & \dots & \dots \\ A_{m,1} & A_{m,2} & A_{m,3} & \dots\dots & A_{m,m} \end{pmatrix}$$

wobei $A_{i,j}$ (i,j = 0,1,2...m) die Kofaktoren der Matrix $(\mathbf{F}^T\mathbf{F})$ sind. Da jeder Rechner nur über eine gewisse Genauigkeit der Zahlendarstellung verfügt, sind hier objektive Genauigkeitsgrenzen vorgegeben. Diese Grenzen werden durch die Konditionszahl einer Matrix (Kapitel 1.15) beschrieben. Je kleiner die Konditionszahl ist, umso besser ist die Matrix konditioniert. Die günstige Konditionszahlen hat die Einheitsmatrix mit der Konditionszahl 1.

Um den negativen numerischen Effekt, der bei der Abhängigkeit der Versuchspunkte entsteht, zu verdeutlichen, wird beispielsweise ein quadratischer Ansatz 2. Ordnung mit zwei Einflussgrößen betrachtet:

$$z = a_0 + a_1x + a_2y + a_3xy + a_4x^2 + a_5y^2$$

Die Informationsmatrix lautet:

$$(\mathbf{F}^T\mathbf{F}) = \begin{pmatrix} k & \sum_{i=1}^{k} x_i & \sum_{i=1}^{k} y_i & \sum_{i=1}^{k} x_i y_i & \sum_{i=1}^{k} x_i^2 & \sum_{i=1}^{k} y_i^2 \\ \sum_{i=1}^{k} x_i & \sum_{i=1}^{k} x_i^2 & \sum_{i=1}^{k} x_i y_i & \sum_{i=1}^{k} x_i^2 y_i & \sum_{i=1}^{k} x_i^3 & \sum_{i=1}^{k} x_i y_i^2 \\ \sum_{i=1}^{k} y_i & \sum_{i=1}^{k} x_i y_i & \sum_{i=1}^{k} y_i^2 & \sum_{i=1}^{k} x_i y_i^2 & \sum_{i=1}^{k} x_i^2 y_i & \sum_{i=1}^{k} y_i^3 \\ \vdots & \vdots & \vdots & \vdots & \vdots & \vdots \\ \sum_{i=1}^{k} y_i^2 & \sum_{i=1}^{k} x_i y_i^2 & \sum_{i=1}^{k} y_i^3 & \sum_{i=1}^{k} x_i y_i^3 & \sum_{i=1}^{k} x_i^2 y_i^2 & \sum_{i=1}^{k} y_i^4 \end{pmatrix}$$

Angenommen, die Auswahl der Versuchspunkte der Einflussgrößen x und y erfolgt nach einer linearen Beziehung:

$$y_i = px_i + q$$

Da eine konstante Verschiebung eines linearen Zusammenhanges keinen Einfluss die lineare Proportionalität hat, ist es ausreichend, den Effekt für $q = 0$ zu zeigen.

Für die empirische Kovarianz der Versuchspunkte gilt:

$$\mathrm{cov}(x,y) = \frac{1}{k}\sum_{i=1}^{k}(x_i - \bar{x})(y_i - \bar{y}) = p\frac{1}{k}\sum_{i=1}^{k}(x_i - \bar{x})^2 = pD_x^{\,2}$$

und für den empirischen Korrelationskoeffizienten:

$$r(x,y) = \frac{\mathrm{cov}(x,y)}{D_x D_y} = \frac{pD_x^{\,2}}{pD_x^{\,2}} = 1$$

Die Informationsmatrix hat – nach einigen Umformungen – die Gestalt:

$$\left(\mathbf{F}^{\mathrm{T}}\mathbf{F}\right) = p^4 \begin{pmatrix} k & \sum_{i=1}^{k} x_i & p\sum_{i=1}^{k} x_i & p\sum_{i=1}^{k} x_i^2 & \sum_{i=1}^{k} x_i^2 & p^2\sum_{i=1}^{k} x_i^2 \\ \sum_{i=1}^{k} x_i & \sum_{i=1}^{k} x_i^2 & p\sum_{i=1}^{k} x_i^2 & p\sum_{i=1}^{k} x_i^3 & \sum_{i=1}^{k} x_i^3 & p^2\sum_{i=1}^{k} x_i^3 \\ \sum_{i=1}^{k} x_i & \sum_{i=1}^{k} x_i^2 & p\sum_{i=1}^{k} x_i^2 & p\sum_{i=1}^{k} x_i^3 & \sum_{i=1}^{k} x_i^3 & p^2\sum_{i=1}^{k} x_i^3 \\ \vdots & \vdots & \vdots & \vdots & \vdots & \vdots \\ \sum_{i=1}^{k} x_i^2 & \sum_{i=1}^{k} x_i^3 & p\sum_{i=1}^{k} x_i^3 & p\sum_{i=1}^{k} x_i^4 & \sum_{i=1}^{k} x_i^4 & p^2\sum_{i=1}^{k} x_i^4 \end{pmatrix}$$

Da die zweite und dritte Zeile der Matrix identisch sind, ist $\det(\mathbf{F}^{\mathrm{T}}\mathbf{F}) = 0$ – die Inversion der Matrix $\left(\mathbf{F}^{\mathrm{T}}\mathbf{F}\right)$ ist nicht möglich – diese Matrix ist singulär. Bei einer Multikollinearität wäre der Faktor $p \approx 1$. In solch einem Fall können *Ridge* Regressionen gegebenenfalls noch brauchbare Werte liefern. Oft ist es jedoch so, dass bei „starken" Multikollinearitäten auch dieses Verfahren zu keinem brauchbaren Regressionsergebnis führen. Entscheiden bleibt immer die verwendete Zahlendarstellung und die Qualität der verwendeten Algorithmen zur Matrixinversion. Um die Qualität der ermittelten Regressionskoeffizienten im Voraus einzuschätzen, sollte immer die Regularitätsbedingung der Informationsmatrix $\left(\mathbf{F}^{\mathrm{T}}\mathbf{F}\right)$ beziehungsweise der Korrelationsmatrix von $\left(\mathbf{D}^{T}\mathbf{D}\right)$ überprüft werden.

Die Beachtung dieses Zusammenhangs ist vor allem wichtig, wenn die Modellierung der Wirkungsfläche nach einer Taylorreihe beispielsweise

$$\eta(x_1, x_2, \ldots, x_m) = a_0 + \sum_{j=1}^{m} a_j x_j + \sum_{j=1}^{m} a_{j,j} x_j^{\,2} + \sum_{j=1, i=1,\, j \neq i}^{m} a_{i,j} x_i x_j + R(x_1, x_2, \ldots, x_m)$$

durchgeführt werden soll. Auf die Korrelationen der linearen Terme in (17-1) kann durch den Versuchsplan Einfluss genommen werden. Die Korrelationen der abhängigen Regressoren – der quadratischen und gemischten Glieder – sind Folgeergebnisse des gewählten Regressionsansatzes. Daraus resultieren zwischen den Quadratischen- und Wechselwirkungsgliedern oft sehr hohe Korrelationen, die die Multikollinearitäten in der Informationsmatrix $\left(\mathbf{F}^{\mathrm{T}}\mathbf{F}\right)$

bewirken. Wie gezeigt wurde, verschlechtert diese Eigenschaft wesentlich die numerische Handhabbarkeit der Informationsmatrix $\left(\mathbf{F}^{\mathrm{T}}\mathbf{F}\right)$.

Praktisch kann man aber auch einfach eine Übersicht über die zu erwartende Qualität der Regressionsparameter verschaffen. Die Inversion von Matrizen ist numerisch sehr empfindlich. Am einfachsten wird die Qualität der Inversion durch die Regularitätsbedingung

$$\mathbf{E} = (\mathbf{F}^T\mathbf{F})^{-1}(\mathbf{F}^T\mathbf{F}) = (\mathbf{D}^T\mathbf{D})^{-1}(\mathbf{D}^T\mathbf{D}) \tag{1-80}$$

überprüft. Im Folgenden werden die Ergebnisse $\mathbf{E} = (\mathbf{F}^T\mathbf{F})^{-1}(\mathbf{F}^T\mathbf{F})$ für den Regressionsansatz

$$z = a_0 + a_1 x + a_2 y + a_3 xy + a_4 x^2 + a_5 y^2$$

für die unterschiedlichen Realisierungen I, II, III und IV angegeben. Zusätzlich wird die Determinante der Informationsmatrix mit berechnet. Alle Werte, die in der Matrixmultiplikation betragsmäßig kleiner 1.0E-12 sind, werden für die praktische Interpretation zu dem Wert 0 definiert. Alle – hier aufgeführten Matrizen $\mathbf{E} = (\mathbf{F}^T\mathbf{F})^{-1}(\mathbf{F}^T\mathbf{F})$ – erfüllen in der exakten Zahlendarstellung nicht die Symmetrieeigenschaft!

Realisierung I:

$$(\mathbf{F}^T\mathbf{F})^{-1}(\mathbf{F}^T\mathbf{F}) = \begin{pmatrix} 1 & 0 & 0 & 0 & 0 & 0 \\ 0 & 1 & 0 & 0 & 0 & 0 \\ 0 & 0 & 1 & 0 & 0 & 0 \\ 0 & 0 & 0 & 1 & 0 & 0 \\ 0 & 0 & 0 & 0 & 1 & 0 \\ 0 & 0 & 0 & 0 & 0 & 1 \end{pmatrix} = \mathbf{E}$$

$$Det(\mathbf{F}^T\mathbf{F}) = 1{,}01872\text{E+}12$$

Realisierung II:

$$(\mathbf{F}^T\mathbf{F})^{-1}(\mathbf{F}^T\mathbf{F}) = \begin{pmatrix} 1{,}375 & 0 & -0{,}125 & 0{,}5 & -0{,}125 & 0{,}0625 \\ 3{,}5 & 1 & -2 & 2{,}5 & -0{,}25 & 0 \\ 2 & 0 & -2 & 3 & -1 & 0 \\ 8 & 0 & -8 & 24 & -10 & 0 \\ 16 & 0 & -8 & 16 & 8 & 0 \\ 16 & 0 & 16 & 24 & -8 & 0 \end{pmatrix} \neq \mathbf{E}$$

$$Det(\mathbf{F}^T\mathbf{F}) = 5{,}77259\text{E-}19$$

Realisierung III:

$$(\mathbf{F}^T\mathbf{F})^{-1}(\mathbf{F}^T\mathbf{F}) = \begin{pmatrix} 1 & 0 & 0 & 0,007 & -0,03 & 0,04 \\ 0 & 1 & -0,12 & 0,031 & 0 & 0 \\ 0 & 0 & 0,75 & 0,031 & -0,12 & 0,25 \\ 0,25 & 0 & 0 & 1 & 0 & 2 \\ 0 & 0 & 0 & 0 & 1 & 0 \\ 0 & 0 & -1 & 0,25 & 1 & 2 \end{pmatrix} \neq \mathbf{E}$$

$$Det(\mathbf{F}^T\mathbf{F}) = 0,008749476$$

Realisierung IV:

$$(\mathbf{F}^T\mathbf{F})^{-1}(\mathbf{F}^T\mathbf{F}) = \begin{pmatrix} 1 & 0 & 0 & 0 & 0 & 0 \\ 0 & 1 & 0 & 0 & 0 & 0 \\ 0 & 0 & 1 & 0 & 0 & 0 \\ 0 & 0 & 0 & 1 & 0 & 0 \\ 0 & 0 & 0 & 0 & 1 & 0 \\ 0 & 0 & 0 & 0 & 0 & 1 \end{pmatrix} = \mathbf{E}$$

$$Det(\mathbf{F}^T\mathbf{F}) = 1,32323\text{E}{+}11$$

Bei der Realisierung II und III ist die Inversion der Matrix $(\mathbf{F}^T\mathbf{F})$ unbrauchbar. Damit sind die gesuchten Parameter fehlerhaft und Elemente c_{ii} der Hauptdiagonalen von $(\mathbf{F}^T\mathbf{F})^{-1}$ falsch. Das hat zur Folge, dass die Vertrauensbereiche der berechneten Parameter ebenfalls fehlerhaft sind und die Testgrößen für die Regressionsparameter falsch berechnet werden.

Da die Korrelationsmatrix der Matrix $\mathbf{F}$ durch die standardisierte Matrix $\left(\mathbf{D}^T\mathbf{D}\right)$ in Zusammenhang steht, geben die Korrelationskoeffizienten sehr gute Hinweise über die Lage der Multikollinearitäten. Es werden die Korrelationsmatrizen der Realisierungen I, II, III und IV betrachtet.

Tab. 1-24: Realisierung I.

	x	y	x²	y²	xy
x	1				
y	0,011	1			
x²	0,975	–0,101	1		
y²	–0,120	0,980	–0,215	1	
xy	0,352	0,854	0,246	0,752	1

Tab. 1-25: Realisierung II.

	x	y	x²	y²	xy
x	1				
y	0,987	1			
x²	0,975	0,939	1		
y²	0,985	0,957	0,998	1	
xy	0,981	0,950	0,999	0,999	1

Tab. 1-26: Realisierung III.

	x	y	x^2	y^2	xy
x	1				
y	0,691	1			
x^2	0,975	0,619	1		
y^2	0,713	0,956	0,703	1	
xy	0,799	0,930	0,799	0,989	1

Tab. 1-27: Realisierung IV.

	x	y	x^2	y^2	xy
x	1				
y	0,122	1			
x^2	0,975	–0,041	1		
y^2	0,174	0,958	0,048	1	
xy	0,406	0,901	0,283	0,964	1

Es wird daher empfohlen, vor der Versuchsdurchführung die Korrelationsmatrix des gewählten Ansatzes kritisch zu betrachten und entweder bei stark korrelierende Termen einen aus dem Ansatz zu eliminieren oder die Kombination der Niveaus so zu ändern, dass die Korrelationen verringert werden. (Siehe auch Kapitel 2.7.) Je höher der Potenzansatz in der Taylorreihe gewählt wird, umso komplizierter wird eine effektive Modellierung, da die Korrelation der abhängigen Regressoren mit jeder Potenz steigt und damit die numerische Handhabbarkeit. Die Untersuchung der Korrelationsmatrix des gewählten Ansatzes ist aber noch kein Garant für die Beurteilung des Vorhandenseins von Multikollinearitäten. Um bei der Versuchsplanung den Effekt numerischer Ungenauigkeiten zu beurteilen, wird empfohlen, die Reproduzierbarkeit der Einheitsmatrix (1-80)

$$\mathbf{E} = (\mathbf{F}^T\mathbf{F})^{-1}(\mathbf{F}^T\mathbf{F}) = (\mathbf{D}^T\mathbf{D})^{-1}(\mathbf{D}^T\mathbf{D}) \tag{1-80}$$

vor der Durchführung der Versuche zu überprüfen. Es ist einfach die Qualität der numerischen Handhabbarkeit einer festgelegten Versuchsfolge über die Reproduzierbarkeit der Einheitsmatrix zu überprüfen. Letztlich wird bei jeder Regression eine dieser Matrizen invertiert.

Die Angaben der *Varianz Inflation Factor* (VIF) müssen auch nicht stimmen, da zur Berechnung die Hauptdiagonalelemente der Matrix $(\mathbf{F}^T\mathbf{F})^{-1}$ oder $(\mathbf{D}^T\mathbf{D})^{-1}$ notwendig sind. Diese können aber – wie bei Realisierung II und Realisierung III gezeigt – sehr fehlerbehaftet sein. Die Berechnung der Konditionszahl der Matrix $(\mathbf{F}^T\mathbf{F})$ ist sehr aufwendig. Es ist viel Erfahrung notwendig, um die numerische Qualität der Invertierung einer Matrix an Hand der Konditionszahlen einzuschätzen. Die folgenden Berechnungen (Tabelle 1-28) beziehen sich auf die Korrelationsmatrix $(\mathbf{D}^T\mathbf{D})$. Die Berechnungen wurden mit MS Excel durchgeführt.

Die Eigenwerte wurden mit der Software „Matlab" ermittelt. Die numerischen Ergebnisse der Realisierung 2 und Realisierung 3 sind sicherlich mit einer anderen Software nicht reproduzierbar, da bekannt ist, das in diesen Fällen die Regularität der Informationsmatrix beziehungsweise der Korrelationsmatrix nicht gegeben ist. Die Qualität jeder Software ist begrenzt durch die verwendete Zahlendarstellung und des programmierten numerischen Berechnungsverfahrens.

Tab. 1-28: Übersicht Änderungen der Eigenwerte und Konditionszahlen bei den verschiedenen Realisierungen.

	Real. I	Kond.zahl	Real. II	Kond.zahl	Real. III	Kond.zahl	Real. IV	Kond.zahl
EW 1	2,7381	1	4,9084	1	4,2751	1	3,0488	1
EW 2	2,0983	1,30488	0,0864	56,786	0,6406	6,6741	1,8721	1,6286
EW 3	0,1401	19,5395	0,0044	1104,681	0,0822	51,998	0,0658	46,3205
EW 4	0,0206	132,852	0,0008	6224,467	0,0021	2029,1984	0,0114	268,2057
EW 5	0,0029	960,729	0	–9,72E 04	0	1,65E 16	0,002	1551,7711
Spur (D^TD)	5,0000		5,0000		5,0000		5,0000	

Nach dem *Vieta*-schem Wurzelsatz muss das Produkt der Eigenwerte einer Matrix $(\mathbf{F}^T\mathbf{F})$ mit der Determinante der Matrix $(\mathbf{F}^T\mathbf{F})$ übereinstimmen. Die Tabelle 1-25 zeigt die Ergebnisse in Abhängigkeit von den verschiedenen Versuchsrealisierungen.

Tab. 1-29: Ergebnisse bei verschiedenen Versuchsrealisierungen.

	Realisierung 1	Realisierung 2	Realisierung 3	Realisierung 4
Korr. unabh. Regres.	0,011	0,987	0,691	0,122
Produkt der EW (Vieta)	1,0187E+12	2,0809E-17	3,9974E-02	1,3232E+11
Determinante (F^TF)	1,0187E+12	5,7726E-19	8,7495E-03	1,3232E+11

Die Tabelle 1-29 zeigt, dass dieser Zusammenhang bei schlecht konditionierten Matrizen nicht erfüllt ist. Die Korrelationsmatrix der Matrix $\mathbf{F}$ steht – wegen der Standardisierung der Matrix $\mathbf{F}$ – im unmittelbaren Zusammenhang mit der Matrix $(\mathbf{D}^T\mathbf{D})$. Die Multikollinearitäten nur an Hand der Korrelationsmatrix von $\mathbf{F}$ einzuschätzen, ist nicht ausreichend. In Kapitel 2.7 wird ein Beispiel gezeigt, wo Multikollinearitäten auftreten, obwohl der Korrelationskoeffizient der Versuchspunkte Null ist. Der gewählte Versuchsplan und der Regressionsansatz haben entscheidenden Einfluss auf die numerische Handhabbarkeit und damit auf das Ergebnis der Regression und damit letztlich auf die Interpretation des untersuchten Zusammenhanges! Eine gute Möglichkeit die Multikollinearitäten einzuschätzen, ist der Wert der Determinante der Informationsmatrix.

Die Betrachtung der Korrelation der Versuchspunkte ist **ein** sehr praktischer Indikator über die zu erwartende Qualität der Modellierung. Im Kapitel 2.7 wird noch auf Besonderheiten der Korrelation der Versuchspunkte bei der Versuchsplanung für den approximativen Regressionsansatz eingegangen. Die Minimierung der Korrelation der Versuchspunkte allein bringt aber noch nicht notwendig die globale Maximierung der Determinante der Informationsmatrix. Die sicherste Methode der numerischen Handhabbarkeit einer festgelegten Versuchsfolge ist jedoch die Reproduzierbarkeit der Einheitsmatrix (1-80) zu überprüfen.

Werden in der Realisierung II die Versuchspunkte $x=4$; $y=5$ durch die Punkte $x=0$ und $y=10$ sowie $x=6$; $y=7$ durch die Punkte $x=10$ und $y=0$ ersetzt, dann erhält man die Ergebnisse:

$$r(x,y) = 0.29$$
$$\det(\mathbf{F}^T\mathbf{F}) = 194$$
$$\mathit{Konditionszahl} = 19.8$$

und die ursprüngliche Regressionsfunktion

$$z = 0{,}9995 - 2{,}9999y + 2{,}000x^2 + 4{,}0000xy$$

Ausschlaggebend für diese Ergebnisse ist die wesentliche Verbesserung der Kondition der Informationsmatrix. Dadurch wird die Regressionsfunktion auch richtig geschätzt. Durch die graphische Darstellung der Versuchspunkte erhält man sich Hinweise auf Gebiete, in denen Versuche durchzuführen sind, um die Informationsmatrix zu verbessern.

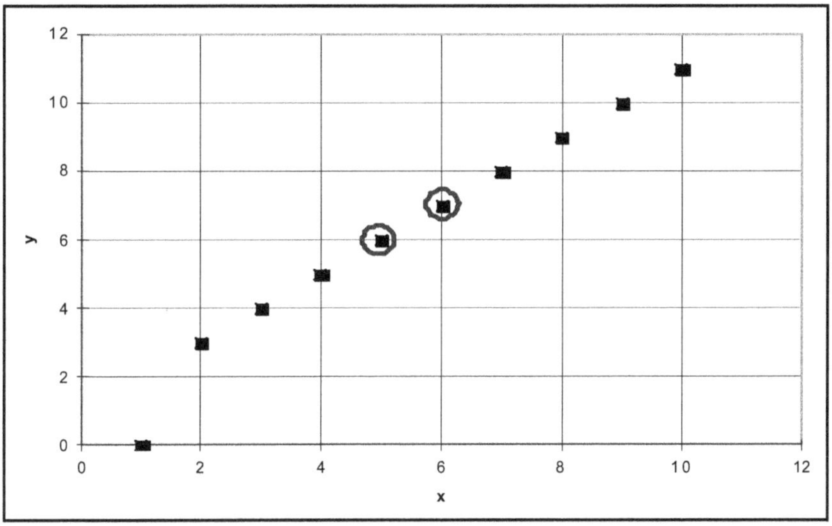

Abb. 1-18: Darstellung des Versuchsplanes der Realisierung II.

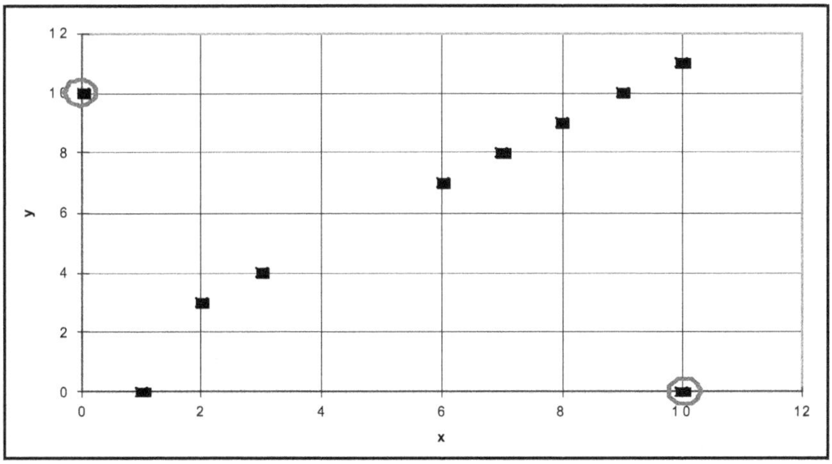

Abb. 1-19: Geänderter Versuchsplan der Realisierung II.

Die Beispiele zeigen, dass mit der geänderten Festlegung der Versuchspunkte nicht nur die Varianz der geschätzten Wirkungsfläche sondernd auch die Genauigkeit der numerischen Berechnung der Koeffizienten der Regressionsgleichung entscheidend beeinflusst wird. Es ist bei diesen Beispielen zu beachten, dass davon ausgegangen wurde, dass der wahre Ansatz

$$z = 1 - 3y + 2x^2 + 4xy$$

bekannt ist und die „Messergebnisse" praktisch nicht streuen. Selbst bei diesen – in der Praxis kaum vorkommenden idealen Prozessen – kann die falsche Auswahl der Versuchspunkte zu erheblichen Fehlern führen. Betrachtet man die Vielzahl der Regressionsalgorithmen und die Tatsache, dass in den meisten praktischen Anwendungsfällen die Funktion der Wirkungsfläche überhaupt nicht bekannt ist, dann zeigen die Beispiele, dass durch eine ungeeignete Auswahl der Versuchspunkte das komplette Modell – wegen der schlechten Kondition der Informationsmatrix und damit unmittelbar in Zusammenhang stehenden „geringe" Werte der Determinante der Informationsmatrix – negativ beeinflussen, da die Varianz der geschätzten Wirkungsfläche groß ist. Dieser negative Einfluss ist **unabhängig** von dem Messfehler des zu untersuchenden Sachverhaltes!

Bei der Auswertung von Versuchsergebnissen, die nicht nach einem Versuchsplan ermittelt wurden, bringt die graphische Darstellung des untersuchten Bereiches (realisierte Versuchspunkte) wesentliche Informationen über die Qualität der zu erwarteten Regressionsfunktion und Hinweise über noch wichtige Versuchspunkte (*visuelle Versuchsplanung*). Bei mehr als zwei Einflussgrößen sind dann die entsprechenden Kombinationen zu betrachten. Es ist immer wieder wichtig, die Ergebnisse des Prozesses in unmittelbarer Nähe der kritischen Punkte („Katastrophe") zu erfassen. Diese – (meist Messungen in der Nähe der Randpunkte) – beeinflussen das Modellergebnis wesentlich.

Aus der Beurteilung der Lage der Versuchspunkte wird es möglich, die Genauigkeit der Wirkungen der Einflussgrößen einzuschätzen und die meist „schöne" Graphik der ermittelten Wirkungsfläche kritisch zu interpretieren. Wichtig für das Regressionsergebnis ist die Überprüfung von (1-80).

In den meisten praktischen Anwendungsfällen der Modellierung wird davon ausgegangen, dass die Niveaus der Einflussgrößen fest vorgegeben sind und die zu untersuchende „Welt" in Form einer Taylorreihe, die nach der 2. Ordnung abgebrochen wird, abschätzbar ist.

Streng genommen sind die hier nicht behandelten Verfahren – zur Berechnung eines beispielsweise D-optimalen Versuchsplanes für solche – nicht physikalisch begründeten – Regressionsansätze nicht unbedingt notwendig. Der D-optimale Versuchsplan wird realisiert und mit Hilfe der Regression eine Modellgleichung errechnet. Oft werden die Regressionsansätze – entsprechend des jeweiligen Verfahrens zur Reduzierung des Regressionsansatzes – geändert, in dem sie reduziert werden. Vergleicht man diese Modellgleichung aber mit dem ursprünglichen Ansatz, dann ist der D-optimale Versuchsplan – da sicherlich einige Glieder durch den Regressionsalgorithmus eliminiert wurden – streng genommen für den falschen Ansatz gemacht worden. Wegen des approximativen Ansatzes in Form einer Taylorreihe ist die Forderung des „optimalen Versuchsplanes" entsprechend des gewählten Optimalitätskriteriums im Allgemeinen nur erfüllbar, wenn er nicht reduziert wird. Es ist daher auch möglich, mit der *visuellen Versuchsplanung* gute Ergebnisse zu erzielen. Der Anwender kann sofort die Realisierbarkeit der Versuchspunkte einschätzen und ist über den Geltungsbereich der ermittelten Regressionsfunktion bestens informiert. Die Überprüfung von (1-80) ist trotzdem dringend notwenig. Im Kapitel 2.7 wird erläutert, wie aus bestehenden – schlecht konditionierten Versuchen – neue Versuchspunkte ermittelt werden können. (Näheres zu optimalen Versuchsplänen für Polynomansätze in [38]).

Mitunter wird die Meinung vertreten, dass Versuchspläne, bei denen die Punkte „zu sehr" auf dem Rand positioniert sind, nicht immer gute Ergebnisse liefern. Da aber für das Maximum der Information für den approximativen Ansatz die Randpunkte wichtig sind, sind die „schlechten" Ergebnisse nicht dem Versuchsplan, sondern dem Geltungsbereich des Ansatzes für den untersuchten Prozess zuzuordnen. In solchen Fällen ist entweder der Regressionsansatz zu ändern oder – weil sich die „Welt" in dem untersuchten Bereich nicht in eine Regressionsfunktion 2. Ordnung zwängen lässt – der zu untersuchende Bereich zu verkleinern.

Es besteht die Möglichkeit, die Algorithmen unterschiedlicher Softwarehersteller zu testen. Dazu wird von definierten Einflussgrößen und Niveaus je ein Versuchsplan errechnet und die Determinante der Informationsmatrix der unterschiedlichen Versuchspläne verglichen. [17] Es gibt Algorithmen, die bis zu drei Versuche mehr benötigen, um auf de Wert der Determinante des „besten" Planes zu kommen. Gerade mit diesen „schlechten" Plänen sind ebenfalls sehr gute praktische Ergebnisse erzielt worden. Diese Tatsache soll den erfahrenen Anwender ermutigen, gewisse Versuchspunkte in einem durch eine Software entwickelten Plan entsprechend der technischen Bedingungen zu ändern. Der geänderte Plan sollte auf den Wert der Determinante der Informationsmatrix und die Regularität $\mathbf{E} = (\mathbf{F}^T\mathbf{F})^{-1}(\mathbf{F}^T\mathbf{F}) = (\mathbf{D}^T\mathbf{D})^{-1}(\mathbf{D}^T\mathbf{D})$ untersucht werden. Hierbei hat man die Möglichkeit auch zu einige Versuchspunkte zu variieren und entsprechend der Beurteilung der Spur von $(\mathbf{F}^T\mathbf{F})^{-1}$ oder $(\mathbf{D}^T\mathbf{D})^{-1}$ die Variation zu beurteilen.

Sehr wichtig ist weiterhin, dass bei der Regression auch die tatsächlichen Einstellungen der Versuchsparameter (Versuchsplan) auch berücksichtigt werden. (Siehe Kapitel 2.4.7.) Selbst diese triviale Notwendigkeit ist in manchen Softwareprodukten nicht vorgesehen!

Treten nicht zu tolerierende Multikollinearitäten auf, dann kann die Regularität von (1-80) gegebenenfalls beeinflusst werden. Oft sollen sehr vielen Daten mit der Regression beurteilt werden. Häufig wird mit diesen Daten ein bekannter Arbeitspunkt beschreiben. Solche Daten bringen ohnehin wenig Information. Sie sagen lediglich etwas über die Genauigkeit der Reproduktion der Versuchspunkte im Arbeitspunkt aus. Oft ist es möglich durch Reduktion von Daten, welche den bekannten Zustand beschreiben, die Regularität von $\mathbf{E} = (\mathbf{F}^T\mathbf{F})^{-1}(\mathbf{F}^T\mathbf{F}) = (\mathbf{D}^T\mathbf{D})^{-1}(\mathbf{D}^T\mathbf{D})$ zu verbessern und damit zu brauchbaren Regressionsberechnungen zu erhalten. Tests haben ergeben, dass durch die Elimination von Versuchspunkten die Korrelation der Spalten der Informationsmatrix $(\mathbf{F}^T\mathbf{F})$ minimiert und damit gute Ergebnisse erzielt wurden. Bekanntlich liegt die größte Information im sogenannten „Ausreißer". Daten, die nicht den Allgemeinzustand beschreiben, sollen genauestens überprüft werden. Wird die Ursache für diese „Ausreißer" erkannt, dann sollen sie nicht aus dem Datensatz entfernt werden. Sie beinhalten die wichtigsten Informationen. Solche Daten werden beispielsweise bei dem „Anfahren" oder Starten einer Anlage gemessen. Bei der Versuchsplanung soll der Versuchsumfang minimal sein. Vor den Versuchen soll die Regularität (1-80) überprüft werden. Wenn also die Regularität für den betrachteten Versuchsplan nicht gegeben ist, so sind die Versuchspunkte so zu ändern, dass die Regularität erzielt wird. Erst dann sollen die Versuche realisiert werden.

Sollte die Regularität von $\mathbf{E} = (\mathbf{F}^T\mathbf{F})^{-1}(\mathbf{F}^T\mathbf{F}) = (\mathbf{D}^T\mathbf{D})^{-1}(\mathbf{D}^T\mathbf{D})$ durch Änderung der Versuchspunkte oder genauerer Matrixinversion durch bessere Algorithmen oder höhere Genauigkeiten der internen Zahlendarstellung nicht zu verbessern sein, dann gibt es nur die Möglichkeit die Signifikanz und die Genauigkeit der Koeffizienten im gewählten Regressionsansatz *durch den Wahrsager Ihres Vertrauens – oder – falls das zu preisintensiv ist – mit dem Pendel zu entscheiden … oder fragen Sie einfach Ihren Arzt oder Apotheker* ...!

Es wird deshalb empfohlen den Regressionsansatz nur dann zu reduzieren, wenn dadurch die Regularität der Informationsmatrix wesentlich verbessert wird. Die Reduzierung des Regressionsansatzes mit Hilfe der Hauptdiagonalelemente der Informationsmatrix

$$\hat{a}_i - \sqrt{c_{ii}} \cdot S \cdot t_{k-n-1;1-\frac{\alpha}{2}} < a_i < \hat{a}_i + \sqrt{c_{ii}} \cdot S \cdot t_{k-n-1;1-\frac{\alpha}{2}} \text{ oder } \left|\hat{a}_i - a_i\right| \leq \sqrt{c_{ii}} \cdot S \cdot t_{k-n-1;1-\frac{\alpha}{2}} \tag{1-31}$$

sollte nur in Ausnahmefallen erfolgen. Selbst bei orthogonalen Versuchsplänen kann das – bei Verwendung von Wechselwirkungsgliedern – Siehe Kapitel 2.4 speziell Methode 3 – problematisch sein. Es ist erfahrungsgemäß besser, sich die Wirkungen der Einflussgrößen über die graphische Darstellung der errechneten Wirkungsfläche in den interessierenden Bereichen die notwendige Information zu verschaffen. Die Grafik überzeugt den Bearbeiter des Problems mehr als die Wirkungen von Termen in einem – meist unbekannten Regressionsansatz. (Siehe auch Kapitel 2.4.6). In Kapitel 3 werden Verfahren beschrieben, mit denen es möglich ist, die Wirkung einer Einflussgröße auf den untersuchten Zusammenhang ohne Verwendung der Hauptdiagonalelemente der Informationsmatrix $(\mathbf{F}^T\mathbf{F})$ zu beurteilen. In Kapitel 2.7.1 werden Möglichkeiten gezeigt, wie durch die Hinzunahme von zusätzlichen Versuchspunkten – den Regularitätspunkten – die Regularität der Informationsmatrix entscheidend verbessert werden kann.

2 Versuchsplanung

Wie in (1-29) gezeigt wurde, ist die Varianzfunktion $D^2\hat{\mathbf{Y}} = f(\mathbf{x})^T \left(\mathbf{F}^T\mathbf{F}\right)^{-1} f(\mathbf{x})\sigma^2$ abhängig von der Streuung der Versuchsapparatur σ^2. Da in der Matrix $(\mathbf{F}^T\mathbf{F})^{-1}$ die Versuchspunkte enthalten sind, ist die Informationsmatrix $(\mathbf{F}^T\mathbf{F})^{-1}$ außerdem noch abhängig von der Lage der Versuchspunkte. Dieser Zusammenhang soll an Hand eines Beispieles erläutert werden.
Mit einer Balkenwaage – mit der bekannten Streuung σ – soll das Gewicht von drei Briefen ermittelt werden. Die Zeiger der Waage steht nicht auf Null. Die Balkenwaage hat also den systematischen Fehler μ. Der Fehler der Wägung gnügt der Normalverteilung $N\left(\mu,\sigma^2\right)$ Der unbekannte systematische Fehler μ soll ebenfalls ermittelt werden.

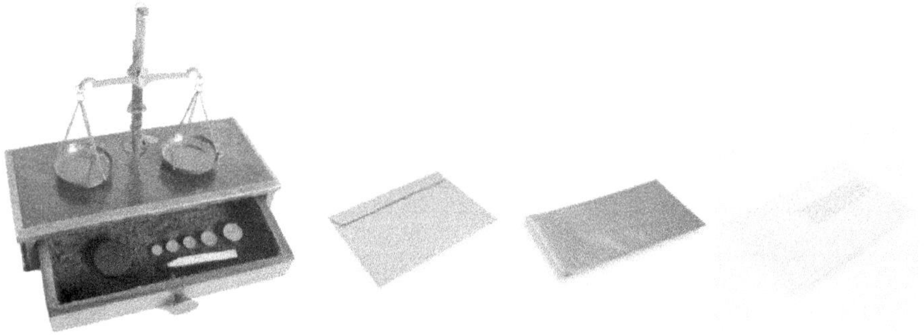

Es werden vier verschiedene Experimente festgelegt. Bei dem ersten Experiment wird zu erst der systematische Fehler bestimmt. Danach wird einzeln das Gewicht der Briefe ermittelt, in dem jeder Brief auf die rechte Seite der Balkenwaage gelegt wird. Die weiteren Experimente und Ergebnisse werden im Folgenden dargestellt. Der Experimentator 1 wählt die folgende Strategie: Zuerst wird der systematische Messfehler ermittelt. Dann werden die Briefe einzeln gewogen.

Tab. 2-1: Strategie des Experimentators 1.

Messung	Brief 1	Brief 2	Brief 3	Messergebnis
1	0	0	0	$y_{1,0} = \mu$
2	0	rechts	0	$y_{1,1}$
3	0	0	0	$y_{1,2}$
4	0	0	rechts	$y_{1,3}$

Tab. 2-2: Strategie des Experimentators 2.

Messung	Brief 1	Brief 2	Brief 3	Messergebnis
1	0	0	0	$y_{2,0} = \mu$
2	rechts	rechts	0	$y_{2,1}$
3	rechts	0	rechts	$y_{2,2}$
4	0	rechts	rechts	$y_{2,3}$

Tab. 2-3: Strategie des Experimentators 3.

Messung	Brief 1	Brief 2	Brief 3	Messergebnis
1	links	links	links	$y_{3,0}$
2	rechts	links	links	$y_{3,1}$
3	links	rechts	links	$y_{3,2}$
4	links	links	rechts	$y_{3,3}$

Tab. 2-4: Strategie des Experimentators 4.

Messung	Brief 1	Brief 2	Brief 3	Messergebnis
1	links	links	links	$y_{4,0}$
2	rechts	rechts	links	$y_{4,1}$
3	rechts	links	rechts	$y_{4,2}$
4	links	rechts	rechts	$y_{4,3}$

Es sind 4 Parameter mit jeweils 4 Gleichungen zu bestimmen. Die Bestimmung der Einzelgewichte der Briefe für die verschiedenen Strategien ist in der folgenden Tabelle 2-5 und Tabelle 2-6 zusammengestellt.

Tab. 2-5: Bestimmung der Einzelgewichte der Briefe (I).

	Strategie 1	Strategie 2
μ: systematischer Messfehler	$y_{1,0}$	$y_{2,0}$
Brief 1 =	$y_{1,1}-y_{1,0}$	$\frac{1}{2}\left(y_{2,1}+y_{2,2}-y_{2,3}-y_{2,0}\right)$
Brief 2 =	$y_{1,2}-y_{1,0}$	$\frac{1}{2}\left(y_{2,1}+y_{2,3}-y_{2,2}-y_{2,0}\right)$
Brief 3 =	$y_{1,3}-y_{1,0}$	$\frac{1}{2}\left(y_{2,3}+y_{2,2}-y_{2,1}-y_{2,0}\right)$

Tab. 2-6: Bestimmung der Einzelgewichte der Briefe (II).

	Strategie 3	Strategie 4
μ: systematischer Messfehler	$\frac{1}{2}(y_{3,1}+y_{3,2}+y_{3,3}-y_{3,0})$	$\frac{1}{4}(y_{4,0}-(y_{4,1}+y_{4,2}+y_{4,3}))$
Brief 1 =	$\frac{1}{2}(y_{3,0}-y_{3,1})$	$\frac{1}{4}(y_{4,1}+y_{4,0}-(y_{4,2}+y_{4,3}))$
Brief 2 =	$\frac{1}{2}(y_{3,0}-y_{3,2})$	$\frac{1}{4}(y_{4,2}+y_{4,0}-(y_{4,1}+y_{4,3}))$
Brief 3 =	$\frac{1}{2}(y_{3,0}-y_{3,3})$	$\frac{1}{4}(y_{4,3}+y_{4,0}-(y_{4,1}+y_{4,2}))$

Für die Einschätzung des Gesamtfehlers jeder Einzelmessung muss beachtet werden, dass für die unabhängigen Messungen das „Fehlerfortpflanzungsgesetz" gilt. Da alle Messungen mit der gleichen bekannten Streuung σ gemessen werden ergeben sich die Varianzen der Messungen entsprechend der festgelegten Strategie des Experimentators:

Varianz des Messfehlers

$$\text{Experimentator 1} \quad = \sigma^2 + \sigma^2 \quad = 2\sigma^2$$

$$\text{Experimentator 2} \quad = \frac{1}{4}(\sigma^2 + \sigma^2 + \sigma^2 + \sigma^2) \quad = \sigma^2$$

$$\text{Experimentator 3} \quad = \frac{1}{4}(\sigma^2 + \sigma^2) \quad = \frac{1}{2}\sigma^2$$

$$\text{Experimentator 4} \quad = \frac{1}{16}(\sigma^2 + \sigma^2 + \sigma^2 + \sigma^2) \quad = \frac{1}{4}\sigma^2$$

Das bedeutet, dass allein durch die Variation der Versuche die Genauigkeit der Messung bis zum 8-fachen der Varianz erreicht wird. Diese Verbesserung der Genauigkeit ist unabhängig von dem Messfehler!

Ein anders Beispiel: Es ist bekannt, dass der Verlauf einer Eichkurve eine lineare Funktion ist.

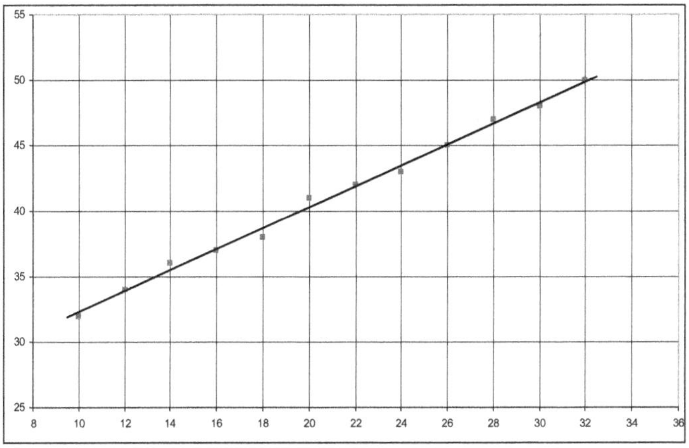

Abb. 2-1: Typischer Verlauf dieser Eichkurve.

Für ein ähnliches Gerät soll eine Eichkurve ermittelt werden. Dazu stehen 12 Versuche zur Verfügung. Frage: Wo sind die Versuchspunkte zu wählen, damit die Eichkurve am genauesten ist?

- Ein Experimentator macht jeweils 6 Versuche in den Versuchspunkten 18 und 22.
- Ein anderer Experimentator macht jeweils 6 Versuche in den Randpunkten 10 und 32.

Hier soll wiederum gelten, dass die Messung in jedem Punkt die gleiche Streuung hat. Die folgende Grafik verdeutlicht das Ergebnis:

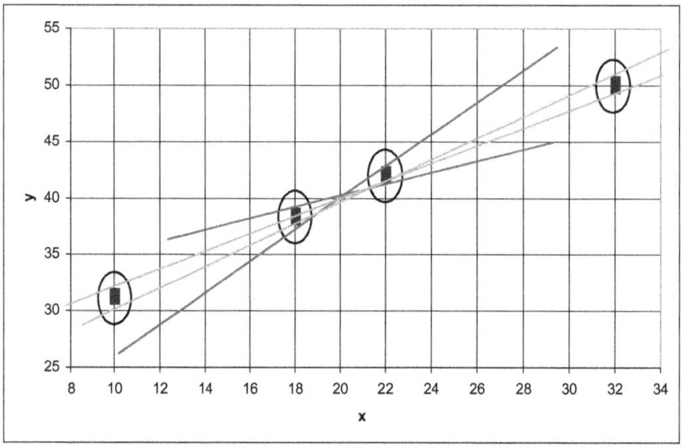

Abb. 2-2: Einfluss der gewählten Versuchspunkte auf die Qualität der Eichkurve.

Hier kommt wieder zum Ausdruck, dass die Wahl der Messpunkte die Genauigkeit des Messergebnisses stark beeinflusst. Auch hier ist zu sehen, dass die Aussagen außerhalb des Messbereiches sehr fehlerbehaftet sind.

Bei linearen Zusammenhängen ist die Festlegung der Versuchspunkte relativ einfach. Ganz anders ist es bei nicht-linearen Funktionen. Um noch einmal darauf hinzuweisen – lineare Modelle müssen keine linearen Funktionen sein. Beispielsweise ist:

$$y = a_0 + a_1x_1 + a_2x_2 + a_3x_1x_2 + a_4x_1^2 + a_5x_2^2$$

eine lineare Modellgleichung aber keine lineare Funktion. Für diese Funktion gilt „alle Versuche in den Randpunkten durchzuführen“ nicht mehr, da damit ein Scheitel oder die „Krümmung“ der Funktion nicht bestimmbar ist. Mindestens ein Versuchspunkt muss also im Inneren des Versuchsbereiches festgelegt werden.

Die optimale Versuchsplanung beschäftigt sich damit, die Versuchspunkte so zu bestimmen, dass die geschätzte Varianz (1-29)

$$D^2\hat{\mathbf{Y}} = f(\mathbf{x})^T \left(\mathbf{F}^T\mathbf{F}\right)^{-1} f(\mathbf{x})\sigma^2 \qquad (1\text{-}29)$$

minimal wird. Das ist eine mathematisch sehr komplexe Aufgabe. In der Praxis sind die Versuchsbereiche V festgelegt. Häufig ist auch nicht immer die Möglichkeit gegeben, in allen Versuchsbereichen die Versuche durchzuführen. Die Versuchspunkte werden also gewissen Restriktionen unterworfen. Für die Minimierung der Zielfunktion – geschätzte

Varianz (1-29) – ist weiterhin zu beachten, dass nur solche Werte zulässig sind, welche die Bedingung:

$$x_i \in V_{Zulässig} \subset V$$

erfüllen. Kompliziert wird es außerdem noch dadurch, das sich manchmal nicht alle ermittelten optimalen Versuchspunkte (beispielsweise die Stellung einer Abzugsklappe) auch einstellen lassen. Es gibt daher stetige, diskrete und gemischte Optimierungsprobleme. Lösungen solcher Probleme werden beispielsweise in [3] beschrieben. Im Folgenden werden einige Kriterien der optimalen Versuchsplanung erläutert.

Die Verteilung des geschätzten Parametervektors $\underline{\hat{a}}$ genügt der m-dimensionalen Normalverteilung:

$$\mathbf{p}(\underline{\hat{\mathbf{a}}}) = (2\pi)^{-\frac{m}{2}} \left(\det(\sigma^2(\mathbf{F}^T\mathbf{F})^{-1})\right)^{-\frac{1}{2}} \exp\left(-\frac{\sigma^2}{2}(\underline{\hat{\mathbf{a}}}-\underline{\mathbf{a}})^T(\mathbf{F}^T\mathbf{F})^{-1}(\underline{\hat{\mathbf{a}}}-\underline{\mathbf{a}})\right)$$

Betrachtet man die eingangs definierte Matrix **F** (1-13), so ist ersichtlich, dass durch die Festlegung der Versuchspunkte mit dieser Matrix Einfluss auf die Verteilung der Parameterschätzung $\mathbf{p}(\underline{\mathbf{a}})$ und damit auf die Varianz der geschätzten Regressionsfunktion $D^2\hat{\mathbf{Y}}$ genommen werden kann, ohne überhaupt Versuche durchgeführt zu haben! Dieser Zusammenhang wurde durch die beiden vorangestellten Beispiele erläutert.

Daher ist es zweckmäßig, die Versuchspunkte in (1-11)

$$v_j = \underline{\mathbf{x}}_j^T = \left(x_1 \in \{x_{1,1}; x_{1,2}, \cdots, x_{1,N_1}\}, x_2 \in \{x_{2,1}; x_{2,2}, \cdots, x_{2,N_2}\}, \ldots, x_m \in \{x_{m,1}; x_{m,2}, \cdots, x_{m,N_m}\}\right)^T$$

so zu wählen, dass mit dem Versuchsplan (1-12)

$$\mathbf{V}^T = \left\{ \underbrace{v_1, \ldots, v_1}_{k_1-mal}, \underbrace{v_2, \ldots, v_2}_{k_2-mal}, \ldots, \underbrace{v_m, \ldots, v_m}_{k_m-mal} \right\}$$

die Verteilung des geschätzten Parametervektors

$$\mathbf{p}(\underline{\hat{\mathbf{a}}}) = (2\pi)^{-\frac{m}{2}} \left(\det(\sigma^2(\mathbf{F}^T\mathbf{F})^{-1})\right)^{-\frac{1}{2}} \exp\left(-\frac{\sigma^2}{2}(\underline{\hat{\mathbf{a}}}-\underline{\mathbf{a}})^T(\mathbf{F}^T\mathbf{F})^{-1}(\underline{\hat{\mathbf{a}}}-\underline{\mathbf{a}})\right)$$

minimal wird. Der Ausdruck $(\underline{\hat{\mathbf{a}}}-\underline{\mathbf{a}})^T(\mathbf{F}^T\mathbf{F})^{-1}(\underline{\hat{\mathbf{a}}}-\underline{\mathbf{a}})$ beschreibt ein Streuungsellipsoid. Das Volumen $V(\underline{\hat{\mathbf{a}}})$ des Streuungsellipsoides ist ein Maß für die Beurteilung des Vektors $\mathbf{p}(\underline{\hat{\mathbf{a}}})$. Für das Volumen des Streuungsellipsoides gilt:

$$V(\underline{\hat{\mathbf{a}}}) \sim \sqrt{\det(\mathbf{F}^T\mathbf{F})^{-1}}$$

Eine Möglichkeit, die tatsächlichen Verteilung des Parametervektors $\mathbf{p}(\underline{\hat{\mathbf{a}}})$ abzuschätzen ist der Wert der Determinante der Matrix $(\mathbf{F}^T\mathbf{F})^{-1}$. Aufgrund dieses Zusammenhanges lassen sich für die Matrix $(\mathbf{F}^T\mathbf{F})^{-1}$ unterschiedliche Optimalitätskriterien für einen Versuchsplan angeben, in dem die Matrix $(\mathbf{F}^T\mathbf{F})^{-1}$ in einer definierten Weise auf den $\boldsymbol{R}^1$ abgebildet wird. Beispielsweise können die Determinante von $(\mathbf{F}^T\mathbf{F})^{-1}$, die Spur von $(\mathbf{F}^T\mathbf{F})^{-1}$ oder der größte

Eigenwert von $(\mathbf{F}^T\mathbf{F})^{-1}$ und ähnliche Kriterien festgelegt werden. Die Spur von $(\mathbf{F}^T\mathbf{F})^{-1}$ berücksichtigt dann die Summe der Varianzen des Parametervektors $\underline{\hat{\mathbf{a}}}$ (Fehlerfortpflanzungsgesetz).

In (1-27)

$$P\left(\frac{|\hat{a}_i - a_i|}{\sqrt{c_{ii}}S} \geq t_{\alpha,k-n-1}\right) \leq \alpha \qquad (1\text{-}27)$$

wurde gezeigt, dass zur Entscheidung über die Signifikanz eines Regressionsparameters der Wert das Hauptdiagonalelement c_{ii} der Präzisionsmatrix $(\mathbf{F}^T\mathbf{F})^{-1}$ notwendig ist. Mit dem Kriterium der A-Optimalität werden die Varianzen der geschätzten Regressionsparameter minimiert, also letztlich die Möglichkeit der Maximierung der Beurteilung der geschätzten Regressionsparameter.

Der größte Eigenwert von $(\mathbf{F}^T\mathbf{F})^{-1}$ repräsentiert eine scharfe obere Schranke der größten Varianz des Parametervektors $\underline{\hat{\mathbf{a}}}$.

Ein Versuchsplan $\mathbf{V}_k^*$ **heißt D-optimal**, wenn für jedes Element aus dem Versuchsbereich **V** gilt:

$$\det(\mathbf{F}^{*T}\mathbf{F}^*)^{-1} \leq \min_{\mathbf{V}_k \in \mathbf{V}} \det(\mathbf{F}^{\mathrm{T}}\mathbf{F})^{-1} \qquad (2\text{-}1)$$

Ein Versuchsplan ist $\mathbf{V}_k^*$ **A-optimal**, wenn

$$Spur(\mathbf{F}^{*T}\mathbf{F}^*)^{-1} \leq \min_{\mathbf{V}_k \in \mathbf{V}} Spur(\mathbf{F}^{\mathrm{T}}\mathbf{F})^{-1} \qquad (2\text{-}2)$$

Ein Versuchsplan ist $\mathbf{V}_k^*$ **E-optimal**, wenn $\lambda_{\max,i}\left[(\mathbf{F}^{\mathrm{T}}\mathbf{F})^{-1}\right]$ den maximalen Eigenwert von $(\mathbf{F}^{\mathrm{T}}\mathbf{F})^{-1}$ des gewählten i-ten Versuchsplans bezeichnet.

$$\lambda_{\max;k} \leq \min_{\mathbf{V}_k \in \mathbf{V}} \lambda_{\max;i}\left[(\mathbf{F}^{\mathrm{T}}\mathbf{F})^{-1}\right] \qquad (2\text{-}3)$$

Ein Versuchsplan ist $\mathbf{V}_k^*$ **G-optimal**, wenn die Varianzfunktion $D^2\hat{\mathbf{Y}} = f(\mathbf{x})^T \left(\mathbf{F}^T\mathbf{F}\right)^{-1} f(\mathbf{x})\sigma^2$ über dem Versuchsplan (1-12) minimal ist.

$$D_k^2\hat{\mathbf{Y}} \leq \min_{\mathbf{V}_k \in \mathbf{V}} f(\mathbf{x})^T \left(\mathbf{F}^T\mathbf{F}\right)^{-1} f(\mathbf{x}) \qquad (2\text{-}4)$$

Ist $g(\mathbf{x})$ die gewichtete mittlere Varianz von $D^2\hat{\mathbf{Y}}$. Dann ist der Versuchsplan **I-Optimal**, wenn

$$D_k^2\hat{\mathbf{Y}} \leq \min_{\mathbf{V}_k \in \mathbf{V}} \int_{\mathbf{V}} f(\mathbf{x})^T \left(\mathbf{F}^T\mathbf{F}\right)^{-1} f(\mathbf{x}) g(\mathbf{x}) d\mathbf{x} \qquad (2\text{-}5)$$

Weiter Optimalitätskriterien ist die C-Optimalität. Sie minimiert für einen Vektor $\underline{\mathbf{c}}$ das Funktional $\underline{\mathbf{c}}^T \left(\mathbf{F}^T\mathbf{F}\right)^{-1} \underline{\mathbf{c}}$ über dem Versuchsraum. Das „approximative“ Optimalitätskriterium wird in Kapitel 2.8. beschrieben.

2.1 Überwiegende Forderungen an Versuchspläne in der Praxis

In der Praxis werden die häufigsten Anwendungen der Versuchsplanung dadurch beschrieben, dass

- die Funktion der Wirkungsfläche $\eta(x)$ unbekannt ist und
- die Einflussgrößen bekannt; jedoch nur in Niveaus einstellbar sind.

Dieser Fall wird im Folgenden etwas näher untersucht. Der Übersichtlichkeit wegen wird angenommen, dass das zu untersuchende Problem ein Regressionsansatz (1-10) mit $m = 3$ Einflussgrößen beschrieben wird. Die Einflussgrößen sollen nur in den vorgegebenen Niveaus realisierbar sein.

Einflussgröße x_1 Niveaus: $x_{1,1}, x_{1,2}, \cdots, x_{1,k_1}$

Einflussgröße x_2 Niveaus: $x_{2,1}, x_{2,2}, \cdots, x_{2,k_2}$

Einflussgröße x_3 Niveaus: $x_{3,1}, x_{3,2}, \cdots, x_{3,k_3}$

Der Versuchsplan, in dem alle möglichen Kombinationen der Niveaus genau einmal durchzuführen sind, ergibt:

$$\mathbf{V}_p = \begin{pmatrix} x_{1,1} & x_{2,1} & x_{3,1} \\ x_{1,1} & x_{2,1} & x_{3,2} \\ \vdots & \vdots & \vdots \\ x_{1,1} & x_{2,1} & x_{3,k_3} \\ x_{1,1} & x_{2,2} & x_{3,1} \\ x_{1,1} & x_{2,2} & x_{3,2} \\ \vdots & \vdots & \vdots \\ x_{1,1} & x_{2,2} & x_{3,k_3} \\ \vdots & \vdots & \vdots \\ x_{1,1} & x_{2,k_2} & x_{3,1} \\ x_{1,1} & x_{2,k_2} & x_{3,2} \\ \vdots & \vdots & \vdots \\ x_{1,1} & x_{2,k_2} & x_{3,k_3} \\ \vdots & \vdots & \vdots \\ x_{1,k_1} & x_{2,1} & x_{3,1} \\ x_{1,k_1} & x_{2,1} & x_{3,2} \\ \vdots & \vdots & \vdots \\ x_{1,k_1} & x_{2,1} & x_{3,k_3} \\ x_{1,k_1} & x_{2,2} & x_{3,1} \\ \vdots & \vdots & \vdots \\ x_{1,k_1} & x_{2,k_2} & x_{3,1} \\ x_{1,k_1} & x_{2,k_2} & x_{3,2} \\ \vdots & \vdots & \vdots \\ x_{1,k_1} & x_{2,k_2} & x_{3,k_3} \end{pmatrix} \qquad (2\text{-}6)$$

Definition 2

Versuchspläne, welche die Bedingung (2-6) erfüllen, werden als *allgemeine* vollständige Faktorpläne bezeichnet.

Diese Versuchsplanmatrix $\mathbf{V}_p$ ist identisch mit der Matrix **F** für den Regressionsansatz:

$$y = a_0 + a_1 x_1 + a_2 x_2 + a_3 x_3$$

Es werden die Eigenschaften des Versuchsplanes (2-6) betrachtet. Der Mittelwert für die Spalte 2 der Matrix V_p (Niveaus der Einflussgröße x) wird mit μ_{x_1} bezeichnet – analog μ_{x_2} und μ_{x_3}.

$$\mu_{x_1} = \frac{1}{k_{x_1}k_{x_2}k_{x_3}}\left(k_{x_2}k_{x_3}\sum_{i=1}^{k_{x1}} x_{1,i}\right) = \frac{1}{k_{x_1}}\sum_{i=1}^{k_{x1}} x_{1,i} = \overline{x}_1$$

$$\mu_{x_2} = \frac{1}{k_{x_1}k_{x_2}k_{x_3}}\left(k_{x_1}k_{x_3}\sum_{i=1}^{k_{x2}} x_{2,i}\right) = \frac{1}{k_{x_2}}\sum_{i=1}^{k_{x2}} x_{2,i} = \overline{x}_2$$

$$\mu_{x_3} = \frac{1}{k_{x_1}k_{x_2}k_{x_3}}\left(k_{x_1}k_{x_2}\sum_{i=1}^{k_{x3}} x_{3,i}\right) = \frac{1}{k_{x_3}}\sum_{i=1}^{k_{x3}} x_{3,i} = \overline{x}_3$$

$$\mu_c = c$$

Es wird die Summe der Niveaus von x_1, x_2 des Versuchsplanes $\mathbf{V}_\mathrm{p}$ berechnet:

$$\sum_{i=1}^{k_{x1}k_{x2}k_{x3}} x_{1,i}x_{2,i} = x_{1,1}x_{2,1}k_{x_3} + x_{1,1}x_{2,2}k_{x_3} + \cdots + x_{1,1}x_{2,k_{x_2}}k_{x_3} + x_{1,2}x_{2,1}k_{x_3} + x_{1,2}x_{2,2}k_{x_3} + \cdots$$
$$+ x_{2,1}x_{2,k_{x_2}}k_{x_3} + \cdots + x_{1,k_{x_1}}x_{2,k_{x_2}}x_{3,k_{x_3}}$$

$$\sum_{i=1}^{k_{x1}k_{x2}k_{x3}} x_{1,i}x_{2,i} = x_{1,1}k_{x_3}\sum_{i=1}^{k_{x2}} x_{2,i} + x_{1,2}k_{x_3}\sum_{i=1}^{k_{x2}} x_{2,i} + \cdots + x_{1,k_{x_1}}k_{x_3}\sum_{i=1}^{k_{x2}} x_{2,i} \quad \sum_{i=1}^{k_{x1}k_{x2}k_{x3}} x_{1,i}x_{2,i} = k_{x_3}\sum_{i=1}^{k_{x1}} x_{1,i}\sum_{i=1}^{k_{x2}} x_{2,i}$$

Die Summe aller Niveaus x_1, x_2, x_3 ist entsprechend:

$$\sum_{i=1}^{k_{x1}k_{x2}k_{x3}} x_{1,i}x_{2,i}x_{3,i} = \sum_{i=1}^{k_{x1}} x_{1,i}\sum_{i=1}^{k_{x2}} x_{2,i}\sum_{i=1}^{k_{x3}} x_{3,i}$$

Analog erhält man:

$$\sum_{i=1}^{k_{x1}k_{x2}k_{x3}} x_{1,i}x_{3,i} = k_{x_2}\sum_{i=1}^{k_{x1}} x_{1,i}\sum_{i=1}^{k_{x3}} x_{3,i}$$

$$\sum_{i=1}^{k_{x1}k_{x2}k_{x3}} x_{2,i}x_{3,i} = k_{x_1}\sum_{i=1}^{k_{x2}} x_{2,i}\sum_{i=1}^{k_{x3}} x_{3,i}$$

$$\sum_{i=1}^{k_{x1}k_{x2}k_{x3}} cx_{2,i} = ck_{x_2}k_{x_2}\sum_{i=1}^{k_{x1}} x_{1,i}$$

$$\sum_{i=1}^{k_xk_yk_z} cx_i = k_yk_zc\sum_{i=1}^{k_x} n_i$$

Die empirische Kovarianz $\mathrm{cov}(x_1, x_2)$ der Versuchspunkte der Einflussgröße x_1 und x_2 des Versuchsplanes $\mathbf{V}_\mathrm{p}$ wird betrachtet. Es ist:

$$\begin{aligned}\mathrm{cov}(x_1,x_2) &= \frac{1}{k_{x_1}k_{x_2}k_{x_3}}\sum_{i=1}^{k_{x1}k_{x2}k_{x3}} x_{1,i}x_{2,i} - \mu_{x_1}\mu_{x_2} \\ &= \frac{1}{k_{x_1}k_{x_2}k_{x_3}}\sum_{i=1}^{k_{x1}k_{x2}k_{x3}} x_{1,i}x_{2,i} - \overline{x}_1\overline{x}_2 \\ &= \frac{1}{k_{x_1}}\sum_{i=1}^{k_{x1}} x_{1,i}\frac{1}{k_{x_2}}\sum_{i=1}^{k_{x21}} x_{2,i} - \overline{x}_1\overline{x}_2 \qquad = 0\end{aligned}$$

wegen $\mu_{x_1x_2} = \frac{1}{k_{x_1}k_{x_2}k_{x_3}}\sum_{i=1}^{k_{x1}k_{x2}k_{x3}} x_{1,i}x_{2,i} = \frac{1}{k_{x_1}k_{x_2}}\sum_{i=1}^{k_{x1}} x_{1,i}\sum_{i=1}^{k_{x2}} x_{2,i} = \overline{x}_1\overline{x}_2$ ist

$$\begin{aligned}\mathrm{cov}(x_1x_2,x_3) &= \frac{1}{k_{x_1}k_{x_2}k_{x_3}}\sum_{i=1}^{k_{x1}k_{x2}k_{x3}} x_{1,i}x_{2,i}x_{3,i} - \mu_{x_1x_2}\mu_{x_3} \\ &= \frac{1}{k_{x_1}k_{x_2}k_{x_3}}\sum_{i=1}^{k_{x1}k_{x2}k_{x3}} x_{1,i}x_{2,i}x_{3,i} - \overline{x}_1\overline{x}_2\overline{x}_3 \\ &= \frac{1}{k_{x_1}}\sum_{i=1}^{k_{x1}} x_{1,i}\frac{1}{k_{x_2}}\sum_{i=1}^{k_{x2}} x_{2,i}\frac{1}{k_{x_3}}\sum_{i=1}^{k_{x3}} x_{3,i} - \overline{x}_1\overline{x}_2\overline{x}_3 \qquad = 0\end{aligned}$$

Entsprechend gilt:

$$\begin{aligned}&\mathrm{cov}(x_1,x_2) = \mathrm{cov}(x_1,x_3) = \mathrm{cov}(x_2,x_3) = \mathrm{cov}(x_1x_2,x_3) \\ &\qquad = \mathrm{cov}(x_1x_3,x_2) = \mathrm{cov}(x_2x_3,x_1) = 0 \\ &\mathrm{cov}(Konst,x_1) = \mathrm{cov}(Konst,x_2) \\ &\qquad = \mathrm{cov}(Konst,x_2) = \mathrm{cov}(Konst,Konst) = 0\end{aligned}$$

und $\mathrm{cov}(x_i,x_i) = \sigma_{x_i}^2$. Damit gilt für die Kovarianzmatrix der Versuchspunkte

$$\mathbf{C} = \begin{pmatrix} \mathrm{cov}(x_1,x_1) & 0 & 0 \\ 0 & \mathrm{cov}(x_2,x_2) & 0 \\ 0 & 0 & \mathrm{cov}(x_3,x_3) \end{pmatrix}$$

Es lässt sich zeigen, dass diese Plausibilitätsbetrachtung für beliebige viele unabhängige Variablen (Einflussgrößen) $x_j\; j = 1,2,\cdots,m$ gültig ist. Daher gilt daher der folgende

Satz 1

Wird der Versuchsbereich $\mathbf{V}^T = \{v_1, v_2, ..., v_{x_{k1}\cdot x_{k2}\cdot ...\cdot x_{km}}\}$, deren Einflussgrößen nur in fest vorgegebenen Niveaus realisiert werden können, mit

$$v_j = \underline{\mathbf{x}}_j^T = \left(x_1 \in \{x_{1,1}; x_{1,2}, \cdots, x_{1,k_{x1}}\}, x_2 \in \{x_{2,1}; x_{2,2}, \cdots, x_{2,k_{x2}}\}, ..., x_m \in \{x_{m,1}; x_{m,2}, \cdots, x_{m,k_{xm}}\}\right)^T,$$

jede mögliche Versuchskombination genau einmal realisiert, dann gilt für die empirische Kovarianz der Versuchspunkte: $\mathrm{cov}(x_i x_j) = 0$ für $i \neq j \quad i,j, = 1,2,...,m$.

Oder: allgemeine vollständige Faktorpläne haben keine empirische Kovarianz der Versuchspunkte.

Außerdem gilt:

$$\operatorname{cov}(x_{i_1}, x_{i_2}) = 0 \qquad \text{für } i_1 < i_2;\ i_1 \in [1, k_{x_{i_1}}];\ i_2 \in [1, k_{x_{i_2}}] \text{ sowie}$$

$$\operatorname{cov}(x_{i_1} x_{i_2}, x_{i3}) = 0 \qquad \text{für } i_1 < i_2 < i_3;\ i_1 \in [1, k_{x_{i_1}}];\ i_2 \in [1, k_{x_{i_2}}]\ i_2 \in [1, k_{x_{i_3}}] \text{ sowie}$$

$$\ldots$$

$$\operatorname{cov}(x_{i_1} x_{i_2} x_{i3} \ldots x_{i_{m-1}}, x_{i_m}) = 0 \qquad \text{für } i_1 < i_2 < i_3 < \cdots < i_m$$

Für das obige Beispiel ist

$$\eta(x_1, x_2, \cdots, x_m) = a_0 + a_1 x_1 + a_2 x_2 + a_3 x_3 + a_{12} x_1 x_2 + a_{13} x_1 x_3 + a_{23} x_2 x_3 + a_{123} x_1 x_2 x_3$$

Die Matrix $\mathbf{V}_{erweitert} = \mathbf{F}$ von (2-6) hat die Darstellung:

$$\mathbf{V}_{erweitert} = \mathbf{F} = \left(\begin{array}{ccc|cccc}
x_{1,1} & x_{2,1} & x_{3,1} & x_{1,1}x_{2,1} & x_{1,1}x_{3,1} & x_{2,1}x_{3,1} & x_{1,1}x_{2,1}x_{3,1} \\
x_{1,1} & x_{2,1} & x_{3,2} & x_{1,1}x_{2,1} & x_{1,1}x_{3,2} & x_{2,1}x_{3,2} & x_{1,1}x_{2,1}x_{3,2} \\
\vdots & \vdots & \vdots & \vdots & \vdots & \vdots & \vdots \\
x_{1,1} & x_{2,1} & x_{3,k_3} & x_{1,1}x_{2,1} & x_{1,1}x_{3,k_3} & x_{2,1}x_{3,k_3} & x_{1,1}x_{2,1}x_{3,k_3} \\
x_{1,1} & x_{2,2} & x_{3,1} & x_{1,1}x_{2,2} & x_{1,1}x_{3,1} & x_{2,2}x_{3,1} & x_{1,1}x_{2,2}x_{3,1} \\
x_{1,1} & x_{2,2} & x_{3,2} & x_{1,1}x_{2,2} & x_{1,1}x_{3,2} & x_{2,2}x_{3,2} & x_{1,1}x_{2,2}x_{3,2} \\
\vdots & \vdots & \vdots & \vdots & \vdots & \vdots & \vdots \\
x_{1,1} & x_{2,2} & x_{3,k_3} & x_{1,1}x_{2,2} & x_{1,1}x_{3,k_3} & x_{2,2}x_{3,k_3} & x_{1,1}x_{2,2}x_{3,k_3} \\
\vdots & \vdots & \vdots & \vdots & \vdots & \vdots & \vdots \\
x_{1,1} & x_{2,k_2} & x_{3,1} & x_{1,1}x_{2,k_2} & x_{1,1}x_{3,1} & x_{2,k_2}x_{3,1} & x_{1,1}x_{2,k_2}x_{2,k_2} \\
x_{1,1} & x_{2,k_2} & x_{3,2} & x_{1,1}x_{2,k_2} & x_{1,1}x_{3,2} & x_{2,k_2}x_{3,2} & x_{1,1}x_{2,k_2}x_{3,2} \\
\vdots & \vdots & \vdots & \vdots & \vdots & \vdots & \vdots \\
x_{1,1} & x_{2,k_2} & x_{3,k_3} & x_{1,1}x_{2,k_2} & x_{1,1}x_{3,k_3} & x_{2,k_2}x_{3,k_3} & x_{1,1}x_{2,k_2}x_{3,k_3} \\
\vdots & \vdots & \vdots & \vdots & \vdots & \vdots & \vdots \\
x_{1,k_1} & x_{2,1} & x_{3,1} & x_{1,k_1}x_{2,1} & x_{1,k_1}x_{3,1} & x_{2,1}x_{3,1} & x_{1,k_1}x_{2,1}x_{3,1} \\
x_{1,k_1} & x_{2,1} & x_{3,2} & x_{1,k_1}x_{2,1} & x_{1,k_1}x_{3,2} & x_{2,1}x_{3,2} & x_{1,k_1}x_{2,1}x_{3,2} \\
\vdots & \vdots & \vdots & \vdots & \vdots & \vdots & \vdots \\
x_{1,k_1} & x_{2,1} & x_{3,k_3} & x_{1,k_1}x_{2,1} & x_{1,k_1}x_{3,k_3} & x_{2,1}x_{3,k_3} & x_{1,k_1}x_{2,1}x_{3,k_3} \\
x_{1,k_1} & x_{2,2} & x_{3,1} & x_{1,k_1}x_{2,2} & x_{1,k_1}x_{3,1} & x_{2,2}x_{3,1} & x_{1,k_1}x_{2,2}x_{3,1} \\
\vdots & \vdots & \vdots & \vdots & \vdots & \vdots & \vdots \\
x_{1,k_1} & x_{2,k_2} & x_{3,1} & x_{1,k_1}x_{2,k_2} & x_{1,k_1}x_{3,1} & x_{2,k_2}x_{3,1} & x_{1,k_1}x_{2,k_2}x_{3,1} \\
x_{1,k_1} & x_{2,k_2} & x_{3,2} & x_{1,k_1}x_{2,k_2} & x_{1,k_1}x_{3,2} & x_{2,k_2}x_{3,2} & x_{1,k_1}x_{2,k_2}x_{3,2} \\
\vdots & \vdots & \vdots & \vdots & \vdots & \vdots & \vdots \\
x_{1,k_1} & x_{2,k_2} & x_{3,k_3} & x_{1,k_1}x_{2,k_2} & x_{1,k_1}x_{3,k_3} & x_{2,k_2}x_{3,k_3} & x_{1,k_1}x_{2,k_2}x_{3,k_3}
\end{array} \right)$$

Wegen Satz 1 aus Kapitel 2.1 und Kapitel 2.1.4 verschwinden alle Kovarianzen der Einflussgrößen. Die Kovarianzen aller Möglichkeiten der Spalten der Matrix von $\mathbf{V}_{erweitert} = \mathbf{F}$ $\mathbf{V}_{erweitert} = \mathbf{F}$ mit $k = k_{x_1} \cdot k_{x_2} \cdot k_{x_3}$ hat den Aufbau:

$$\mathbf{C} = \begin{pmatrix} \mathrm{cov}(x_1,x_1) & 0 & 0 & \mathrm{cov}(x_1x_2,x_1) & \mathrm{cov}(x_1x_3,x_1) & 0 & \mathrm{cov}(x_1x_2x_3,x_1) \\ 0 & \mathrm{cov}(x_2,x_2) & 0 & \mathrm{cov}(x_1x_2,x_2) & 0 & \mathrm{cov}(x_2x_3,x_2) & \mathrm{cov}(x_1x_2x_3,x_2) \\ 0 & 0 & \mathrm{cov}(x_3,x_3) & 0 & \mathrm{cov}(x_1x_3,x_3) & \mathrm{cov}(x_2x_3,x_3) & \mathrm{cov}(x_1x_2x_3,x_3) \\ \mathrm{cov}(x_1x_2,x_1) & \mathrm{cov}(x_1x_2,x_1) & 0 & \mathrm{cov}(x_1x_2,x_1x_2) & 0 & \mathrm{cov}(x_2x_3,x_1x_2) & \mathrm{cov}(x_1x_2x_3,x_1x_2) \\ \mathrm{cov}(x_1x_3,x_1) & 0 & \mathrm{cov}(x_1x_3,x_3) & 0 & \mathrm{cov}(x_1x_3,x_1x_3) & \mathrm{cov}(x_2x_3,x_1x_3) & \mathrm{cov}(x_1x_2x_3,x_1x_3) \\ 0 & \mathrm{cov}(x_2x_3,x_2) & \mathrm{cov}(x_2x_3,x_3) & \mathrm{cov}(x_2x_3,x_1x_2) & \mathrm{cov}(x_2x_3,x_1x_3) & \mathrm{cov}(x_2x_3,x_2x_3) & \mathrm{cov}(x_1x_2x_3,x_2x_3) \\ \mathrm{cov}(x_1x_2x_3,x_1) & \mathrm{cov}(x_1x_2x_3,x_2) & \mathrm{cov}(x_1x_2x_3,x_3) & \mathrm{cov}(x_1x_2x_3,x_1x_2) & \mathrm{cov}(x_1x_2x_3,x_1x_3) & \mathrm{cov}(x_1x_2x_3,x_2x_3) & \mathrm{cov}(x_1x_2x_3,x_1x_2x_3) \end{pmatrix}$$

2.1.1 Informationsmatrix und Kovarianzmatrix

Die zur Berechnung des Koeffizientenvektors $\hat{\mathbf{a}}$ notwendige Matrix hat die bekannte Form:

$$\left(\mathbf{F}^{\mathrm{T}}\mathbf{F}\right) = \left(\left(\sum_{\nu=1}^{k} f_i(\underline{x}_\nu) f_j(\underline{x}_\nu)\right)\right)_{i,j=1,2,\ldots,m} \tag{1-15}$$

Definition 3

In Anlehnung an die Formel der empirischen Kovarianz wird (2-7) als „verallgemeinerte empirische Kovarianz" definiert:

$$\mathrm{cov}(f_i f_j) = \frac{1}{k}\sum_{\nu=1}^{k} f_i(\underline{x}_\nu) f_j(\underline{x}_\nu) - \overline{f}_i \overline{f}_j \tag{2-7}$$

mit

$$\overline{f}_i = \frac{1}{k}\sum_{\nu=1}^{k} f_i(\underline{x}_\nu) \qquad \overline{f}_j = \frac{1}{k}\sum_{\nu=1}^{k} f_j(\underline{x}_\nu) \tag{2-8}$$

Daraus leitet sich der Zusammenhang zwischen der empirischen Kovarianz der Versuchspunkte und der Elementen der Matrix ab

$$\left(\mathbf{F}^{\mathrm{T}}\mathbf{F}\right) = \left(\left(\sum_{\nu=1}^{k} f_i(\underline{x}_\nu) f_j(\underline{x}_\nu)\right)\right)_{i,j=1,2,\ldots,m} = k\left(\left(\mathrm{cov}(f_i, f_j) + \overline{f}_i \overline{f}_j\right)\right)_{i,j=1,2,\ldots,m} \tag{2-9}$$

Die Informationsmatrix des Versuchsplanes $\mathbf{V}_k$ für den allgemeinen Regressionsansatz (1-10) ist in der Form darstellbar:

$$\frac{1}{k}\left(\mathbf{F}^{\mathrm{T}}\mathbf{F}\right) = \mathbf{C} + \mathbf{M} \tag{2-10}$$

mit

$$\mathbf{C} = \left(\left(\mathrm{cov}(f_i, f_j)\right)\right)_{i,j=1,2,\ldots,m} \tag{2-11}$$

und

$$\mathbf{M} = \left(\left(\overline{f}_i \overline{f}_j\right)\right)_{i,j=1,2,...,m} \tag{2-12}$$

Die Informationsmatrix $\left(\mathbf{F}^\mathrm{T}\mathbf{F}\right)$ des Regressionsansatzes (1-10) setzt sich also aus den verallgemeinerten Kovarianzen der Funktionen f_i, f_j und einer „Verschiebungsmatrix" $\mathbf{M}$ zusammen. Dieser Zusammenhang ist bei der der Behandlung Inversionsproblemen von Informationsmatrizen von Bedeutung – siehe Kapitel 2.7.

2.1.2 Regression und Kovarianzmatrix

Es wird die Regressionsaufgabe entsprechend (1-10) betrachtet.

$$y = a_0 + a_1 f_1(x_1, x_2, ..., x_m) + ... + a_n f_n(x_1, x_2, ..., x_m) + \varepsilon = \sum_{e=0}^{n} a_e f_e(x_1, x_2, \cdots, x_m) + \varepsilon$$

$$y = \mathbf{a}^\mathrm{T}\mathbf{f}(\underline{\mathbf{x}}) + \varepsilon \qquad \text{mit} \quad \mathbf{a}^\mathrm{T} = (a_0, a_1, ..., a_n)$$

$$\mathbf{f}(\underline{\mathbf{x}})^T = (1, f_1(x_1, x_2, ..., x_m), ..., f_n(x_1, x_2, ..., x_m)) \quad \text{und} \quad f_0(x_1, x_2, ..., x_m) \equiv 1$$

sowie

$$\begin{aligned} x_1 &\in [x_{1A}; x_{1E}] \\ x_2 &\in [x_{2A}; x_{2E}] \\ &\vdots \\ x_m &\in [x_{mA}; x_{mE}] \end{aligned}$$

Der Versuch v_1 soll k_1-mal, der Versuch v_2 soll k_2-mal usw. durchgeführt werden. Diese Versuchsanordnung wird als Versuchsplan $\mathbf{V}$ bezeichnet.

$$\mathbf{V}^T = \left\{ \underbrace{v_1, ..., v_1}_{k_1-mal}, \underbrace{v_2, ..., v_2}_{k_2-mal}, ..., \underbrace{v_l, ..., v_l}_{k_l-mal} \right\} \tag{1-12}$$

Für die Gesamtversuchszahl gilt: $k = \sum_{i=1}^{l} k_i$.

Mit Hilfe der verallgemeinerten Kovarianz (2-7) lassen sich noch einige Eigenschaften ableiten. Es werden von den Termen des Regressionsansatzes die Mittelwerte subtrahiert. Aus (2-9) wird dann:

$$\begin{aligned} \frac{1}{k}\left(\tilde{\mathbf{F}}^\mathrm{T}\tilde{\mathbf{F}}\right) &= \left(\left(\frac{1}{k}\sum_{e=1}^{k}\left(f_i(v_e) - \overline{f}_i\right)\left(f_j(v_e) - \overline{f}_j\right)\right)\right)_{i,j=1,2,...,m} \\ &= \left(\left(\operatorname{cov}(f_i, f_j)\right)\right)_{i,j=1,2,...,m} = \mathbf{C} \end{aligned} \tag{2-13}$$

wobei **C** die Kovarianzmatrix der Versuchsplanmatrix ist und die Argumente v_e sind Elemente des Versuchsplanes (1-12). In (2-10) ist dann für die Transformation $\bar{\bar{f}}_i = \frac{1}{k}\sum_{e=1}^{k}\left(f_i(v_e) - \bar{f}_i\right) = 0$ die Matrix $\tilde{\mathbf{M}} = \left(\left(\bar{\bar{f}}_i \bar{\bar{f}}_j\right)\right)_{i,j=1,2,\ldots,m}$ mit der Nullmatrix identisch.

Die Versuchsergebnisse werden durch

$$\left.\begin{array}{l} a_0 + a_1 f_1(v_1) + \ldots + a_n f_n(v_1) = y_{v_1;1} \\ a_0 + a_1 f_1(v_1) + \ldots + a_n f_n(v_1) = y_{v_1;2} \\ \vdots \\ a_0 + a_1 f_1(v_1) + \ldots + a_n f_n(v_1) = y_{v_1;k_1} \end{array}\right\} \text{Versuch } v_1 \text{ wurde } k_1 \text{ mal wiederholt}$$

$$\left.\begin{array}{l} a_0 + a_1 f_1(v_2) + \ldots + a_n f_n(v_2) = y_{v_2;1} \\ a_0 + a_1 f_1(v_2) + \ldots + a_n f_n(v_2) = y_{v_2;2} \\ \vdots \\ a_0 + a_1 f_1(v_2) + \ldots + a_n f_n(v_2) = y_{v_2;k_2} \end{array}\right\} \text{Versuch } v_2 \text{ wurde } k_2 \text{ mal wiederholt}$$

$$\vdots$$

$$\left.\begin{array}{l} a_0 + a_1 f_1(v_l) + \ldots + a_n f_n(v_l) = y_{v_l;1} \\ a_0 + a_1 f_1(v_l) + \ldots + a_n f_n(v_l) = y_{v_l;2} \\ \vdots \\ a_0 + a_1 f_1(v_l) + \ldots + a_n f_n(v_l) = y_{v_l;k_l} \end{array}\right\} \text{Versuch } v_l \text{ wurde } k_l \text{ mal wiederholt}$$

dargestellt. Es ist – siehe (1-18)

$$\begin{aligned} \bar{y} &= \frac{1}{k_1 k_2 \cdots k_l} \sum_{e=1}^{k_1 k_2 \cdots k_l} \sum_{i=0}^{n} a_i f_i(v_e) \\ &= a_0 + \frac{1}{k_1 k_2 \cdots k_l} \sum_{e=1}^{k_1 k_2 \cdots k_l} a_1 f_1(v_e) + \frac{1}{k_1 k_2 \cdots k_l} \sum_{e=1}^{k_1 k_2 \cdots k_l} a_2 f_2(v_e) + \cdots + \frac{1}{k_1 k_2 \cdots k_l} \sum_{e=1}^{k_1 k_2 \cdots k_l} a_n f_n(v_e) \end{aligned}$$

$$\bar{y} = a_0 + a_1 \bar{f}_1(v) + a_2 \bar{f}_2(v) + \cdots + a_n \bar{f}_n(v) \qquad (2\text{-}14)$$

Mit der Zentralisierung des Versuchsergebnisse auf den Mittelpunkt muss auch die linke Seite von (1-10) transformiert werden.

$$a_0 + a_1 f_1(x_1, x_2, \ldots, x_m) + \ldots + a_n f_n(x_1, x_2, \ldots, x_m) - \bar{y} = y(x_1, x_2, \ldots, x_m) - \bar{y}$$

Für die Verschiebung der Informationsmatrix um den Mittelwert der Versuchspunkte gilt

$$y(x_1, x_2, \ldots, x_m) - \bar{y} = a_1(f_1(x_1, x_2, \ldots, x_m) - \bar{f}_1) + \ldots + a_n(f_n(x_1, x_2, \ldots, x_m) - \bar{f}_n)$$

Somit kann die Regressionsaufgabe (1-10) in der Form:

$$\left.\begin{array}{l} a_1(f_1(v_1)-\overline{f}_1)+...+a_n(f_n(v_1)-\overline{f}_n)=y_{v_1;1}-\overline{y} \\ a_1(f_1(v_1)-\overline{f}_1)+...+a_n(f_n(v_1)-\overline{f}_n)=y_{v_1;2}-\overline{y} \\ \vdots \\ a_1(f_1(v_1)-\overline{f}_1)+...+a_n(f_n(v_1)-\overline{f}_n)=y_{v_1;k_1}-\overline{y} \end{array}\right\} \text{Versuch } v_1 \text{ wurde } k_1 \text{ mal wiederholt}$$

$$\left.\begin{array}{l} a_1(f_1(v_2)-\overline{f}_1)+...+a_n(f_n(v_2)-\overline{f}_n)=y_{v_2;1}-\overline{y} \\ a_1(f_1(v_2)-\overline{f}_1)+...+a_n(f_n(v_2)-\overline{f}_n)=y_{v_2;2}-\overline{y} \\ \vdots \\ a_1(f_1(v_2)-\overline{f}_1)+...+a_n(f_n(v_2)-\overline{f}_n)=y_{v_2;k_2}-\overline{y} \end{array}\right\} \text{Versuch } v_2 \text{ wurde } k_2 \text{ mal wiederholt}$$

$$\vdots$$

$$\left.\begin{array}{l} a_1(f_1(v_l)-\overline{f}_1)+...+a_n(f_n(v_l)-\overline{f}_n)=y_{v_l;1}-\overline{y} \\ a_1(f_1(v_l)-\overline{f}_1)+...+a_n(f_n(v_l)-\overline{f}_n)=y_{v_l;2}-\overline{y} \\ \vdots \\ a_1(f_1(v_l)-\overline{f}_1)+...+a_n(f_n(v_l)-\overline{f}_n)=y_{v_l;k_l}-\overline{y} \end{array}\right\} \text{Versuch } v_l \text{ wurde } k_l \text{ mal wiederholt}$$

dargestellt werden.

Satz 2:

Mit der Transformation der Elemente von $\left(\mathbf{F}^{\mathrm{T}}\mathbf{F}\right)$ durch

$$\tilde{f}_i = f_i(x_1, x_2, ..., x_m) - \overline{f}_i \qquad (2\text{-}15)$$

für $i = 1, 2, \cdots, n$

können die Parameter für den transformierten Regressionsabsatz

$$a_1(f_1(x_1, x_2, ..., x_m) - \overline{f}_1) + ... + a_n(f_n(x_1, x_2, ..., x_m) - \overline{f}_n) = y(x_1, x_2, ..., x_m) - \overline{y} \qquad (2\text{-}16)$$

mit der Kovarianzmatrix $k\mathbf{C} = k\left(\tilde{\mathbf{F}}^{\mathrm{T}}\tilde{\mathbf{F}}\right)$ (2-9) geschätzt werden. Die Transformation der Informationsmatrix $\left(\mathbf{F}^{\mathrm{T}}\mathbf{F}\right)$ zur Kovarianzmatrix $k\mathbf{C} = \left(\tilde{\mathbf{F}}^{\mathrm{T}}\tilde{\mathbf{F}}\right)$ ist invariant zur Berechnung der Regressionskoeffizienten $a_1, a_2, \cdots, a_n$.

Die Regressionskonstante wird entsprechend (1-45) durch $a_0 = \overline{\mathbf{y}} - \sum_{i=1}^{m} a_i \mu_i$ berechnet oder kann ebenfalls sofort aus (2-14) berechnet werden. Diese Zusammenhänge sind besonders bei der Berechnung von Faktor- und Teilfaktorplänen wichtig. Dort sind die Versuchspunkte symmetrisch zum Nullpunkt – Kapitel 2.2.

Wird **C** normiert, dann ist **R** die Korrelationsmatrix der Informationsmatrix.

$$\frac{1}{k}\left(\breve{\mathbf{F}}^{\mathrm{T}}\breve{\mathbf{F}}\right)=\left(\left(\frac{1}{\sigma_{f_i}\sigma_{f_j}}\frac{1}{k}\sum_{\nu=1}^{k}\left(f_i(\underline{x}_\nu)-\overline{f}_i\right)\left(f_j(\underline{x}_\nu)-\overline{f}_j\right)\right)\right)_{i,j=1,2,\ldots,m}$$
$$=\left(\left(\frac{\operatorname{cov}(f_i,f_j)}{\sigma_{f_i}\sigma_{f_j}}\right)\right)_{i,j=1,2,\ldots,m}=\left(\left(r(f_i,f_j)\right)\right)_{i,j=1,2,\ldots,m}=\mathbf{R} \tag{2-17}$$

Wurde die Informationsmatrix $\left(\mathbf{F}^{\mathrm{T}}\mathbf{F}\right)$ zur Korrelationsmatrix **R** (2-17) transformiert, dann müssen die Messwerte entsprechend (1-77)

$$\breve{y}=\frac{y_i-\overline{y}}{\sigma_y} \tag{1-75}$$

transformiert werden. Die Berechnung der Regressionskoeffizienten ist im Kapitel 1.13 beschrieben.

2.1.3 Einige wichtige Spezialfälle

Jeder Versuchsplan ist eine Realisierung des Regressionsansatzes

$$\eta(x_1,x_2,\cdots x_m)=a_0+a_1x_1+a_2x_2+\ldots+a_mx_m=a_0+\mathbf{af} \tag{2-18}$$

mit $\mathbf{a}=\left(a_1,a_2,\ldots,a_m\right)^T$ und $\mathbf{f}=\left(x_1,x_2,\ldots,x_m\right)^T$ – der Versuchsplan $\mathbf{V}_k$ für den Regressionsansatz (2-18) ist also identisch mit der Matrix **F**. Im Folgenden wird dieser Regressionsansatz (2-18) näher betrachtet. Es wird angenommen, dass jeder Versuch genau einmal durchgeführt wird und jeder Regressor nur in zwei Niveaus realisierbar ist.

$$x_i\in\left\{A_i;E_i\right\}\qquad i=1,2,\cdots,m$$

2.1.4 Regression mit Versuchspunkten, die symmetrisch zum Nullpunkt liegen

Es erfolgt eine weiter Einschränkung der Versuchspunkte für die Regressionsgleichung (2-18). Die Versuchspunkte sind symmetrisch zum Nullpunkt. Also

$$x_i\in\left\{-b_i;b_i\right\}\qquad i=1,2,\cdots,m$$

Entsprechend Satz 1 ist **C** eine Diagonalmatrix, in der die empirischen Varianzen der unabhängigen Variablen stehen. Die Niveaus des Planes – der auch als vollständiger Faktorplan bezeichnet werden kann – sind symmetrisch zum Nullpunkt. Beispielsweise gilt für jede Einflussgröße $x_j\ j=1,2,3$:

$$v_j=\underline{\mathbf{x}}_j^T=\left(x_1\in\left\{-b_1;+b_1\right\},x_2\in\left\{-b_2;+b_2\right\},x_3\in\left\{-b_3;+b_3\right\}\right)^T$$

also $\mathbf{V}^T=\left\{v_1,v_2,\ldots,v_{2^3}\right\}$ Die Anzahl der Versuche ergibt sich zu $k=x_{k_1}\cdot x_{k_2}\cdot x_{k_3}=2^3$

Jede der möglichen 2^3 Versuchsrealisierungen kommt genau einmal vor. Der Regressionsansatz (2-18) wird erweitert und in der folgenden Form vereinbart:

$$\eta(x_1,x_2x_3) = a_0 + a_1x_1 + a_2x_2 + a_3x_3 + a_{12}x_1x_2 + a_{13}x_1x_3 + a_{23}x_2x_3 + a_{123}x_1x_2x_3 \qquad (2\text{-}19)$$

Damit ist

$$\begin{aligned}
\overline{f}_0 &= 1 \\
\overline{f}_i = \overline{x}_i &= \frac{1}{2^3}\left(\sum_{b_i>0}^{2^{3-1}} b_i - \sum_{b_i<0}^{2^{3-1}} b_i\right) = 0 \qquad i = 1,2,3 \\
\overline{f}_{i,j} = \overline{x}_i\overline{x}_j &= \frac{1}{2^3}\left(\sum_{b_ib_j>0}^{2^{3-1}} b_ib_j - \sum_{b_ib_j<0}^{2^{3-1}} b_ib_j\right) = 0 \qquad i,j = 1,2,3\, j < j \\
\overline{f}_{i,j,l} = \overline{x}_i\overline{x}_j\overline{x}_l &= \frac{1}{2^3}\left(\sum_{b_ib_jb_l>0}^{2^{3-1}} b_ib_jb_l - \sum_{b_ib_jb_l<0}^{2^{3-1}} b_ib_jb_l\right) = 0 \qquad (2\text{-}20) \\
\operatorname{cov}(\overline{x}_i;\overline{x}_i\overline{x}_j) &= \left(\frac{1}{2^3}\sum_{i,j\#1}^{2^3} b_ib_ib_j - \overline{f}_i\overline{f}_{i,j}\right) = 0 \\
\operatorname{cov}(\overline{x}_i;\overline{x}_i\overline{x}_j\overline{x}_l) &= \left(\frac{1}{2^3}\sum_{i,j,l=1}^{2^3} b_ib_ib_jb_l - \overline{f}_i\overline{f}_{1,2,3}\right) = 0 \\
\operatorname{cov}(\overline{x}_i\overline{x}_j;\overline{x}_i\overline{x}_j\overline{x}_l) &= \left(\frac{1}{2^3}\sum_{i,j,l=1}^{2^3} b_ib_ib_jb_jb_l - \overline{f}_{i,j}\overline{f}_{i,j,l}\right) = 0
\end{aligned}$$

Wegen $\mathbf{M} = \left(\left(m_{i,j}\right)\right)_{i,j=1,2,\ldots,m} = \left(\left(\overline{f}_i\overline{f}_j\right)\right)_{i,j=1,2,\ldots,n}$ ist die Matrix $\mathbf{M}$ mit der Nullmatrix identisch. Es ist

$$\mathbf{C} = \begin{pmatrix}
\operatorname{cov}(x_1,x_1) & 0 & 0 & 0 & 0 & 0 & 0 \\
0 & \operatorname{cov}(x_2,x_2) & 0 & 0 & 0 & 0 & 0 \\
0 & 0 & \operatorname{cov}(x_3,x_3) & 0 & 0 & 0 & 0 \\
0 & 0 & 0 & \operatorname{cov}(x_1x_2,x_1x_2) & 0 & 0 & 0 \\
0 & 0 & 0 & 0 & \operatorname{cov}(x_1x_3,x_1x_3) & 0 & 0 \\
0 & 0 & 0 & 0 & 0 & \operatorname{cov}(x_2x_3,x_2x_3) & 0 \\
0 & 0 & 0 & 0 & 0 & 0 & \operatorname{cov}(x_1x_2x_3,x_1x_2x_3)
\end{pmatrix}$$

$$C=\begin{pmatrix}
\frac{1}{2^3}\sum_{e=1}^{2^3}b_1^2 & 0 & 0 & 0 & 0 & 0 & 0\\
0 & \frac{1}{2^3}\sum_{e=1}^{2^3}b_2^2 & 0 & 0 & 0 & 0 & 0\\
0 & 0 & \frac{1}{2^3}\sum_{e=1}^{2^3}b_3^2 & 0 & 0 & 0 & 0\\
0 & 0 & 0 & \frac{1}{2^3}\sum_{e=1}^{2^3}b_1^2b_2^2 & 0 & 0 & 0\\
0 & 0 & 0 & 0 & \frac{1}{2^3}\sum_{e=1}^{2^3}b_1^2b_3^2 & 0 & 0\\
0 & 0 & 0 & 0 & 0 & \frac{1}{2^3}\sum_{e=1}^{2^3}b_2^2b_3^2 & 0\\
0 & 0 & 0 & 0 & 0 & 0 & \frac{1}{2^3}\sum_{e=1}^{2^3}b_1^2b_2^2b_3^2
\end{pmatrix}$$

damit kann die Informationsmatrix von (2-19) in der Form

$$\left(\mathbf{F}^{\mathrm{T}}\mathbf{F}\right)=2^3\mathbf{C}=2^3\begin{pmatrix}
b_1^2 & 0 & 0 & 0 & 0 & 0 & 0\\
0 & b_2^2 & 0 & 0 & 0 & 0 & 0\\
0 & 0 & b_3^2 & 0 & 0 & 0 & 0\\
0 & 0 & 0 & b_1^2b_2^2 & 0 & 0 & 0\\
0 & 0 & 0 & 0 & b_1^2b_3^2 & 0 & 0\\
0 & 0 & 0 & 0 & 0 & b_2^2b_3^2 & 0\\
0 & 0 & 0 & 0 & 0 & 0 & b_1^2b_2^2b_3^2
\end{pmatrix} \qquad (2\text{-}21)$$

dargestellt werden.

2.1.5 Wechselwirkungsglieder

Es ist möglich, formal den Regressionsansatz (2-18) um die „Wechselwirkungsglieder“

$$a_{i_1i_2}\sum_{\substack{i_1,i_2=1\\ i_1<i_2}}^{m}x_{i_1}x_{i_2}\,;\quad a_{i_1i_2i_3}\sum_{\substack{i_1,i_2,i_3=1\\ i_1<i_2\\ i_2<i_3}}^{m}x_{i_1}x_{i_2}x_{i_3}\,;\quad \ldots\quad ;\quad a_{k_1k_2\cdots k_m}\,x_{k_1}x_{k_2}\cdots x_{k_m}$$

zu erweitern.

$$\eta(x_1,x_2,\cdots,x_m)=a_0+a_1x_1+a_2x_2+\ldots+a_mx_m+a_{i_1i_2}\sum_{\substack{i_1,i_2=1\\ i_1<i_2}}^{m}x_{i_1}x_{i_2}+a_{i_1i_2i_3}\sum_{\substack{i_1,i_2,i_3=1\\ i_1<i_2\\ i_2<i_3}}^{m}x_{i_1}x_{i_2}x_{i_3}+\cdots+x_{k_1}x_{k_2}\cdots x_{k_m}$$

Auch für diesen Regressionsansatz verschwinden unter der Bedingung

$$x_i \in \{-b_i; b_i\} \qquad i = 1, 2, \cdots, m$$

alle Kovarianzen der Wechselwirkungsglieder. Die Informationsmatrix $(\mathbf{F}^T\mathbf{F})$ lässt sich analog (2-19) darstellen.

Beispiel:

Es ist möglich, wegen beispielsweise

$$\bar{f}_{1,2,3} = \bar{x}_1\bar{x}_2\bar{x}_3 = \frac{1}{2^3} \sum_{b_1b_2b_3>0}^{2^{3-1}} b_1b_2b_3 - \sum_{b_ib_jb_l<0}^{2^{3-1}} b_1b_2b_3 = 0,$$

die Zahl $b_1b_2b_3$ durch eine beliebige Zahl b_4 zu ersetzen. Damit bleibt die Bedingung

$$\bar{f}_4 = \bar{x}_4 = \frac{1}{2^3} \sum_{b_4>0}^{2^{3-1}} b_4 - \sum_{b_4<0}^{2^{3-1}} b_4 = 0$$

erfüllt und das Intervall $\{-b_4; b_4\}$ kann einer neuen Variablen x_4 zu geordnet werden. Natürlich lässt sich das in gleicher Weise auch für alle Wechselwirkungsglieder $\sum_{\substack{i_1,i_2=1\\ i_1<i_2}}^{3} x_{i_1}x_{i_2}$ weiterführen, so dass – wenn alle Wechselwirkungsglieder – durch neue Variablen ersetzt wurden und mit lediglich $k = 2^{7-4} = 8$ Versuchen, sieben Variablen geschätzt werden können. (Siehe auch Kapitel 2.3)

Definition 4

Versuchspläne der Form 2^{m-k} werden als Teilfaktorpläne bezeichnet.

Definition 5

Die Versuchspunkte sind symmetrisch zum Nullpunkt und normiert $x_i \in \{-1;1\}$ $i = 1, 2, \cdots, m$.

Diese Versuchspläne werden als vollständige Faktorpläne bezeichnet. Bei diesen vollständigen Faktorplänen ist die Versuchsanzahl $k = 2^m$.

Aus (2-18) und Kapitel 2.1.4 folgt wegen $b_i \equiv 1$

$$(\mathbf{F}^T\mathbf{F}) = 2^m\mathbf{C} = 2^m\mathbf{E} \qquad \text{(2-22)}$$

Definition 6

Diese Eigenschaft (2-22) wird bei vollständigen Faktorplänen als *orthogonal* bezeichnet.

Aus (2-22) und (1-5) leiten sich dann die einfachen Vorschriften zur Berechnung der Koeffizienten des zu schätzenden Parametervektors **a** ab.

$$a_i = \frac{1}{2^m}\sum_{j=1}^{2^m} x_{i,j} y_{i,j}$$
$$a_0 = \frac{1}{2^m}\sum_{j=1}^{2^m} y_j = \overline{y} \qquad (2\text{-}23)$$

Für die Varianz der Wirkungsfläche gilt entsprechend (1-10) mit $\mathbf{f}(\underline{\mathbf{x}}) = (1, x_1, ..., x_m) = \underline{\mathbf{x}}$

$$D^2\hat{\mathbf{Y}}(\underline{\mathbf{x}}) = \frac{1}{2^m}\sigma^2 \underline{\mathbf{x}}^{\mathrm{T}}\mathbf{E}\underline{\mathbf{x}} = \frac{\sigma^2}{2^m}(1 + \sum_{j=1}^{m} x_j^2) \qquad (2\text{-}24)$$

Definition 7

Die Eigenschaft (2-24) wird bei vollständigen Faktorplänen als drehbar bezeichnet. Das heißt, die Varianz der Schätzung ist wegen $\sum_{j=1}^{m} x_j^2 = r^2$ ist auf der Kugeloberfläche mit dem Radius $r = konst$.

Entsprechend des Äquivalenzsatzes von Kiefer und Wolfowitz [1],[2] erfüllen vollständige Faktorpläne auch das Kriterium der D- und G-Optimalität

$$\det(\mathbf{F}^{*T}\mathbf{F}^{*})^{-1} \leq \min_{\mathbf{V}_k \in \mathbf{V}} \det(\mathbf{F}^{\mathrm{T}}\mathbf{F})^{-1} = \frac{1}{2^m}$$

Für das Kriterium der A-Optimalität gilt entsprechend

$$Spur(\mathbf{F}^{*T}\mathbf{F}^{*})^{-1} \leq \min_{\mathbf{V}_k \in \mathbf{V}} Spur(\mathbf{F}^{\mathrm{T}}\mathbf{F})^{-1} = \frac{m+1}{2^m}$$

2.1.6 Affine Abbildung der Versuchspunkte

Allgemeine vollständige Faktorpläne, deren Versuchsbereich jeweils aus 2 Niveaus besteht $\mathbf{V} = \{x_j \mid x_j \in \{A_j, E_j\};\ j = 1,2,...,m\}$ und dessen Niveaus nicht symmetrisch zum Nullpunkt sind, haben wegen Satz 1 keine empirische Kovarianz. Dort ist **M** jedoch nicht mit der Nullmatrix identisch. In [1][2] wird gezeigt, dass Versuchspläne aus dem normierten Versuchsbereich $\mathbf{V}^{(n)} = \{x_j \mid x_j \in \{-1,+1\};\ j = 1,2,...,m\}$ für den Ansatz $g(\underline{x}) = a_0 + a_1 f_1(\underline{x}) + ... + a_n f_n(\underline{x})$ affin invariant zu Plänen mit dem Versuchsbereich $\mathbf{V} = \{x_j \mid x_j \in \{A_j, E_j\};\ j = 1,2,...,m\}$ für den Ansatz $\tilde{g}(\tilde{\underline{x}}) = \tilde{a}_0 + \tilde{a}_1 f_1(\tilde{\underline{x}}) + ... + \tilde{a}_n f_n(\tilde{\underline{x}})$ bezüglich der affinen Abbildung $\tilde{x} = \eta(x)$ G- und auch D-optimal sind. Mit der affinen Abbildung

$$\tilde{x}_i = \eta(x) = \frac{2x_i - (A_i + E_i)}{E_i - A_i} \qquad (2\text{-}25)$$

wird $\{x_j = A_j; x_j = E_j\} \in \mathbf{V}$ auf $\{\tilde{x}_j = -1; \tilde{x}_j = +1\} \in \tilde{\mathbf{V}}$ abgebildet.

Definition 8

Der mit der affinen Abbildung (2-25) transformierte Versuchsbereich (Versuchsplan) $\tilde{\mathbf{V}}$ wird als normierter Versuchsbereich (Versuchsplan) bezeichnet.

Um die Eigenschaften der vollständige Faktorpläne aus $\tilde{\mathbf{V}}$ auch auf den Versuchsbereich $\mathbf{V}$ anwenden zu können, muss die Informationsmatrix entsprechend der obigen Transformation orthogonalisiert (2-25) werden.

Folgerung:

Die Orthogonalität der vollständige Faktorpläne in $\tilde{\mathbf{V}}$ ist ein Spezialfall des Verschwindens der empirischen Kovarianz der Versuchspunkte außerhalb der Hauptdiagonalelemente $\mathbf{C}$ in dem $\mathbf{M}$ identisch mit der Nullmatrix ist.

Es wird Versuchsplan $\mathbf{V} = \left\{ x_j \mid x_j \in \left\{ A_j, E_j \right\};\ j = 1,2,...,m \right\}$ betrachtet. Der Versuchsplan soll die Eigenschaft haben, dass die Kovarianzen aller Einflussgrößen verschwinden. Vollständige Faktorpläne mit $k = 2^m$ Versuchen erfüllen beispielsweise diese Bedingung (Satz 1). Die Größe k beschreibt die Anzahl der Versuchspunkte. Die Komponenten x_i der Versuchspunkte $\mathbf{x}_j$ sind durch zwei Niveaus $x_i \in \left\{ A_i; E_i \right\}$ i = 1,2,...,m erklärt. Mit Hilfe der Transformation (2-25)

$$\tilde{x}_i = \frac{2x_i - \left(A_i + E_i \right)}{E_i - A_i}$$

werden alle Niveaus der Einflussgrößen auf das Niveau $\tilde{\mathbf{x}}_i \in \left\{ -1; +1 \right\}$ transformiert. Der so transformierte Versuchsplan wird mit $\tilde{\mathbf{V}} = \left\{ \tilde{x}_j \mid \tilde{x}_j \in \left\{ -1, +1 \right\};\ j = 1,2,...,m \right\}$ bezeichnet. Diese Normierung der Niveaus verschleiern zwar die tatsächlichen Niveaus; bringen jedoch erhebliche Vereinfachungen bei der Berechnung der Regressionskoeffizienten. Die transformierten Faktorpläne sind orthogonal und es ist:

$$\left(\tilde{\mathbf{V}}^T \tilde{\mathbf{V}} \right) = \left(\tilde{\mathbf{F}}^T \tilde{\mathbf{F}} \right) = k\mathbf{E} \tag{2-26}$$

Beispiel:

Es werden 2 Variablen variiert. Diese Variation entspricht dem Regressionsansatz:

$$y = a_0 + a_1 x_1 + a_2 x_2$$

$$x_1 \in \left\{ A_1; E_1 \right\} = \left\{ -2; 5 \right\}$$

$$x_2 \in \left\{ A_2; E_2 \right\} = \left\{ 12; 25 \right\}$$

Der Versuchsplan, für alle möglichen Versuchskombinationen lautet dann:

$$\mathbf{V}_4 = \begin{pmatrix} x_1 & x_2 \\ A_1 & A_2 \\ E_1 & A_2 \\ A_1 & E_2 \\ E_1 & E_2 \end{pmatrix} = \begin{pmatrix} x_1 & x_2 \\ -2,5 & 12 \\ 5 & 12 \\ -2,5 & 25 \\ 5 & 25 \end{pmatrix}$$

Die Transformation mit $\tilde{x}_i = \dfrac{2x_i - (A_i + E_i)}{E_i - A_i}$ liefert $\tilde{\mathbf{V}}_4 = \begin{pmatrix} \tilde{x}_1 & \tilde{x}_2 \\ -1 & -1 \\ +1 & -1 \\ -1 & +1 \\ +1 & +1 \end{pmatrix}$

damit ist $\left(\tilde{\mathbf{V}}_4^T \tilde{\mathbf{V}}_4\right) = \left(\tilde{\mathbf{F}}^T \tilde{\mathbf{F}}\right) = 4\mathbf{E} = 4\begin{pmatrix} 1 & 0 \\ 0 & 1 \end{pmatrix}$

Die Matrix $\left(\mathbf{F}^T \mathbf{F}\right)$ beschreibt die Informationsmatrix für den linearen Regressionsansatz

$$g(\tilde{\mathbf{x}}) = \alpha_0 + \sum_{i=1}^{m} \alpha_i \tilde{x}_i \text{ mit } \tilde{x}_i \in \{-1;+1\}.$$

Der Parametervektor $\underline{\boldsymbol{\alpha}} = (\mathbf{F}^T\mathbf{F})^{-1}\mathbf{F}^T\mathbf{y} = \dfrac{1}{k}\mathbf{E}\mathbf{F}^T\mathbf{y}$ wird für solche orthogonalen Regressionsprobleme durch

$$\alpha_i = \frac{1}{k}\sum_{j=1}^{k} y_j \tilde{x}_{i,j} \qquad \text{i} = 1,2,\ldots,\text{m} \text{ und } \alpha_0 = \frac{1}{k}\sum_{j=1}^{k} y_j = \overline{y} \tag{2-27}$$

berechnet. Die Funktion $g(\tilde{\mathbf{x}}) = \alpha_0 + \alpha_1\tilde{x}_1 + \alpha_2\tilde{x}_2 + \ldots + \alpha_m\tilde{x}_m$ beschreibt die Ergebnisse für $\tilde{x}_i \in \{-1;+1\}$.

Um Werte aus dem untransformierten Bereich zu berechnen, müssen die Werte $\tilde{x}_i$ entsprechend der Transformation $\tilde{x}_i = \dfrac{2x_i - (A_i + E_i)}{E_i - A_i}$ bestimmt werden.

Der Parameter α_0 beschreibt den Funktionswert im Mittelpunkt des transformierten Versuchsbereiches $(0,0,\cdots,0)$ und ist identisch mit dem Funktionswert im Mittelpunkt des original Raumes $\mathbf{x}_0 = \left(\dfrac{A_1 + E_1}{2}, \dfrac{A_2 + E_2}{2}, \cdots, \dfrac{A_m + E_m}{2}\right)^T$. Da

$$g(\mathbf{x}_0) = \alpha_0 + \sum_{i=1}^{m} \alpha_i \left(\frac{2x_i - (A_i + E_i)}{E_i - A_i}\right) = \alpha_0 + \sum_{i=1}^{m} \alpha_i \left(\frac{2\dfrac{A_i + E_i}{2} - (A_i + E_i)}{E_i - A_i}\right) = \alpha_0 = \overline{y}$$

bleibt der Parameter α_0 unverändert. Damit können die Werte aus dem originalen Versuchsbereich $x_i \in \{A_i; E_i\}$ durch

$$g(\mathbf{x}) = \alpha_0 + \sum_{i=1}^{m} \alpha_i \left(\frac{2x_i - (A_i + E_i)}{E_i - A_i}\right) \tag{2-28}$$

berechnet werden.

Der im obigen Beispiel angegeben Versuchsplan ist realisiert. Die folgenden Ergebnisse wurden erzielt:

$$\begin{pmatrix} x_1 & x_2 \\ -2{,}5 & 12 \\ 5 & 12 \\ -2{,}5 & 25 \\ 5 & 25 \end{pmatrix} \Rightarrow \begin{pmatrix} y \\ 3{,}5 \\ 0{,}25 \\ 8 \\ 5{,}5 \end{pmatrix} \text{ transformiert } \begin{pmatrix} \tilde{x}_1 & \tilde{x}_2 \\ -1 & -1 \\ +1 & -1 \\ -1 & +1 \\ +1 & +1 \end{pmatrix} \Rightarrow \begin{pmatrix} y \\ 3{,}5 \\ 0{,}25 \\ 8 \\ 5{,}5 \end{pmatrix} \text{ damit ist}$$

$$\alpha_0 = \overline{y} = 4{,}3125$$

$$\alpha_1 = \frac{1}{4}\left(1 \cdot 0{,}25 + 1 \cdot 5{,}5 - 1 \cdot 3{,}5 - 1 \cdot 8\right) = -1{,}4375$$

$$\alpha_2 = \frac{1}{4}\left(1 \cdot 8 + 1 \cdot 5{,}5 - 1 \cdot 3{,}5 - 1 \cdot 0{,}25\right) = 2{,}4375$$

also $g(\tilde{\mathbf{x}}) = 4{,}3125 - 1{,}4375\tilde{x}_1 + 2{,}4375\tilde{x}_2$

Es soll der Wert im Punkt $x_1 = 2$ und $x_2 = 11$ berechnet werden. Entsprechend (2-28) ist:

$$g(\mathbf{x}) = \alpha_0 + \sum_{i=1}^{m} \alpha_i \left(\frac{2x_i - (A_i + E_i)}{E_i - A_i} \right)$$

$$g(2{,}11) = 4{,}3125 - 1{,}4375 \cdot \left(\frac{2 \cdot 2 - (-2{,}5 + 5)}{5 - (-2{,}5)} \right) + 2{,}4375 \cdot \left(\frac{2 \cdot 11 - (12 + 25)}{25 - 12} \right) = 1{,}2125$$

Diese Berechnungsvorschrift ist etwas umständlich. Durch Transformation wurde die ursprüngliche Regressionsaufgabe (2-18)

$$f(\mathbf{x}) = a_0 + a_1 x_1 + a_2 x_2 + \ldots + a_m x_m = a_0 + \sum_{i=1}^{m} a_i x_i$$

durch die Regression (2-28)

$$g(\mathbf{x}) = \alpha_0 + \sum_{i=1}^{m} \alpha_i \left(\frac{2x_i - (A_i + E_i)}{E_i - A_i} \right)$$

beschrieben. Um die Parameter für (2-18) anzugeben, werden (2-18) und (2-28) partiell nach x_i differenziert. Durch Koeffizientenvergleich ist

$$a_i = \frac{2\alpha_i}{E_i - A_i} \tag{2-29}$$

Im Mittelpunkt der Versuche $\mathbf{x}_0 = \left(\frac{A_1 + E_1}{2}, \frac{A_2 + E_2}{2}, \cdots, \frac{A_m + E_m}{2} \right)^T$ gilt:

$$g(\mathbf{x}_0) = \alpha_0 = \overline{y} = f(\mathbf{x}_0) = a_0 + \sum_{i=1}^{m} \frac{2\alpha_i}{E_i - A_i} \cdot \frac{A_i + E_i}{2}$$

also

$$a_0 = \overline{y} - \sum_{i=1}^{m} \alpha_i \frac{A_i + E_i}{E_i - A_i} \tag{2-30}$$

Für das oben angegebene Beispiel ist:

$$a_1 = \frac{2 \cdot 2{,}4375}{5-(-2{,}5)} = 0{,}65 \text{ und } a_2 = \frac{2 \cdot (-1{,}4375)}{25-12} = -0{,}2212$$

Entsprechend (2-30) ist

$$a_0 = 4{,}3125 - 2{,}4375 \cdot \frac{-2{,}5+5}{5-(-2{,}5)} - (-1{,}4375)\frac{12+25}{25-12} = 7{,}5913$$

Damit lautet die gesuchte Regressionsgleichung für dieses Beispiel:

$$f(x_1;x_2) = 7{,}5913 + 0{,}65x_1 - 0{,}2212x_2$$

2.1.7 Der Effekt

Die Koeffizienten α_i haben unterschiedlichen Einfluss an der geschätzten Wirkungsfläche $g(\tilde{\mathbf{x}}) = \alpha_0 + \sum_{i=1}^{n} \alpha_i \tilde{x}_i$. Um das zu quantifizieren, wird die Differenz des Wertes der Funktion $g(\tilde{\mathbf{x}})$ in den Punkten $\tilde{x}_i = +1$ und $\tilde{x}_i = -1$ betrachtet.

$$\begin{aligned} g(+1,+1,...,+1) - g(-1,-1,...,-1) &= \alpha_1(+1) - \alpha_1(-1) + \alpha_2(+1) \\ &\quad -\alpha_2(-1) + ... + \alpha_m(+1) - \alpha_m(-1) \\ &= 2\alpha_1 + 2\alpha_2 + ... + 2\alpha_m \end{aligned}$$

Die Wirkung einer Einflussgröße $\tilde{x}_i$ wird als *Effekt* α_i bezeichnet. Nun ist:

$$\begin{aligned} \alpha_i &= \frac{1}{k}\sum_{j=1}^{k} \tilde{x}_{i,j} y_j \\ &= \left\{ \frac{1}{k} \sum_{j\varepsilon\{1,2,...,n\}}^{\frac{k}{2}} (+1)\cdot y_j \big| \tilde{x}_{i,j} = +1 \quad + \frac{1}{k} \sum_{j\varepsilon\{1,2,...,n\}}^{\frac{k}{2}} (-1)\cdot y_j \big| \tilde{x}_{i,j} = -1 \right\} \\ &= \frac{1}{2}\left(\frac{2}{k} \sum_{\{\tilde{x}_{i,j}=+1\}}^{\frac{k}{2}} y_j(E_i) - \frac{2}{k} \sum_{\{\tilde{x}_{i,j}=-1\}}^{\frac{k}{2}} y_j(A_i) \right) \quad j \in \{1,2,...,k\} \\ 2\alpha_i &= \overline{y}_i(E_i) - \overline{y}_i(A_i) \end{aligned} \tag{2-31}$$

Die Berechnungsvorschrift (2-31) wird auch als *Yates* Algorithmus bezeichnet.

Von Interesse ist die Frage nach der Abhängigkeit der Varianz der geschätzten Wirkungsfläche (1-29) von der empirischen Kovarianz **C** der Versuchspunkte (2-10).

$$D^2\hat{\mathbf{Y}}(\underline{\mathbf{x}}) = \frac{\sigma^2}{k} f^T(\underline{x})(k\mathbf{C} + k\mathbf{M})^{-1} f(\underline{x})$$

Die Funktion $\eta(x_1, x_2, \cdots x_m) = a_0 + a_1x_1 + a_2x_2 + \ldots + a_mx_m = a_0 + \mathbf{af}$ (2-18) beschreibt die Ergebnisse für $x_i \in \{A_i; E_i\}$. Aus Kapitel 2.1.4 und Kapitel 2.1.5 folgt für den Regressionsansatz für $\tilde{x}_i \in \{-1; +1\}$

$$\eta(\tilde{x}_1, \tilde{x}_2, \cdots \tilde{x}_m) = a_0 + a_1\tilde{x}_1 + a_2\tilde{x}_2 + \ldots + a_m\tilde{x}_m$$

dass **M** mit der Nullmatrix identisch ist. Die Varianz der Versuchspunkte wird dann minimal, wenn – entsprechend Satz 1 – alle möglichen Versuchspunkte genau einmal realisiert sind. Das trifft auf alle Faktorpläne zu, da entsprechend der Transformation (2-25) alle vollständigen Faktorpläne zu $\tilde{x}_i \in \{-1; +1\} \quad i = 1, 2, \cdots, m$ normiert werden können. Damit gilt für alle Faktorpläne:

$$D^2\hat{\mathbf{Y}}(\underline{\mathbf{x}}) = \frac{\sigma^2}{2^m} f^T(\underline{\tilde{x}})\left(\mathbf{F}^T\mathbf{F}\right)^{-1} f(\underline{\tilde{x}})$$

$$= \frac{\sigma^2}{2^m} f^T(\underline{\tilde{x}})(\mathbf{E})^{-1} f(\underline{\tilde{x}}) = \frac{\sigma^2}{2^m}\left(1 + \sum_{i=1}^{m} \tilde{x}_i^2\right) = \frac{\sigma^2}{2^m}(1 + m)$$

Werden approximative Regressionsansätze wie beispielsweise (1-59)

$$\eta(x_1, x_2, \ldots, x_m) = a_0x_0 + \sum_{j=1}^{m} a_jx_j + \sum_{j=1}^{m} a_{j,j}x_j^2 + \sum_{j=1, i=1,\, j<i}^{\binom{m}{2}} a_{i,j}x_ix_j + \cdots + R(x_1, x_2, \ldots, x_m)$$

verwendet, dann ist mit Sicherheit die Matrix **M** – wegen $\sum_{j=1}^{m} a_{j,j}x_j^2$ – nicht mit der Nullmatrix identisch. Die Kovarianz (Korrelation) der Versuchspunkte ist also nicht mehr nur entscheidend für die Minimierung der Varianz $D^2\hat{\mathbf{Y}}(\underline{\mathbf{x}})$.

2.2 Vollständiger Faktorpläne

Im letzten Beispiel werden 2 Variablen für den Regressionsansatz $y = a_0 + a_1x_1 + a_2x_2$ variiert.

$$x_1 \in \{A_1; E_1\} = \{-2; 5\}$$

$$x_2 \in \{A_2; E_2\} = \{12; 25\}$$

Der Versuchsplan, für alle möglichen Versuchskombinationen ist:

$$\mathbf{V}_4 = \begin{pmatrix} x_1 & x_2 \\ A_1 & A_2 \\ E_1 & A_2 \\ A_1 & E_2 \\ E_1 & E_2 \end{pmatrix} = \begin{pmatrix} x_1 & x_2 \\ -2{,}5 & 12 \\ 5 & 12 \\ -2{,}5 & 25 \\ 5 & 25 \end{pmatrix}$$

Angenommen, die Interpretation der Regressionsergebnisse für das obige Beispiel ist unzureichend. Es hat sich herausgestellt, dass für die Beschreibung des Prozesses eine wichtige Einflussgröße x_3 nicht beachtet wurde. Die Einflussgröße x_3 soll deshalb zusätzlich in den Punkten

$$x_3 \in \{A_3; E_3\} = \{1; 7\}$$

variiert werden. Der untersuchte Zusammenhang soll nun durch die die Regressionsfunktion

$$y = a_0 + a_1x_1 + a_2x_2 + a_3x_3$$

beschrieben werden.

Der dazu notwendige Versuchsplan – vollständige Faktorplan – ist einfach zu ermitteln. Der Versuchsplan $\mathbf{V}_4$

$$\mathbf{V}_4 = \begin{pmatrix} x_1 & x_2 \\ A_1 & A_2 \\ E_1 & A_2 \\ A_1 & E_2 \\ E_1 & E_2 \end{pmatrix} = \begin{pmatrix} x_1 & x_2 \\ -2{,}5 & 12 \\ 5 & 12 \\ -2{,}5 & 25 \\ 5 & 25 \end{pmatrix}$$

wird einmal für die untere Grenze und einmal für die obere Grenze von x_3 realisiert.

$$\mathbf{V}_8 = \begin{pmatrix} \begin{bmatrix} x_1 & x_2 \\ A_1 & A_2 \\ E_1 & A_2 \\ A_1 & E_2 \\ E_1 & E_2 \end{bmatrix} & \begin{matrix} x_3 \\ A_3 \\ A_3 \\ A_3 \\ A_3 \end{matrix} \\ \begin{bmatrix} A_1 & A_2 \\ E_1 & A_2 \\ A_1 & E_2 \\ E_1 & E_2 \end{bmatrix} & \begin{matrix} E_3 \\ E_3 \\ E_3 \\ E_3 \end{matrix} \end{pmatrix} = \begin{pmatrix} \begin{bmatrix} x_1 & x_2 \\ -2{,}5 & 12 \\ 5 & 12 \\ -2{,}5 & 25 \\ 5 & 25 \end{bmatrix} & \begin{matrix} x_3 \\ 1 \\ 1 \\ 1 \\ 1 \end{matrix} \\ \begin{bmatrix} -2{,}5 & 12 \\ 5 & 12 \\ -2{,}5 & 25 \\ 5 & 25 \end{bmatrix} & \begin{matrix} 7 \\ 7 \\ 7 \\ 7 \end{matrix} \end{pmatrix} \qquad (2\text{-}32)$$

Nach dieser Methode können die vollständigen Faktorpläne einfach konstruiert werden. Müssen beispielsweise 4 Einflussgrößen variiert werden, dann muss der Versuchsplan $\mathbf{V}_8$

jeweils einmal für die untere Grenze und einmal für die obere Grenze der Einflussgröße x_4 realisiert werden. Der vollständige Faktorplan für 4 Einflussgrößen

$$\begin{aligned} x_1 &\in \{A_1;E_1\} &&= \{-2;5\} \\ x_2 &\in \{A_2;E_2\} &&= \{12;25\} \\ x_3 &\in \{A_3;E_3\} &&= \{1;7\} \\ x_4 &\in \{A_3;E_3\} &&= \{-5;3\} \end{aligned}$$

lautet dann:

$$\mathbf{V}_{16} = \begin{pmatrix} x_1 & x_2 & x_3 & x_4 \\ -2,5 & 12 & 1 & -5 \\ 5 & 12 & 1 & -5 \\ -2,5 & 25 & 1 & -5 \\ 5 & 25 & 1 & -5 \\ -2,5 & 12 & 7 & -5 \\ 5 & 12 & 7 & -5 \\ -2,5 & 25 & 7 & -5 \\ 5 & 25 & 7 & -5 \\ -2,5 & 12 & 1 & 3 \\ 5 & 12 & 1 & 3 \\ -2,5 & 25 & 1 & 3 \\ 5 & 25 & 1 & 3 \\ -2,5 & 12 & 7 & 3 \\ 5 & 12 & 7 & 3 \\ -2,5 & 25 & 7 & 3 \\ 5 & 25 & 7 & 3 \end{pmatrix} \qquad (2\text{-}33)$$

Bei vollständigen Faktorplänen wächst die Versuchsanzahl k mit der zweier Potenz der Einflussgrößen $k = 2^m$.

Tab. 2-7: Vollständige Faktorpläne – Entwicklung der Versuchsanzahl.

Einflussgrößen	Versuchsanzahl
2	22=4
3	23=8
4	24=16
5	25=32

Entsprechend der Transformation (2-25)

$$\tilde{x}_j = \frac{2x_i - (A_i + E_i)}{E_j - A_j} \qquad (2\text{-}25)$$

werden die Versuchspunkte in den Bereich $\tilde{x}_j \in [-1;+1]$ transformiert und die G- und D-Optimalitätseigenschaften werden nicht verändert. So hat der normierte Versuchsplan für beispielsweise 3 Einflussgrößen die folgende Gestalt:

$$\tilde{\mathbf{V}}_8 = \begin{pmatrix} \tilde{x}_1 & \tilde{x}_2 & \tilde{x}_3 \\ -1 & -1 & -1 \\ +1 & -1 & -1 \\ -1 & +1 & -1 \\ +1 & +1 & -1 \\ -1 & -1 & +1 \\ +1 & -1 & +1 \\ -1 & +1 & +1 \\ +1 & +1 & +1 \end{pmatrix} \tag{2-34}$$

Dieser Versuchsplan beschreibt die Regressionsfunktion $y = a_0 + a_1\tilde{x}_1 + a_2\tilde{x}_2 + a_3\tilde{x}_3$

In diesem Fall ist der Versuchsplan $\mathbf{V}_8$ identisch mit der Informationsmatrix $\mathbf{F}$. Es soll die Informationsmatrix $\mathbf{F}$ für den Regressionsansatz

$$y = a_0 + a_1\tilde{x}_1 + a_2\tilde{x}_2 + a_3\tilde{x}_3 + a_4\tilde{x}_1\tilde{x}_2 + a_5\tilde{x}_1\tilde{x}_3 + a_6\tilde{x}_2\tilde{x}_3 + a_7\tilde{x}_1\tilde{x}_2\tilde{x}_3 \tag{2-35}$$

betrachtet werden. Die multiplikativen Terme von Einflussgrößen im Regressionsansatz – beispielsweise $\tilde{x}_1\tilde{x}_3$ – werden oft auch als Wechselwirkungsglieder bezeichnet. Entsprechend der Multiplikationen lautet die Informationsmatrix $\mathbf{F}$ für diesen Regressionsansatz:

$$\mathbf{F} = \begin{pmatrix} \tilde{x}_1 & \tilde{x}_2 & \tilde{x}_3 & \tilde{x}_1\tilde{x}_2 & \tilde{x}_1\tilde{x}_3 & \tilde{x}_2\tilde{x}_3 & \tilde{x}_1\tilde{x}_2\tilde{x}_3 \\ -1 & -1 & -1 & +1 & +1 & +1 & -1 \\ +1 & -1 & -1 & -1 & +1 & -1 & +1 \\ -1 & +1 & -1 & -1 & -1 & +1 & +1 \\ +1 & +1 & -1 & +1 & -1 & -1 & -1 \\ -1 & -1 & +1 & +1 & -1 & -1 & +1 \\ +1 & -1 & +1 & -1 & -1 & +1 & -1 \\ -1 & +1 & +1 & -1 & +1 & -1 & -1 \\ +1 & +1 & +1 & +1 & +1 & +1 & +1 \end{pmatrix} \tag{2-36}$$

Wie in Kapitel 2.1 allgemein gezeigt wurde, verschwinden auch die Kovarianzen der Wechselwirkungsglieder und es ist $\left(\mathbf{F}^T\mathbf{F}\right)^{-1} = \frac{1}{n}\mathbf{E}$. Daher können die Regressionskoeffizienten der Wechselwirkungsterme entsprechend (2-27)

$$\alpha_i = \frac{1}{k}\sum_{j=1}^{k} y_j \ddot{x}_j \qquad i = 1,2,...,k-1$$

wobei $\ddot{x} \in \{\tilde{x}_1;\tilde{x}_2;\tilde{x}_2;...;\tilde{x}_1\tilde{x}_2;\tilde{x}_1\tilde{x}_3;\tilde{x}_2\tilde{x}_3;...;\tilde{x}_1\tilde{x}_2\tilde{x}_3;...\}$ berechnet werden.

Der Versuchsplan (2-32) wurde realisiert und der Ergebnisvektor $\underline{\mathbf{y}}$ ermittelt:

$$\underline{\mathbf{y}} = \begin{pmatrix} 12 \\ 17{,}5 \\ 3 \\ 22 \\ 32 \\ 9 \\ 4 \\ 18 \end{pmatrix}$$

Beispielsweise wird der Koeffizient a_5 für das Wechselwirkungsglied $\tilde{x}_1\tilde{x}_3$ nach (2-23) errechnet

$$\alpha_5 = \frac{1}{8}(+1\cdot 12 + 1\cdot 17{,}5 - 1\cdot 3 - 1\cdot 22 - 1\cdot 32 - 1\cdot 9 + 1\cdot 4 + 1\cdot 18) = -1{,}8125$$

Wenn alle Regressionsparameter ermittelt wurden, können entsprechend (2-28)

$$g(\mathbf{x}) = \alpha_0 + \sum_{i=1}^{m} \alpha_i \left(\frac{2x_i - (A_i + E_i)}{E_i - A_i} \right)$$

die Werte aus dem originalen Versuchsbereich $x_i \in \{A_i; E_i\}$ berechnet werden. Der Parameter α_0 wird entsprechend (2-27) ermittelt. Da für den Regressionsansatz (19-25) $\mu_i = 0$ gilt, ist

$$\alpha_0 = \overline{\mathbf{y}}$$

2.3 Teilfaktorpläne

Betrachtet man

$$\mathbf{F} = \begin{pmatrix} \tilde{x}_1 & \tilde{x}_2 & \tilde{x}_3 & \tilde{x}_1\tilde{x}_2 & \tilde{x}_1\tilde{x}_3 & \tilde{x}_2\tilde{x}_3 & \tilde{x}_1\tilde{x}_2\tilde{x}_3 \\ -1 & -1 & -1 & +1 & +1 & +1 & -1 \\ +1 & -1 & -1 & -1 & +1 & -1 & +1 \\ -1 & +1 & -1 & -1 & -1 & +1 & +1 \\ +1 & +1 & -1 & +1 & -1 & -1 & -1 \\ -1 & -1 & +1 & +1 & -1 & -1 & +1 \\ +1 & -1 & +1 & -1 & -1 & +1 & -1 \\ -1 & +1 & +1 & -1 & +1 & -1 & -1 \\ +1 & +1 & +1 & +1 & +1 & +1 & +1 \end{pmatrix} \qquad (2\text{-}36)$$

so ist ersichtlich, dass die „Wechselwirkungsglieder" $\tilde{x}_1\tilde{x}_2$, $\tilde{x}_1\tilde{x}_3$, $\tilde{x}_2\tilde{x}_3$ und $\tilde{x}_1\tilde{x}_2\tilde{x}_3$ wieder nur aus −1 und +1 bestehen. Entsprechend der Vereinbarung −1 bedeutet unteres Niveau und +1 oberes Niveau der gewählten Einflussgröße. Entsprechend der Variation der Wechselwirkungsglieder werden zusätzliche Einflussgrößen definiert. Mit dieser Vereinbarung können Versuche gespart werden. Solche Versuchspläne werden als Teilfaktorpläne bezeichnet. In (2-35) können folgende Vereinbarungen getroffen werden:

$$\tilde{x}_1\tilde{x}_2 := \tilde{x}_4$$

$$\tilde{x}_1\tilde{x}_3 := \tilde{x}_5$$

$$\tilde{x}_2\tilde{x}_3 := \tilde{x}_6$$

$$\tilde{x}_1\tilde{x}_2\tilde{x}_3 := \tilde{x}_7$$

also:

$$\mathbf{F} = \begin{pmatrix} \tilde{x}_1 & \tilde{x}_2 & \tilde{x}_3 & \tilde{x}_4 & \tilde{x}_5 & \tilde{x}_6 & \tilde{x}_7 \\ -1 & -1 & -1 & +1 & +1 & +1 & -1 \\ +1 & -1 & -1 & -1 & +1 & -1 & +1 \\ -1 & +1 & -1 & -1 & -1 & +1 & +1 \\ +1 & +1 & -1 & +1 & -1 & -1 & -1 \\ -1 & -1 & +1 & +1 & -1 & -1 & +1 \\ +1 & -1 & +1 & -1 & -1 & +1 & -1 \\ -1 & +1 & +1 & -1 & +1 & -1 & -1 \\ +1 & +1 & +1 & +1 & +1 & +1 & +1 \end{pmatrix}$$

Damit können mit 8 Versuchen maximal 7 Einflussgrößen berechnet werden. Es handelt sich hier um einen 2^{7-4} Teilfaktorplan. Mit diesem Teilfaktorplan werden insgesamt $2^{7-4} - 1 = 7$ Einflussgrößen berücksichtigt, wobei 3 Variable (Haupteffekte) und 4 Variablen, die aus Wechselwirkungsglieder definierten wurden. Mit solch einem $2^{7-4} - 1 = 7$ Versuchsplan können natürlich keine Wechselwirkungen im Regressionsansatz berücksichtigt werden. Teilfaktorpläne werden oft für die Überprüfung von Einflussgrößen verwendet. Je geringer die die Anzahl der Freiheitsgrade $(8 - 7 = 1)$ ist, umso schwieriger kann sich die Interpretation der Ergebnisse solcher „voll ausgeschöpfter" Teilfaktorpläne gestalten. Zusätzliche Versuche (Versuchswiederholungen oder Versuche im Mittelpunkt des Versuchsraumes) sind erforderlich.

Der Teilfaktorplan für den in (2-33) gezeigten vollständigen Faktorplan für die Einflussgrößen:

$$\begin{aligned} &x_1 \in \{A_1; E_1\} && = \{-2; 5\} \\ &x_2 \in \{A_2; E_2\} && = \{12; 25\} \\ &x_3 \in \{A_3; E_3\} && = \{1; 7\} \\ &(\tilde{x}_1\tilde{x}_2) \rightarrow x_4 \in \{A_3; E_3\} && = \{-5; 3\} \end{aligned}$$

hat dann die folgende Gestalt:

$$\mathbf{V}_8=\begin{pmatrix}\tilde{x}_1 & \tilde{x}_2 & \tilde{x}_3 & \tilde{x}_4\\ -1 & -1 & -1 & +1\\ +1 & -1 & -1 & -1\\ -1 & +1 & -1 & -1\\ +1 & +1 & -1 & +1\\ -1 & -1 & +1 & +1\\ +1 & -1 & +1 & -1\\ -1 & +1 & +1 & -1\\ +1 & +1 & +1 & +1\end{pmatrix}=\begin{pmatrix}x_1 & x_2 & x_3 & x_4\\ -2{,}5 & 12 & 1 & 3\\ 5 & 12 & 1 & -5\\ -2{,}5 & 25 & 1 & -5\\ 5 & 25 & 1 & 3\\ -2{,}5 & 12 & 7 & 3\\ 5 & 12 & 7 & -5\\ -2{,}5 & 25 & 7 & -5\\ 5 & 25 & 7 & 3\end{pmatrix} \qquad (2\text{-}37)$$

2.3.1 Vermengungen bei Teilfaktorplänen

Natürlich muss bei der Auswertung der Teilfaktorpläne beachtet werden, dass die – durch Wechselwirkungsglieder definierten neuen Variablen – mit den Ausgangsvariablen vermengt sein können. Das heißt, dass das Regressionsergebnis im Zusammenhang mit der gewählten Vermengung von x_1x_2 stehen kann. Wenn von einem praktischen Zusammenhang bekannt ist, dass beispielsweise die Wechselwirkung x_1x_2 nicht existiert (also der Regressionskoeffizient $\alpha_{12}=0$ ist), dann kann man diese Wechselwirkung als zusätzliche Variable beispielsweise $\tilde{x}_1\tilde{x}_2 := \tilde{x}_4$ verwenden. Betrachtet man den Regressionsansatz

$$\tilde{y}(\tilde{x}_1,\tilde{x}_2,\tilde{x}_3)=\alpha_0+\alpha_1\tilde{x}_1+\alpha_2\tilde{x}_2+\alpha_3\tilde{x}_3+\alpha_{12}\tilde{x}_1\tilde{x}_2$$

Wurde mit $\tilde{x}_1\tilde{x}_2 := \tilde{x}_4$ eine neue Variable definiert und ist die getroffene Voraussetzung $\alpha_{12}=0$ falsch, dann ist der Regressionskoeffizient α_4 der Variablen $\tilde{x}_4$ vermengt mit dem Regressionskoeffizienten α_{12}. Da

$$\tilde{y}(\tilde{x}_1,\tilde{x}_2,\tilde{x}_3)=\alpha_0+\alpha_1\tilde{x}_1+\alpha_2\tilde{x}_2+\alpha_3\tilde{x}_3+\alpha_4\tilde{x}_4+\alpha_{12}\tilde{x}_1\tilde{x}_2$$

Da entsprechend wegen $\tilde{x}_4$ mit $\tilde{x}_1\tilde{x}_2$ zusammenhängt und identische Werte hat,

$$\tilde{y}(\tilde{x}_1,\tilde{x}_2,\tilde{x}_3)=\alpha_0+\alpha_1\tilde{x}_1+\alpha_2\tilde{x}_2+\alpha_3\tilde{x}_3+\left(\alpha_4+\alpha_{12}\right)\tilde{x}_4$$

ist der Regressionskoeffizient a_4 vermengt mit $\left(\alpha_4+\alpha_{12}\right)$.

Um den Zusammenhang der Vermengung allgemeiner einzuschätzen, wird der Generator I definiert. Es ist

$$\tilde{x}_1^2=\tilde{x}_2^2=\tilde{x}_3^2=\tilde{x}_4^2=\tilde{x}_5^2=\tilde{x}_6^2=\tilde{x}_7^2=1$$

Werden bei einem vollständigen Teilfaktorplan alle Variablen multipliziert, so ist für das obige Beispiel:

$$\tilde{x}_4 = \tilde{x}_1 \cdot \tilde{x}_2 \tag{2-38}$$

Wird (2-38) mit x_4 multipliziert, so ist:

$$I = \tilde{x}_4 \cdot \tilde{x}_4 = 1 = \tilde{x}_1 \cdot \tilde{x}_2 \cdot \tilde{x}_4 \tag{2-39}$$

Die Beziehung (2-39) wir als *definierende Beziehung* und die rechte Seite als *Generator des Versuchsplanes* bezeichnet. Die Vermengung von x_1 kann man ablesen, in dem (19-34) mit $\tilde{x}_1$ multipliziert wird. Danach ist:

$$\tilde{x}_1 = \tilde{x}_1 \cdot \tilde{x}_1\tilde{x}_2\tilde{x}_4 = \tilde{x}_2 \cdot \tilde{x}_4$$

also ist der Regressionsparameter a_1 vermengt mit $\alpha_1 + \alpha_{24}$ vermengt. Das Absolutglied a_0 ist unabhängig von den Variablen (in der Informationsmatrix **F** steht für das Absolutglied a_0 immer eine 1). Daher ist a_0 immer vermengt mit der definierenden Beziehung. Im Folgenden werden die Vermengungen entsprechend des Teilfaktorplanes (2-37) aufgelistet.

$\tilde{x}_1 = \tilde{x}_2\tilde{x}_4$	$a_1 \to \alpha_1 + \alpha_{24}$	$\tilde{x}_2 = \tilde{x}_1\tilde{x}_4$	$a_2 \to \alpha_2 + \alpha_{14}$
$\tilde{x}_3 = \tilde{x}_1\tilde{x}_2\tilde{x}_3\tilde{x}_4$	$a_3 \to \alpha_3 + \alpha_{1234}$	$\tilde{x}_4 = \tilde{x}_1\tilde{x}_2$	$a_4 \to \alpha_4 + \alpha_{12}$
$\tilde{x}_1\tilde{x}_2 = \tilde{x}_4$	$a_{12} \to \alpha_{12} + \alpha_4$	$\tilde{x}_1\tilde{x}_3 = \tilde{x}_2\tilde{x}_4$	$a_{13} \to \alpha_{13} + \alpha_{24}$
$\tilde{x}_1\tilde{x}_4 = \tilde{x}_2$	$a_{14} \to \alpha_{14} + \alpha_2$	$\tilde{x}_2\tilde{x}_3 = \tilde{x}_1\tilde{x}_3$	$a_{23} \to \alpha_{23} + \alpha_{13}$
$\tilde{x}_2\tilde{x}_4 = \tilde{x}_1$	$a_{24} \to \alpha_{24} + \alpha_1$	$\tilde{x}_3\tilde{x}_4 = \tilde{x}_1\tilde{x}_3$	$a_{34} \to \alpha_{34} + \alpha_{13}$
$\tilde{x}_1\tilde{x}_2\tilde{x}_3 = \tilde{x}_3\tilde{x}_4$	$a_{123} \to \alpha_{123} + \alpha_{34}$	$\tilde{x}_1\tilde{x}_2\tilde{x}_4 = I$	$a_{124} \to \alpha_{124} + \alpha_0$
$\tilde{x}_1\tilde{x}_3\tilde{x}_4 = \tilde{x}_2\tilde{x}_3$	$a_{134} \to \alpha_{134} + \alpha_{23}$	$\tilde{x}_2\tilde{x}_3\tilde{x}_4 = \tilde{x}_1\tilde{x}_3$	$a_{234} \to \alpha_{234} + \alpha_{13}$
$\tilde{x}_1\tilde{x}_2\tilde{x}_3\tilde{x}_4 = \tilde{x}_3$	$a_{1234} \to \alpha_{1234} + \alpha_3$		$a_0 \to \alpha_0 + \alpha_{124}$

Wenn eine Wechselwirkung – beispielsweise $\tilde{x}_1\tilde{x}_2$ – durch eine neue Variable $\tilde{x}_4$ ersetzt wird, dann kann bei einer Änderung des Regressionsansatzes die Wechselwirkung x_1x_2 natürlich nicht mehr berücksichtigt werden. Es ist also vor der Versuchsplanung einzuschätzen, welche Wechselwirkungen gegebenenfalls bestehen und die vernachlässigbaren Wechselwirkungen für die Festlegung der neuen Variablen zu verwenden. Meist wird angenommen, dass die „dreifache Wechselwirkung“ $x_1x_2x_3$ vernachlässigbar ($\alpha_{123} = 0$) und daher die Variable $\tilde{x}_4 := \tilde{x}_1\tilde{x}_2\tilde{x}_3$ gesetzt wird. Damit können auch die „zweifachen Wechselwirkungen“ im Bedarfsfall mit geschätzt werden. Ein deshalb häufig verwendeter Teilfaktorplan 2^{4-1} Teilfaktorplan ist

$$\mathbf{V}_8 = \begin{pmatrix} \tilde{x}_1 & \tilde{x}_2 & \tilde{x}_3 & \tilde{x}_4 \\ -1 & -1 & -1 & -1 \\ +1 & -1 & -1 & +1 \\ -1 & +1 & -1 & +1 \\ +1 & +1 & -1 & -1 \\ -1 & -1 & +1 & +1 \\ +1 & -1 & +1 & -1 \\ -1 & +1 & +1 & -1 \\ +1 & +1 & +1 & +1 \end{pmatrix} \tag{2-40}$$

Hier wurde die Variable $\tilde{x}_4$ durch $\tilde{x}_1\tilde{x}_2\tilde{x}_3$ ersetzt. Mit diesem Teilfaktorplan können maximal 3 Wechselwirkungsglieder bestimmt werden. Die folgende Darstellung gibt eine Übersicht der Vermengungen für den Teilfaktorplan (2-40). In diesem Teilfaktorplan ist

$$\tilde{x}_4 = \tilde{x}_1\tilde{x}_2\tilde{x}_3$$

Damit lautet die definierende Beziehung:

$$I = 1 = \tilde{x}_4^2 = \tilde{x}_1\tilde{x}_2\tilde{x}_3 \cdot \tilde{x}_4$$

Die Vermengung von beispielsweise $\tilde{x}_1$ erhält man, in dem beide Seiten der definierende Beziehung mit $\tilde{x}_1$ multipliziert werden also:

$$\tilde{x}_1 \cdot I = \tilde{x}_1 \cdot \tilde{x}_1\tilde{x}_2\tilde{x}_3\tilde{x}_4 = \tilde{x}_1 = 1 \cdot \tilde{x}_2\tilde{x}_3\tilde{x}_4$$

Im Folgenden sind die Vermengungen des Teilfaktorplanes (2-40) aufgelistet.

$\tilde{x}_1 = \tilde{x}_2\tilde{x}_3\tilde{x}_4$	$a_1 \rightarrow \alpha_1 + \alpha_{234}$	$\tilde{x}_2 = \tilde{x}_1\tilde{x}_3\tilde{x}_4$	$a_2 \rightarrow \alpha_2 + \alpha_{134}$
$\tilde{x}_3 = \tilde{x}_2\tilde{x}_3\tilde{x}_4$	$a_3 \rightarrow \alpha_3 + \alpha_{234}$	$\tilde{x}_4 = \tilde{x}_1\tilde{x}_2\tilde{x}_3$	$a_4 \rightarrow \alpha_4 + \alpha_{123}$
$\tilde{x}_1\tilde{x}_2 = \tilde{x}_3\tilde{x}_4$	$a_{12} \rightarrow \alpha_{12} + \alpha_{34}$	$\tilde{x}_1\tilde{x}_3 = \tilde{x}_2\tilde{x}_4$	$a_{13} \rightarrow \alpha_{13} + \alpha_{24}$
$\tilde{x}_1\tilde{x}_4 = \tilde{x}_2\tilde{x}_3$	$a_{14} \rightarrow \alpha_{14} + \alpha_{23}$	$\tilde{x}_1\tilde{x}_2\tilde{x}_3 = \tilde{x}_4$	$a_{123} \rightarrow \alpha_{123} + \alpha_4$
$\tilde{x}_1\tilde{x}_2\tilde{x}_4 = \tilde{x}_3$	$a_{124} \rightarrow \alpha_{124} + \alpha_3$	$\tilde{x}_1\tilde{x}_3\tilde{x}_4 = \tilde{x}_2$	$a_{134} \rightarrow \alpha_{134} + \alpha_2$
$\tilde{x}_2\tilde{x}_3\tilde{x}_4 = \tilde{x}_1$	$a_{234} \rightarrow \alpha_{234} + \alpha_1$		$a_0 \rightarrow \alpha_0 + \alpha_{1234}$

Bei diesem Versuchsplan (2-40) ist ersichtlich, dass die Variablen (Haupteffekte) nicht mit Haupteffekten und zweifachen Wechselwirkungen vermengt sind. Damit ist dieser Telfaktorplan (2-40) für viele Fälle gut geeignet. Mit dieser Methode lassen sich auch geeignete Telfaktorpläne mit höherer Variablenanzahl konstruieren. Es soll aus (2-36) ein Telfaktorplan konstruiert werden, mit dem 5 Variable geschätzt werden können. Es handelt sich hierbei um einen 2^{5-2} Teilfaktorplan. Es werden die folgenden Variablendefinitionen festgelegt:

$$\tilde{x}_4 = \tilde{x}_1\tilde{x}_2\tilde{x}_3$$

$$\tilde{x}_5 = \tilde{x}_2\tilde{x}_3$$

Bei der Definition wurde berücksichtigt, dass für den zu untersuchenden Zusammenhang keine Abhängigkeit zwischen den Variablen x_2x_3 und $x_1x_2x_3$ besteht und deshalb für die Regressionskoeffizienten $\alpha_{12} = 0$ und $\alpha_{123} = 0$ gesetzt werden kann. Der 2^{5-2} Teilfaktorplan hat dann die folgende Gestalt:

$$\mathbf{V}_8 = \begin{pmatrix} \tilde{x}_1 & \tilde{x}_2 & \tilde{x}_3 & \tilde{x}_4 & \tilde{x}_5 \\ -1 & -1 & -1 & -1 & +1 \\ +1 & -1 & -1 & +1 & +1 \\ -1 & +1 & -1 & +1 & -1 \\ +1 & +1 & -1 & -1 & -1 \\ -1 & -1 & +1 & +1 & -1 \\ +1 & -1 & +1 & -1 & -1 \\ -1 & +1 & +1 & -1 & +1 \\ +1 & +1 & +1 & +1 & +1 \end{pmatrix} \tag{2-41}$$

Die definierende Beziehung wird folgendermaßen bestimmt:
Es ist $\tilde{x}_4 = \tilde{x}_1\tilde{x}_2\tilde{x}_3$ und wegen

$$\tilde{x}_4\tilde{x}_4 = 1 = \tilde{x}_1\tilde{x}_2\tilde{x}_3\tilde{x}_4 = I_1.$$

Analog gilt für $\tilde{x}_5 = \tilde{x}_2\tilde{x}_3$:

$$\tilde{x}_5\tilde{x}_5 = 1 = \tilde{x}_2\tilde{x}_3\tilde{x}_5 = I_2$$

Die definierende Beziehung für den Teilfaktorplan (2-41) kann nun mit

$$I = I_1 \cdot I_2 = \tilde{x}_1\tilde{x}_2\tilde{x}_3\tilde{x}_4 \cdot \tilde{x}_2\tilde{x}_3\tilde{x}_5 = \tilde{x}_2\tilde{x}_2\tilde{x}_3\tilde{x}_3\tilde{x}_1\tilde{x}_4\tilde{x}_5 = \tilde{x}_1\tilde{x}_4\tilde{x}_5$$

dargestellt werden. Die Vermengungen des 2^{5-2} Teilfaktorplans werden entsprechend

$$\tilde{x}_1 \cdot I = \tilde{x}_1 \cdot \tilde{x}_1\tilde{x}_4\tilde{x}_5 = \tilde{x}_1 = 1 \cdot \tilde{x}_4\tilde{x}_5$$

bestimmt.

Hier die Übersicht

$\tilde{x}_1 = \tilde{x}_4\tilde{x}_5$	$a_1 \to \alpha_1 + \alpha_{45}$	$\tilde{x}_2 = \tilde{x}_1\tilde{x}_2\tilde{x}_4\tilde{x}_5$	$a_2 \to \alpha_2 + \alpha_{1245}$
$\tilde{x}_3 = \tilde{x}_1\tilde{x}_3\tilde{x}_4\tilde{x}_5$	$a_3 \to \alpha_3 + \alpha_{1345}$	$\tilde{x}_4 = \tilde{x}_1\tilde{x}_5$	$a_4 \to \alpha_4 + \alpha_{15}$
$\tilde{x}_5 = \tilde{x}_1\tilde{x}_4$	$a_5 \to \alpha_4 + \alpha_{14}$	$\tilde{x}_1\tilde{x}_2 = \tilde{x}_2\tilde{x}_4\tilde{x}_5$	$a_{12} \to \alpha_{12} + \alpha_{245}$
$\tilde{x}_1\tilde{x}_3 = \tilde{x}_3\tilde{x}_4\tilde{x}_5$	$a_{13} \to \alpha_{13} + \alpha_{345}$	$\tilde{x}_1\tilde{x}_4 = \tilde{x}_5$	$a_{14} \to \alpha_{14} + \alpha_5$
$\tilde{x}_1\tilde{x}_5 = \tilde{x}_4$	$a_{15} \to \alpha_{15} + \alpha_4$	$\tilde{x}_2\tilde{x}_3 = \tilde{x}_1\tilde{x}_2\tilde{x}_3\tilde{x}_4\tilde{x}_5$	$a_{23} \to \alpha_{23} + \alpha_{12345}$
$\tilde{x}_2\tilde{x}_4 = \tilde{x}_1\tilde{x}_2\tilde{x}_5$	$a_{24} \to \alpha_{24} + \alpha_{125}$	$\tilde{x}_2\tilde{x}_5 = \tilde{x}_1\tilde{x}_2\tilde{x}_4$	$a_{25} \to \alpha_{25} + \alpha_{124}$
$\tilde{x}_3\tilde{x}_4 = \tilde{x}_1\tilde{x}_3\tilde{x}_5$	$a_{34} \to \alpha_{34} + \alpha_{135}$	$\tilde{x}_3\tilde{x}_5 = \tilde{x}_1\tilde{x}_3\tilde{x}_4$	$a_{35} \to \alpha_{35} + \alpha_{134}$
$\tilde{x}_4\tilde{x}_5 = \tilde{x}_1$	$a_{45} \to \alpha_{45} + \alpha_1$	$\tilde{x}_1\tilde{x}_2\tilde{x}_3 = \tilde{x}_2\tilde{x}_3\tilde{x}_4\tilde{x}_5$	$a_{123} \to \alpha_{123} + \alpha_{2345}$
$\tilde{x}_1\tilde{x}_2\tilde{x}_4 = \tilde{x}_2\tilde{x}_5$	$a_{124} \to \alpha_{124} + \alpha_{25}$	$\tilde{x}_1\tilde{x}_2\tilde{x}_5 = \tilde{x}_2\tilde{x}_4$	$a_{125} \to \alpha_{125} + \alpha_{24}$
$\tilde{x}_1\tilde{x}_3\tilde{x}_4 = \tilde{x}_3\tilde{x}_5$	$a_{134} \to \alpha_{134} + \alpha_{35}$	$\tilde{x}_1\tilde{x}_3\tilde{x}_5 = \tilde{x}_3\tilde{x}_4$	$a_{135} \to \alpha_{135} + \alpha_{34}$
$\tilde{x}_1\tilde{x}_4\tilde{x}_5 = I$	$a_{145} \to \alpha_{145} + \alpha_0$		
$\tilde{x}_2\tilde{x}_3\tilde{x}_4 = \tilde{x}_1\tilde{x}_2\tilde{x}_3\tilde{x}_5$	$a_{234} \to \alpha_{234} + \alpha_{1235}$		
$\tilde{x}_2\tilde{x}_3\tilde{x}_5 = \tilde{x}_1\tilde{x}_2\tilde{x}_3\tilde{x}_4$	$a_{235} \to \alpha_{235} + \alpha_{1234}$	$\tilde{x}_2\tilde{x}_4\tilde{x}_5 = \tilde{x}_1\tilde{x}_2$	$a_{245} \to \alpha_{245} + \alpha_{12}$
$\tilde{x}_3\tilde{x}_4\tilde{x}_5 = \tilde{x}_1\tilde{x}_3$	$a_{345} \to \alpha_{345} + \alpha_{13}$	$\tilde{x}_1\tilde{x}_2\tilde{x}_3\tilde{x}_4 = \tilde{x}_2\tilde{x}_3\tilde{x}_5$	$a_{1234} \to \alpha_{1234} + \alpha_{235}$
$\tilde{x}_1\tilde{x}_2\tilde{x}_3\tilde{x}_5 = \tilde{x}_2\tilde{x}_3\tilde{x}_4$	$a_{1235} \to \alpha_{1235} + \alpha_{234}$	$\tilde{x}_1\tilde{x}_3\tilde{x}_4\tilde{x}_5 = \tilde{x}_3$	$a_{1345} \to \alpha_{1345} + \alpha_3$
$\tilde{x}_2\tilde{x}_3\tilde{x}_4\tilde{x}_5 = \tilde{x}_2\tilde{x}_3$	$a_{2345} \to \alpha_{2345} + \alpha_{23}$		$a_0 \to \alpha_0 + \alpha_{145}$

Möglicher Weise können diese Zusammenhänge bei der Interpretation der Versuchsergebnisse hilfreich sein.

Ein Hinweis zu alternativen Teilfaktorplänen. Bei der Definierung der neuen Variablen in Teilfaktorplänen war davon ausgegangen worden, dass beispielsweise in (2-40)

$$\tilde{x}_4 = \tilde{x}_1 \cdot \tilde{x}_2$$

gesetzt wurde. Der Versuchsplan hat die Gestalt:

$$\mathbf{V}_8 = \begin{pmatrix} \tilde{x}_1 & \tilde{x}_2 & \tilde{x}_3 & \tilde{x}_4 \\ -1 & -1 & -1 & +1 \\ +1 & -1 & -1 & -1 \\ -1 & +1 & -1 & -1 \\ +1 & +1 & -1 & +1 \\ -1 & -1 & +1 & +1 \\ +1 & -1 & +1 & -1 \\ -1 & +1 & +1 & -1 \\ +1 & +1 & +1 & +1 \end{pmatrix}$$

Es ist aber genau so möglich,

$$\tilde{x}_4 = -\tilde{x}_1 \cdot \tilde{x}_2$$

zu setzen. Der so entstandene Teilfaktorplan (2-42) wird als *alternativer Telfaktorplan* – aTVP – bezeichnet. Er hat den folgenden Aufbau:

$$\mathbf{V}_8 = \begin{pmatrix} \tilde{x}_1 & \tilde{x}_2 & \tilde{x}_3 & \tilde{x}_4 \\ -1 & -1 & -1 & -1 \\ +1 & -1 & -1 & +1 \\ -1 & +1 & -1 & +1 \\ +1 & +1 & -1 & -1 \\ -1 & -1 & +1 & -1 \\ +1 & -1 & +1 & +1 \\ -1 & +1 & +1 & +1 \\ +1 & +1 & +1 & -1 \end{pmatrix} \qquad (2\text{-}42)$$

Die definierende Beziehung in (2-42) lautet dann

$$I = \tilde{x}_4 \cdot \tilde{x}_4 = 1 = -\tilde{x}_1 \cdot \tilde{x}_2 \cdot \tilde{x}_4$$

Die Vermengungen des alternativen Teilfaktorplanes (2-42) sind:

$\tilde{x}_1 = -\tilde{x}_2\tilde{x}_4$	$a_1 \to \alpha_1 - \alpha_{24}$	$\tilde{x}_2 = -\tilde{x}_1\tilde{x}_4$	$a_2 \to \alpha_2 - \alpha_{14}$
$\tilde{x}_3 = -\tilde{x}_1\tilde{x}_2\tilde{x}_3\tilde{x}_4$	$a_3 \to \alpha_3 - \alpha_{1234}$	$\tilde{x}_4 = -\tilde{x}_1\tilde{x}_2$	$a_4 \to \alpha_4 - \alpha_{12}$
$\tilde{x}_1\tilde{x}_2 = -\tilde{x}_4$	$a_{12} \to \alpha_{12} - \alpha_4$	$\tilde{x}_1\tilde{x}_3 = -\tilde{x}_2\tilde{x}_4$	$a_{13} \to \alpha_{13} - \alpha_{24}$
$\tilde{x}_1\tilde{x}_4 = -\tilde{x}_2$	$a_{14} \to \alpha_{14} - \alpha_2$	$\tilde{x}_2\tilde{x}_3 = -\tilde{x}_1\tilde{x}_3$	$a_{23} \to \alpha_{23} - \alpha_{13}$
$\tilde{x}_2\tilde{x}_4 = -\tilde{x}_1$	$a_{24} \to \alpha_{24} - \alpha_1$	$\tilde{x}_3\tilde{x}_4 = -\tilde{x}_1\tilde{x}_3$	$a_{34} \to \alpha_{34} - \alpha_{13}$
$\tilde{x}_1\tilde{x}_2\tilde{x}_3 = -\tilde{x}_3\tilde{x}_4$	$a_{123} \to \alpha_{123} - \alpha_{34}$	$\tilde{x}_1\tilde{x}_2\tilde{x}_4 = I$	$a_{124} \to \alpha_{124} + \alpha_0$
$\tilde{x}_1\tilde{x}_3\tilde{x}_4 = -\tilde{x}_2\tilde{x}_3$	$a_{134} \to \alpha_{134} - \alpha_{23}$	$\tilde{x}_2\tilde{x}_3\tilde{x}_4 = -\tilde{x}_1\tilde{x}_3$	$a_{234} \to \alpha_{234} - \alpha_{13}$
$\tilde{x}_1\tilde{x}_2\tilde{x}_3\tilde{x}_4 = -\tilde{x}_3$	$a_{1234} \to \alpha_{1234} - \alpha_3$		$a_0 \to \alpha_0 + \alpha_{124}$

Die Vereinigung vom 2^{4-1} Teilfaktorplan (2-37) und den dazu gehörigen alternativen 2^{4-1} Teilfaktorplan (2-42)gemeinsam ergibt einen vollständigen 2^4 Faktorplan mit 16 Versuchen. Damit können alle Einflussgrößen und Wechselwirkungsglieder geschätzt werden. Es ist sofort ersichtlich, dass – wenn für den alternativen Teilfaktorplan – die gleichen Messwerte wie für den ursprünglichen Telfaktorplan eingesetzt werden, die Regressionskoeffizient vom ursprünglichen und alternativen Teilfaktorplan der Variablen x_4 nur im Vorzeichen differieren. Um letztlich die Vermengungen auflösen zu können, ist der alternative Teilfaktorplan ebenfalls zu realisieren. Um die Vermengungen auf zu lösen, muss also letztlich der komplette 2^4 Faktorplan realisiert werden.

Bei der Verwendung von Teilfaktorplänen muss vorher festgestellt werden, welche Wechselwirkungen nicht existieren. Die Vermengungen von Teilfaktorplänen geben Hinweise auf eventuelle Zusammenhänge, die – auf Grund des gewählten Teilfaktorplanes – nicht sofort auflösbare vermischte Wirkungen beinhalten. Die Interpretation der Vermengungen ist sinnvoll, wenn die Modellfunktion wirklich eine lineare Wirkungsfläche ist.

Für den 2^{5-2} Teilfaktorplan gibt es 2 definierende Beziehungen. Beispielsweise $\tilde{x}_4 = \tilde{x}_1\tilde{x}_2\tilde{x}_3$ damit ist

$$I_1 = \tilde{x}_4\tilde{x}_4 = 1 = \tilde{x}_1\tilde{x}_2\tilde{x}_3\tilde{x}_4.$$

Wird für $\tilde{x}_5 = \tilde{x}_2\tilde{x}_3$ gesetzt ist

$$I_2 = \tilde{x}_5\tilde{x}_5 = 1 = \tilde{x}_2\tilde{x}_3\tilde{x}_5$$

Nun sind die alternativen Variablen $\tilde{x}_4 = -\tilde{x}_1\tilde{x}_2\tilde{x}_3$ und $\tilde{x}_5 = -\tilde{x}_2\tilde{x}_3$ möglich. Damit gibt es die alternativen teildefinierenden Beziehungen

$$I_1^a = \tilde{x}_4\tilde{x}_4 = 1 = -\tilde{x}_1\tilde{x}_2\tilde{x}_3\tilde{x}_4 \text{ und}$$

$$I_2^a = \tilde{x}_5\tilde{x}_5 = 1 = -\tilde{x}_2\tilde{x}_3\tilde{x}_5$$

Die definierende Beziehung für den alternativen Teilfaktorplan (2-42) kann nun auf verschieden Weise

$$I_a = I_1^a \cdot I_2 = I_1 \cdot I_2^a = -\tilde{x}_1\tilde{x}_4\tilde{x}_5$$

konstruiert werden. Damit gibt es drei unterschiedliche alternative Teilfaktorpläne (aTVP).

$$aTVP_1(x_1; x_2; x_3; x_4 = -x_1x_2x_3; x_5 = x_2x_3)$$

$$aTVP_2(x_1; x_2; x_3; x_4 = x_1x_2x_3; x_5 = -x_2x_3)$$

$$aTVP_3(x_1; x_2; x_3; x_4 = -x_1x_2x_3; x_5 = -x_2x_3)$$

Auf die Konstruktion der Vermengungen wird nicht weiter eingegangen. Um die Vermengungen aufzulösen, muss der Teilfaktorplan (2-40) und alle alternativen Teilfaktorpläne realisiert werden. Damit ist der gesamte Faktorplan mit $2^5 = 32$ Versuchen zu realisieren.

2.3.2 Ein Anwendungsbeispiel[1]

Blattfedern sollen durch die unten technologisch skizzierte Wärmebehandlung auf 8mm geschmiedet werden.

[1] Daten aus [33]

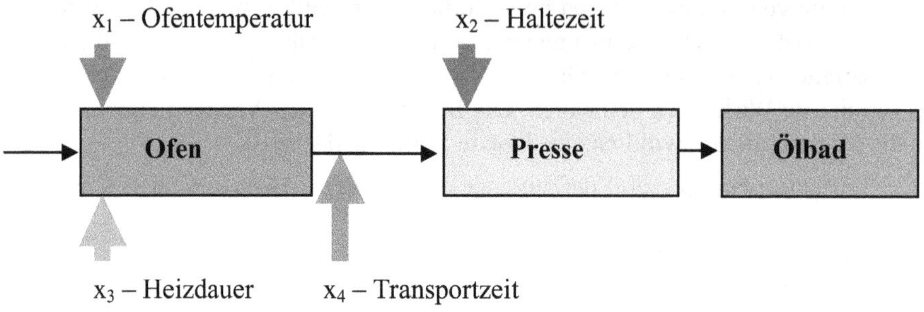

Die vier Variablen wirken auf den Prozess. Es ist einzuschätzen, wie die Parameter zu wählen sind, damit das Ziel – „die Stärke der Blattfedern beträgt 8mm“ – möglichst gut erreicht wird.

Die Parameter können in den folgenden Grenzen variiert werden.

$$\begin{array}{lll} x_1 - \text{Ofentemperatur [°C]} \in \{A_1; E_1\} & = \{1000; 1030\} \\ x_2 - \text{Haltezeit [s]} \quad \in \{A_2; E_2\} & = \{23; 25\} \\ x_3 - \text{Heizdauer [s]} \quad \in \{A_3; E_3\} & = \{10; 12\} \\ x_4 - \text{Transportzeit [s]} \quad \in \{A_3; E_3\} & = \{2; 3\} \end{array}$$

Als Versuchsplan soll der 2^{4-1} Teilfaktorplan (2-40)

$$\mathbf{V}_8 = \begin{pmatrix} \tilde{x}_1 & \tilde{x}_2 & \tilde{x}_3 & \tilde{x}_4 \\ -1 & -1 & -1 & -1 \\ +1 & -1 & -1 & +1 \\ -1 & +1 & -1 & +1 \\ +1 & +1 & -1 & -1 \\ -1 & -1 & +1 & +1 \\ +1 & -1 & +1 & -1 \\ -1 & +1 & +1 & -1 \\ +1 & +1 & +1 & +1 \end{pmatrix} \qquad (2\text{-}40)$$

verwendet werden. Mit den Zuordnungen werden entsprechend des 2^{4-1} Teilfaktorplans (2-40) dann die folgenden Versuche dreimal realisiert.

Tab. 2-8: Übersicht der zu variierenden Parameter.

Variable	Faktor	–1	1
x_1	Ofentemperatur	1000°C	1030°C
x_2	Heizdauer	23 s	25 s
x_3	Transportzeit	10 s	12 s
x_4	Haltezeit	2 s	3 s

Die Ergebniswerte sind in den Spalten y_1, y_2 und y_3 eingetragen.

$$\mathbf{V}_8 = \begin{pmatrix} \tilde{x}_1 & \tilde{x}_2 & \tilde{x}_3 & \tilde{x}_4 \\ -1 & -1 & -1 & -1 \\ +1 & -1 & -1 & +1 \\ -1 & +1 & -1 & +1 \\ +1 & +1 & -1 & -1 \\ -1 & -1 & +1 & +1 \\ +1 & -1 & +1 & -1 \\ -1 & +1 & +1 & -1 \\ +1 & +1 & +1 & +1 \end{pmatrix} \Leftrightarrow \begin{pmatrix} x_1 & x_2 & x_3 & x_4 \\ 1000 & 23 & 10 & 2 \\ 1030 & 23 & 10 & 3 \\ 1000 & 25 & 10 & 3 \\ 1030 & 25 & 10 & 2 \\ 1000 & 23 & 12 & 3 \\ 1030 & 23 & 12 & 2 \\ 1000 & 25 & 12 & 2 \\ 1030 & 25 & 12 & 3 \end{pmatrix} \rightarrow \begin{pmatrix} y_1 \\ 7{,}78 \\ 8{,}15 \\ 7{,}50 \\ 7{,}59 \\ 7{,}94 \\ 7{,}69 \\ 7{,}56 \\ 7{,}56 \end{pmatrix}; \begin{pmatrix} y_2 \\ 7{,}78 \\ 8{,}18 \\ 7{,}56 \\ 7{,}56 \\ 8{,}00 \\ 8{,}09 \\ 7{,}62 \\ 7{,}81 \end{pmatrix}; \begin{pmatrix} y_3 \\ 7{,}81 \\ 7{,}88 \\ 7{,}50 \\ 7{,}75 \\ 7{,}88 \\ 8{,}06 \\ 7{,}44 \\ 7{,}69 \end{pmatrix}$$

2.3.3 Interpretation der Regressionsergebnisse

Da der Versuchsplan – der Teilfaktorplan (2-40) – drei mal realisiert wurde, hat die Matrix **F** für die Regression den folgenden Aufbau: der Versuchsplan $\mathbf{V}_8$ wird dreimal unter einander geschrieben und in die Messwerte für jede Versuchsserie in die Spalte y eingetragen (2-43). Danach werden die Regressionskoeffizienten berechnet. Es wird empfohlen, mit den tatsächlich eingestellten originalen Niveaus die Regressionskoeffizienten zu berechnen. In den meisten Fällen, entspricht die tatsächlichen Einstellparameter nicht den – durch den Versuchsplan vorgegeben – exakten Werte. Beispielsweise kann die Temperaturvorgabe 1000°C praktisch 995°C oder 1005°C betragen. Diese tatsächlichen Temperaturmessungen sind bekannt und können – aus technologische Gründen – nicht besser realisiert werden. Diese nicht exakt realisierten Einstellungsparameter verletzen die Voraussetzung der Orthogonalität des Versuchsplanes und die Berechnungsvorschriften der Regressionsparameter. Die Berechnungsvorschriften (2-23) sind nicht zulässig. Dieser – oft unterschätzte Zusammenhang wird in Kapitel 2.4.7 eingehend erläutert. Für das oben genannte Beispiel sind die tatsächlich eingestellten Parameter nicht bekannt. Die Regressionsparameter werden aber dennoch mit der Regression berechnet, da mit der Auswertung der Regression – siehe Kapitel 1.6 – viele wichtige Informationen über die Charakterisierung der Regressionsparameter und damit die Wirkung der Einflussparameter auf den untersuchten Prozess gemacht werden können. Die Matrix **F** für die dreimalige Widerholung des Versuchsplanes (2-40) mit tatsächlichen Einstellniveaus der Parameter und des Ergebnisvektors **y** hat für diesen Regressionsansatz

$$\eta(x_1,x_2,x_3,x_4) = a_0 + a_1\tilde{x}_1 + a_2\tilde{x}_2 + a_3\tilde{x}_3 + a_4\tilde{x}_4$$

die Gestalt:

$$\mathbf{F} = \begin{pmatrix} \begin{pmatrix} x_1 & x_2 & x_3 & x_4 \\ 1000 & 23 & 10 & 2 \\ 1030 & 23 & 10 & 3 \\ 1000 & 25 & 10 & 3 \\ 1030 & 25 & 10 & 2 \\ 1000 & 23 & 12 & 3 \\ 1030 & 23 & 12 & 2 \\ 1000 & 25 & 12 & 2 \\ 1030 & 25 & 12 & 3 \end{pmatrix} \\ \begin{pmatrix} 1000 & 23 & 10 & 2 \\ 1030 & 23 & 10 & 3 \\ 1000 & 25 & 10 & 3 \\ 1030 & 25 & 10 & 2 \\ 1000 & 23 & 12 & 3 \\ 1030 & 23 & 12 & 2 \\ 1000 & 25 & 12 & 2 \\ 1030 & 25 & 12 & 3 \end{pmatrix} \\ \begin{pmatrix} 1000 & 23 & 10 & 2 \\ 1030 & 23 & 10 & 3 \\ 1000 & 25 & 10 & 3 \\ 1030 & 25 & 10 & 2 \\ 1000 & 23 & 12 & 3 \\ 1030 & 23 & 12 & 2 \\ 1000 & 25 & 12 & 2 \\ 1030 & 25 & 12 & 3 \end{pmatrix} \end{pmatrix} \qquad \mathbf{y} = \begin{pmatrix} \begin{pmatrix} y \\ 7,78 \\ 8,15 \\ 7,50 \\ 7,59 \\ 7,94 \\ 7,69 \\ 7,56 \\ 7,56 \end{pmatrix} \\ \begin{pmatrix} 7,78 \\ 8,18 \\ 7,56 \\ 7,56 \\ 8,00 \\ 8,09 \\ 7,62 \\ 7,81 \end{pmatrix} \\ \begin{pmatrix} 7,78 \\ 7,88 \\ 7,50 \\ 7,75 \\ 7,88 \\ 8,06 \\ 7,44 \\ 7,69 \end{pmatrix} \end{pmatrix} \qquad (2\text{-}43)$$

Oft wird empfohlen, den Mittelwert der Ergebnisse für jeden wiederholten Versuchspunk zu berechnen und danach erst die Regression durchzuführen. Bei der Berechnung der Varianz $S^2 = \frac{1}{k-n-1}\sum_{i=1}^{k}\left(\hat{y}_i - y_i\right)^2$ findet dieser Fakt dann keine Berücksichtigung und die Testgröße $T_i = \frac{\left|\hat{a}_i - a_i\right|}{S\sqrt{c_{ii}}} \sim t_{\alpha,k-(n+1)}$ zur Beurteilung der Genauigkeit des geschätzten Parameters ist damit unzureichend. Die Ergebnisse der Regression von (2-43) sind in der folgenden Tabelle (aus MS Excel) zusammengefasst:

Tab. 2-9: Qualität der Regression von (2-43) mit dem Versuchsplan mit den originalen Einstellungen.

Regressions-Statistik	
Bestimmtheitsmaß	0,769
Standardfehler	0,116
Beobachtungen	24

Tab. 2-10: Errechnete Parameter von (2-43) mit den originalen Daten.

	Koeffizienten	Standardfehler	t-Statistik	P-Wert	Untere 95%	Obere 95%
Reg. Konstante	6,913	1,724	4,009	7,500E-04	3,304	10,522
Ofentemperatur	0,005	0,002	2,886	**9,470E-03**	**0,001**	**0,008**
Heizdauer	–0,171	0,024	–7,214	**7,508E-07**	**–0,220**	**–0,121**
Transportzeit	0,013	0,024	0,528	6,037E-01	–0,037	0,062
Haltezeit	0,077	0,047	1,619	1,220E-01	–0,022	0,176

	Koeffizienten	R. Koff.*A	R. Koff.*E	Effekt [mm]	ideale Einstellung	Anteil Einflussgröße
Reg. Konstante	6,913					6,913
Ofentemperatur	0,005	4,556	4,692	E–A= 0,137	1030°C	4,692
Heizdauer	–0,171	–3,929	–4,271	E–A=–0,342	23s	–3,929
Transportzeit	0,013	0,125	0,150	E–A= 0,025	12s	0,150
Haltezeit	0,077	0,153	0,230	E–A= 0,077	3s	0,230
					Prognose:	8,056 [mm]

Entsprechend Kapitel 1.6 bezeichnet die Spalte „*P-Wert*" die Wahrscheinlichkeit α_i

$$\alpha_i = T_{vert\ zweiseitig}\left(\frac{\left|\hat{a}_i - 0\right|}{S\sqrt{c_{ii}}}, k-n-1\right),$$

dass die Ofentemperatur **keinen** Einfluss auf die Zielgröße hat. Diese Wahrscheinlichkeit wird auch als Irrtumswahrscheinlichkeit bezeichnet. Für die Ofentemperatur beträgt die Irrtumswahrscheinlichkeit: $\alpha_{Ofentemperatur} = 0,000947 \mathrel{\hat{=}} 0,0947\%$. Die Ofentemperatur und die Heizdauer haben auf Grund der sehr geringen Irrtumswahrscheinlichkeit einen gesicherten Einfluss auf Stärke der Blattfedern. Die Wahrscheinlichkeiten, dass diese Größen keinen Einfluss auf die Stärke der Blattfedern hat ist bedeutend kleiner als die im Allgemeinen festgelegte Irrtumswahrscheinlichkeit $\alpha = 5\%$. Die Zahl $1-\alpha$ wird auch als Konfidenzniveau – oder Vertrauensintervall bezeichnet. Die Irrtumswahrscheinlichkeit für die Transportzeit beträgt: $\alpha_{Transportzeit} = 0,6037 \mathrel{\hat{=}} 60,37\%$! Der Einfluss der Zielgrößen Transportzeit und Haltezeit ist nicht gesichert – also zufällig. Wird das Vertrauensintervall [*Untere 95%; Obere 95%*] betrachtet, so überstreichen die Vertrauensintervalle der Einflussgrößen Transportzeit und Haltezeit den Nullpunkt. Der Test $T_i = \frac{|\hat{a}_i - 0|}{S\sqrt{c_{ii}}}$ – der Regressionsparameter $\hat{a}_i = 0$ – wird für die Einflussgrößen Transportzeit und Haltezeit bestätigt. Das bedeutete nicht notwendig, dass diese Einflussgrößen keinen Einfluss auf die Zielgröße generell haben. Auf Grund des „kleinen" Variationsbereiches der Zielgrößen Transportzeit und Haltezeit ist der Einfluss auf die Zielgröße statistisch nicht gesichert. Betrachten wir den Regressionskoeffizienten „Heizdauer". Dieser negative Regressionskoeffizient wirkt indirekt auf die Zielgröße. Je größer die Heizdauer ist, umso geringer ist also die Stärke der Blattfedern. Die anderen Regressionsparameter sind positiv – wirken also direkt auf die Zielgröße. Daraus resultiert die Spalte „ideale Einstellung". Aus der Spalte „Effekt" ist zu sehen, dass die Variation der Einflussgröße „Heizdauer" die größte Wirkung im untersuchten Bereich bringt. Technologisch ist auf diese Größe „Heizdauer" und „Ofentemperatur" besonders zu achten und die idealen Bedingungen

„Heizdauer = 23s" und

„Ofentemperatur = 1030°C"

einzuhalten. Das Bestimmtheitsmaß ist für die Interpretation der Haupteinflussgrößen noch ausreichend. Zur Vollständigkeit wird das Berechnungsergebnis der Regression mit den transformierten Einflussgrößen $[-1;+1]$ – entsprechend dem Versuchsplan (2-40) – angegeben. Auf Grund der Beziehung (2-31) können die Effekte der schnell errechnet werden.

Tab. 2-11: Qualität der Regression – entsprechend dem 3-mal realisierten Versuchsplan (2-40).

Regressions-Statistik	
Bestimmtheitsmaß	0,769
Standardfehler	0,116
Beobachtungen	24

Tab. 2-12: Ergebnisse der Regression mit den nach [–1;+1] transformierten Versuchsplan (2-40).

	Koeffizienten	Standardfehler	t-Statistik	P-Wert	Untere 95%	Obere 95%
Regressionskonstante	7,766	0,024	327,959	4,016E-37	7,716	7,815
Ofentemperatur	0,068	0,024	2,886	**9,470E-03**	**0,019**	**0,118**
Heizdauer	–0,171	0,024	–7,214	**7,508E-07**	**–0,220**	**–0,121**
Transportzeit	0,013	0,024	0,528	6,037E-01	–0,037	0,062
Haltezeit	0,038	0,024	1,619	1,220E-01	–0,011	0,088

	Koeffizienten	Effekt [mm]	ideale Einstellung	Anteil des Faktors
Regressionskonstante	7,766			7,766
Ofentemperatur	0,068	0,137	+1	0,068
Heizdauer	–0,171	–0,342	–1	0,171
Transportzeit	0,013	0,025	+1	0,013
Haltezeit	0,038	0,077	+1	0,038
			Ergebnis =	8,056

Mit der Hinzunahme von Wechselwirkungsgliedern kann die Beschreibung des Sachverhaltes verbessert werden – die Restreuung wir geringer. Die inhaltliche, technologische Interpretation ist jedoch genauestens zu diskutieren – siehe Kapitel 2.4.6.

2.4 Zur Interpretation der Regressionsergebnisse und Numerik

Im Folgenden werden verschiedene Ansätze zur Berechnung zur gleichen Aufgabenstellung des Kapitels 2.3.2 durchgeführt und erläutert.

2.4.1 Methode 1

Um den Einfluss der Qualität der Inversion der Informationsmatrix (siehe Hinweise zur Multikollinearität Kapitel 1.17) auch bei orthogonalen Versuchsplänen zu demonstrieren, wird die Matrix **F** des Versuchsplanes (2-40) mit den transformierten Bereichen $\tilde{x}_i \in [-1;+1]$ aufgebaut. Es soll der Einfluss der Wechselwirkungsglieder $\tilde{x}_1\tilde{x}_2;\tilde{x}_1\tilde{x}_3$ und $\tilde{x}_2\tilde{x}_3$ auf die Stärke der Blattfedern untersucht werden. Damit diese Terme im Regressionsansatz berücksichtigt werden, muss die Matrix (2-40) für den Regressionsansatz

$$\eta(x_1,x_2,x_3,x_4) = a_0 + a_1\tilde{x}_1 + a_2\tilde{x}_2 + a_3\tilde{x}_3 + a_4\tilde{x}_4 + a_{12}\tilde{x}_1\tilde{x}_2 + a_{13}\tilde{x}_1\tilde{x}_3 + a_{23}\tilde{x}_2\tilde{x}_3 \qquad (2\text{-}44)$$

erzeugt werden.

$$\mathbf{F} = \begin{pmatrix} \begin{pmatrix} \tilde{x}_1 & \tilde{x}_2 & \tilde{x}_3 & \tilde{x}_4 & \tilde{x}_1\tilde{x}_2 & \tilde{x}_1\tilde{x}_3 & \tilde{x}_2\tilde{x}_3 \\ -1 & -1 & -1 & -1 & +1 & +1 & +1 \\ +1 & -1 & -1 & +1 & -1 & -1 & +1 \\ -1 & +1 & -1 & +1 & -1 & +1 & -1 \\ +1 & +1 & -1 & -1 & +1 & -1 & -1 \\ -1 & -1 & +1 & +1 & +1 & -1 & -1 \\ +1 & -1 & +1 & -1 & -1 & +1 & -1 \\ -1 & +1 & +1 & -1 & -1 & -1 & +1 \\ +1 & +1 & +1 & +1 & +1 & +1 & +1 \end{pmatrix} \\ \begin{pmatrix} -1 & -1 & -1 & -1 & +1 & +1 & +1 \\ +1 & -1 & -1 & +1 & -1 & -1 & +1 \\ -1 & +1 & -1 & +1 & -1 & +1 & -1 \\ +1 & +1 & -1 & -1 & +1 & -1 & -1 \\ -1 & -1 & +1 & +1 & +1 & -1 & -1 \\ +1 & -1 & +1 & -1 & -1 & +1 & -1 \\ -1 & +1 & +1 & -1 & -1 & -1 & +1 \\ +1 & +1 & +1 & +1 & +1 & +1 & +1 \end{pmatrix} \\ \begin{pmatrix} -1 & -1 & -1 & -1 & +1 & +1 & +1 \\ +1 & -1 & -1 & +1 & -1 & -1 & +1 \\ -1 & +1 & -1 & +1 & -1 & +1 & -1 \\ +1 & +1 & -1 & -1 & +1 & -1 & -1 \\ -1 & -1 & +1 & +1 & +1 & -1 & -1 \\ +1 & -1 & +1 & -1 & -1 & +1 & -1 \\ -1 & +1 & +1 & -1 & -1 & -1 & +1 \\ +1 & +1 & +1 & +1 & +1 & +1 & +1 \end{pmatrix} \end{pmatrix} \quad \mathbf{y} = \begin{pmatrix} \begin{pmatrix} y \\ 7{,}78 \\ 8{,}15 \\ 7{,}50 \\ 7{,}59 \\ 7{,}94 \\ 7{,}69 \\ 7{,}56 \\ 7{,}56 \end{pmatrix} \\ \begin{pmatrix} 7{,}78 \\ 8{,}18 \\ 7{,}56 \\ 7{,}56 \\ 8{,}00 \\ 8{,}09 \\ 7{,}62 \\ 7{,}81 \end{pmatrix} \\ \begin{pmatrix} 7{,}78 \\ 7{,}88 \\ 7{,}50 \\ 7{,}75 \\ 7{,}88 \\ 8{,}06 \\ 7{,}44 \\ 7{,}69 \end{pmatrix} \end{pmatrix} \qquad (2\text{-}45)$$

Tab. 2-13: Ergebnisse der Regression für den Ansatz mit Wechselwirkungsgliedern.

Regressions-Statistik	
Bestimmtheitsmaß	0,790
Standardfehler	0,121
Beobachtungen	24

Tab. 2-13: Ergebnisse der Regression für den Ansatz mit Wechselwirkungsgliedern *(Fortsetzung)*.

	Koeffizienten	Standardfehler	t-Statistik	P-Wert	Untere 95%	Obere 95%
Regressionskonstante	7,766	0,025	315,265	0,000	7,714	7,818
x1 – Ofentemperatur	0,068	0,025	2,774	0,014	0,016	0,121
x2 – Heizdauer	–0,171	0,025	–6,935	0,000	–0,223	–0,119
x3 – Transportzeit	0,013	0,025	0,507	0,619	–0,040	0,065
x4 – Haltezeit	0,038	0,025	1,556	0,139	–0,014	0,091
x1x2	–0,003	0,025	–0,135	0,894	–0,056	0,049
x1x3	–0,030	0,025	–1,218	0,241	–0,082	0,022
x2x3	0,006	0,025	0,237	0,816	–0,046	0,058

Beobachtung	*Schätzung für y*	*N(0;0145625)*
1	7,790	-0,010
2	8,070	0,080
3	7,520	-0,020
4	7,633	-0,043
5	7,940	0,000
6	7,947	-0,257
7	7,540	0,020
8	7,687	-0,127
9	7,790	-0,010
10	8,070	0,110
11	7,520	0,040
12	7,633	-0,073
13	7,940	0,060
14	7,947	0,143
15	7,540	0,080
16	7,687	0,123
17	7,790	0,020
18	8,070	-0,190
19	7,520	-0,020
20	7,633	0,117
21	7,940	-0,060
22	7,947	0,113
23	7,540	-0,100
24	7,687	0,003

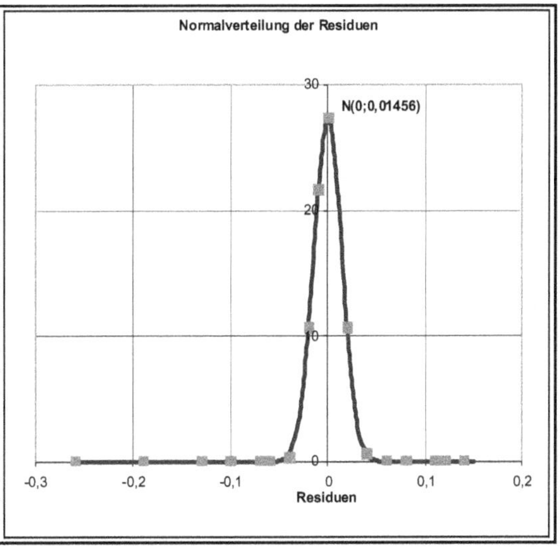

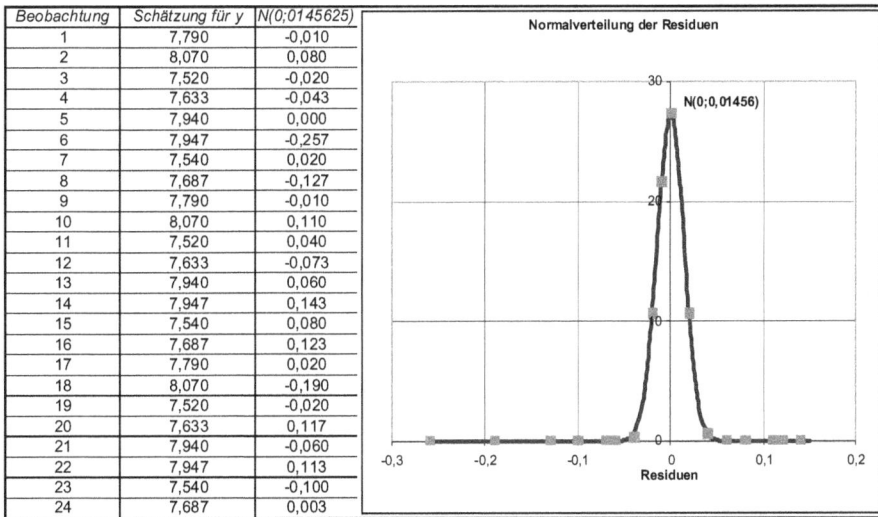

Abb. 2-3: Residuen und Normalverteilung der Regressionsergebnisse.

Das Bestimmtheitsmaß ist unwesentlich besser als die Regression ohne Wechselwirkungsglieder. Die Wahrscheinlichkeit, dass beispielsweise der Regressionskoeffizient $a_{12} = 0$ beträgt 89%. Tatsächlich kann kein signifikanter Einfluss der Wechselwirkungsglieder statistisch belegt werden. (Dieses Ergebnis war auch zu vermuten, da sich der untersuchte Prozess aus nacheinander (linear) ablaufenden Einzelschritten zusammensetzt.)

2.4.2 Methode 2

Es wird (2-44) mit den tatsächlich eingestellten Parametern berechnet. Dazu ist die Regression mit

$$\mathbf{F} = \begin{pmatrix} \begin{pmatrix} x_1 & x_2 & x_3 & x_4 & x_1x_2 & x_1x_3 & x_2x_3 \\ 1000 & 23 & 10 & 2 & 23000 & 10000 & 230 \\ 1030 & 23 & 10 & 3 & 23690 & 10300 & 230 \\ 1000 & 25 & 10 & 3 & 25000 & 10000 & 250 \\ 1030 & 25 & 10 & 2 & 25750 & 10300 & 250 \\ 1000 & 23 & 12 & 3 & 23000 & 12000 & 276 \\ 1030 & 23 & 12 & 2 & 23690 & 12360 & 276 \\ 1000 & 25 & 12 & 2 & 25000 & 12000 & 300 \\ 1030 & 25 & 12 & 3 & 25750 & 12360 & 300 \end{pmatrix} \\ \begin{pmatrix} 1000 & 23 & 10 & 2 & 23000 & 10000 & 230 \\ 1030 & 23 & 10 & 3 & 23690 & 10300 & 230 \\ 1000 & 25 & 10 & 3 & 25000 & 10000 & 250 \\ 1030 & 25 & 10 & 2 & 25750 & 10300 & 250 \\ 1000 & 23 & 12 & 3 & 23000 & 12000 & 276 \\ 1030 & 23 & 12 & 2 & 23690 & 12360 & 276 \\ 1000 & 25 & 12 & 2 & 25000 & 12000 & 300 \\ 1030 & 25 & 12 & 3 & 25750 & 12360 & 300 \end{pmatrix} \\ \begin{pmatrix} 1000 & 23 & 10 & 2 & 23000 & 10000 & 230 \\ 1030 & 23 & 10 & 3 & 23690 & 10300 & 230 \\ 1000 & 25 & 10 & 3 & 25000 & 10000 & 250 \\ 1030 & 25 & 10 & 2 & 25750 & 10300 & 250 \\ 1000 & 23 & 12 & 3 & 23000 & 12000 & 276 \\ 1030 & 23 & 12 & 2 & 23690 & 12360 & 276 \\ 1000 & 25 & 12 & 2 & 25000 & 12000 & 300 \\ 1030 & 25 & 12 & 3 & 25750 & 12360 & 300 \end{pmatrix} \end{pmatrix} \qquad \mathbf{y} = \begin{pmatrix} \begin{pmatrix} y \\ 7{,}78 \\ 8{,}15 \\ 7{,}50 \\ 7{,}59 \\ 7{,}94 \\ 7{,}69 \\ 7{,}56 \\ 7{,}56 \end{pmatrix} \\ \begin{pmatrix} 7{,}78 \\ 8{,}18 \\ 7{,}56 \\ 7{,}56 \\ 8{,}00 \\ 8{,}09 \\ 7{,}62 \\ 7{,}81 \end{pmatrix} \\ \begin{pmatrix} 7{,}78 \\ 7{,}88 \\ 7{,}50 \\ 7{,}75 \\ 7{,}88 \\ 8{,}06 \\ 7{,}44 \\ 7{,}69 \end{pmatrix} \end{pmatrix} \qquad (2\text{-}46)$$

zu berechnen.

Tab. 2-14: Ergebnis der Regression mit den Originaldaten für den Regressionsansatz mit Wechselwirkungsgliedern.

Regressions-Statistik	
Bestimmtheitsmaß	0,790
Standardfehler	0,121
Beobachtungen	24

	Koeffizienten	Standardfehler	t-Statistik	P-Wert	Untere 95%	Obere 95%
Regressionskonstante	−19,291	44,519	−0,433	0,671	−113,667	75,086
x1 – Ofentemperatur	0,032	0,043	0,735	0,473	−0,060	0,124
x2 – Heizdauer	−0,009	1,689	−0,006	0,996	−3,590	3,571
x3 – Transportzeit	1,903	1,769	1,076	0,298	−1,847	5,652
x4 – Haltezeit	0,077	0,049	1,556	0,139	−0,028	0,181
x1x2	0,000	0,002	−0,135	0,894	−0,004	0,003
x1x3	−0,002	0,002	−1,218	0,241	−0,005	0,001
x2x3	0,006	0,025	0,237	0,816	−0,046	0,058

Beobachtung	*Schätzung für y*	*N(0;0145625)*
1	7,790	-0,010
2	8,070	0,080
3	7,520	-0,020
4	7,633	-0,043
5	7,940	0,000
6	7,947	-0,257
7	7,540	0,020
8	7,687	-0,127
9	7,790	-0,010
10	8,070	0,110
11	7,520	0,040
12	7,633	-0,073
13	7,940	0,060
14	7,947	0,143
15	7,540	0,080
16	7,687	0,123
17	7,790	0,020
18	8,070	-0,190
19	7,520	-0,020
20	7,633	0,117
21	7,940	-0,060
22	7,947	0,113
23	7,540	-0,100
24	7,687	0,003

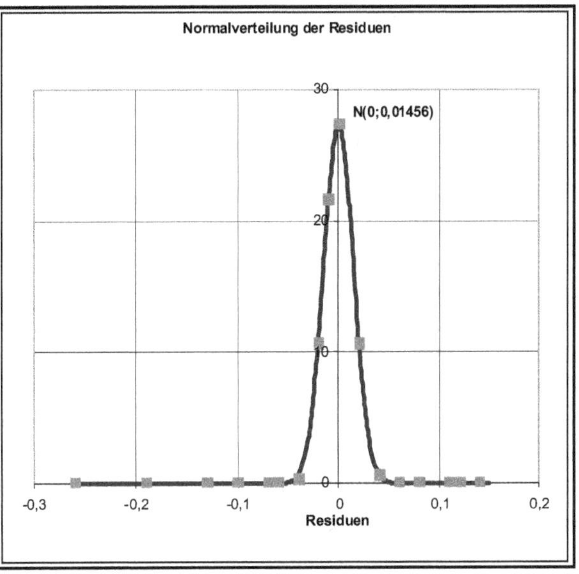

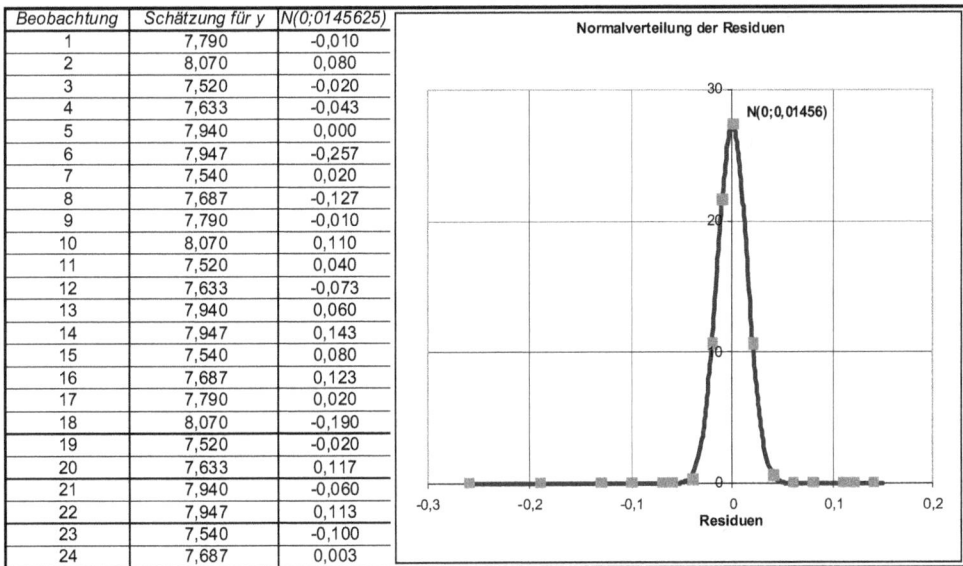

Abb. 2-4: Residuen und Normalverteilung der Regressionsergebnisse.

Hier ist ersichtlich, dass keine Einflussgröße signifikant ist. Selbst die Regressionskonstante ist statistisch nicht gesichert! Es scheint verwunderlich, dass das Ergebnis der Regression zum technisch gleichen Problem diese Ergebnisse liefert. Die Ursache wird in der Qualität der Inversion der Informationsmatrix $\left(\mathbf{F}^{\mathrm{T}}\mathbf{F}\right)$ gesucht. Wird die Regularität $\left(\mathbf{F}^{\mathrm{T}}\mathbf{F}\right)^{-1}\left(\mathbf{F}^{\mathrm{T}}\mathbf{F}\right)=\mathbf{E}$ überprüft, so erhält man das folgende Ergebnis:

Tab. 2-15: Daten der Regularitätsüberprüfung.

0,9999999	–3,7699E-06	–7,7532E-08	–3,341E-08	–1,041E-08	–8,3684E-05	–2,968E-05	–9,052E-07
5,0552E-12	1,000000005	1,1797E-10	6,0677E-11	1,3718E-11	1,1877E-07	5,2958E-08	1,2171E-09
–6,821E-12	–3,3062E-08	0,999999999	–3,674E-10	–6,093E-11	–4,6193E-07	–1,005E-07	–5,587E-09
9,0949E-12	1,21072E-08	–5,8207E-11	1	1,8189E-11	3,2782E-07	1,0430E-07	1,8626E-09
4,3938E-15	2,77698E-12	1,18433E-13	5,04894-14	1	7,6194E-11	4,9302E-11	1,0310E-12
–5,280E-14	–3,1944E-11	–1,4107E-12	–4,203E-13	–1,320E-13	0,999999998	–3,490E-10	–1,820E-11
3,2763E-15	–5,3715E-12	–3,3571E-13	–4,634E-14	–6,019E-15	–3,207E-10	1	2,4533E-13
–1,705E-13	–1,7462E-10	0	–4,5474E-13	–2,273E-13	–3,7252E-09	–4,656E-10	1

Die Korrelationsmatrix – Tabelle 2-16 – der Informationsmatrix $\left(\mathbf{F}^{\mathrm{T}}\mathbf{F}\right)$ wird näher auf Multikollinearitäten betrachtet.

Tab. 2-16: Korrelationsmatrix.

x1	x2	x3	x4	x1x2	x1x3	x2x3
1	0	0	0	0,33	0,16	0
	1	0	0	0,94	0	0,42
		1	0	0	0,99	0,91
			1	0	0	0
				1	0,05	0,39
					1	0,90
						1

Die Korrelationskoeffizienten von x1 bis x3 und x4 und (x1;x2x3) und (x2;x1x3) und (x3;x1x2) und (x4;x2x3) verschwinden wegen Satz 1 in jedem Fall. Anders verhält es sich mit der Korrelation der hinzugenommenen Wechselwirkungsglieder beispielsweise von (x1;x1x2). Dort muss die Korrelation nicht verschwinden, da die Einflussgröße in beiden Seiten enthalten ist und die Einflussgrößen nicht symmetrisch zum Nullpunkt sind. Zwischen den Wechselwirkungsgliedern und den Einflussgrößen sind Korrelationskoeffizienten, die bis 0,99 liegen – also fast lineare Abhängigkeit zwischen den Einflussgrößen und den Wechselwirkungsgliedern besteht. Es liegt also eine Multikollinearität entsprechend Kapitel 1.14 vor. Diese Multikollinearität können für auf [–1;+1] transformierte Einflussgrößen natürlich nicht auftreten (siehe Kapitel 2.1.4)

Betrachtet man den Zusammenhang (2-10)

$$\frac{1}{k}\left(\mathbf{F}^{\mathrm{T}}\mathbf{F}\right) = \mathbf{C} + \mathbf{M} \qquad (2\text{-}10)$$

und die Kapitel 2.1.4 und Kapitel 2.1.5, so ist für alle Faktor- und Teilfaktorversuchspläne, die symmetrisch zum Nullpunkt sind, die Matrix **M** mit der Nullmatrix identisch. Die tatsächlich eingestellten Versuchspunkte – beispielsweise (2-46) – sind nicht symmetrisch zum Nullpunkt. Damit ist die Matrix **M** nicht mehr mit der Nullmatrix identisch. Die Berechnung der Regression ohne Wechselwirkungsglieder (2-40)

$$\eta(x_1, x_2, x_3, x_4) = a_0 + a_1 x_1 + a_2 x_2 + a_3 x_3 + a_4 x_4$$

mit den nicht transformierten Daten brachte brauchbare Ergebnisse, da – wegen Satz 1 aus Kapitel – die Kovarianzen der Nebendiagonalelemente von $\left(\mathbf{F}^{\mathrm{T}}\mathbf{F}\right)$ verschwinden. Dort ist die Regularität $\left(\mathbf{F}^{\mathrm{T}}\mathbf{F}\right)^{-1}\left(\mathbf{F}^{\mathrm{T}}\mathbf{F}\right)=\mathbf{E}$ gegeben.

Tab. 2-17: Korrelationsmatrix für den Regressionsansatz ohne Wechselwirkungsglieder mit den original Daten.

1	–8,17488E-16	–1,3878E-16	3,46945E-16	0
7,4215E-10	1	–1,4086E-13	3,52149E-13	0
1,1369E-13	–5,17468E-15	1	8,32667E-15	0
2,3135E-11	–1,25783E-14	–1,5266E-15	1	0
2,2169E-12	–2,52944E-16	–3,6082E-16	–2,65066E-15	1

Die Korrelationsmatrix – Tabelle 2-16 – der nicht in [–1;+1] transformierten Versuchspunkte für den Regressionsansatz

$$\eta(x_1,x_2,x_3,x_4)=a_0+a_1x_1+a_2x_2+a_3x_3+a_4x_4+a_{12}x_1x_2+a_{13}x_1x_3+a_{23}x_2x_3$$

ist die Informationsmatrix des Lösungsansatzes der Regression nach der Methode des standardisierten Regressionsproblems Kapitel 1.13. Zur Untersuchung der numerischen Eigenschaften wird die Regressionsmethode entsprechend Kapitel 1.13 betrachtet. Ein Kriterium der Beurteilung der Qualität des Versuchsplanes ist beispielsweise die Berechnung der Determinante des Versuchsplanes. Wird die Determinante $D1$ der Informationsmatrix für den Faktorplan (2-40) berechnet, die entsprechend 13-2 standardisiert wurde, so erhält man das Ergebnis:

$$D1=1$$

Die Determinante der Informationsmatrix $D2$ für die Regressionsaufgabe der Beurteilung der Wechselwirkunsglieder an Hand der tatsächlich eingestellten Parameter, die entsprechend (1-74) standardisiert wurden, ist:

$$D2=5{,}91127\text{E-}11$$

Wie im Kapitel 1.17 gezeigt wurde, ist für das obige Beispiel (2-46) offenbar die Genauigkeit der Hauptdiagonalelemente der invertierten Informationsmatrix so fehlerhaft sind, dass die Berechnung Varianz der Regressionskoeffizienten

$$D^2(a_i)=\operatorname{cov}(a_i,a_i)=\sigma^2c_{ii} \qquad (1\text{-}30)$$

für den Signifikanztest

$$\hat{a}_i-\sqrt{c_{ii}}\cdot S\cdot t_{k-n-1;1-\frac{\alpha}{2}}<a_i<\hat{a}_i+\sqrt{c_{ii}}\cdot S\cdot t_{k-n-1;1-\frac{\alpha}{2}}$$

$$\text{oder } \left|\hat{a}_i-a_i\right|\le\sqrt{c_{ii}}\cdot S\cdot t_{k-n-1;1-\frac{\alpha}{2}} \qquad (1\text{-}32)$$

unzureichend ist. Die Interpretation der Signifikanz der Einflussgrößen nur an Hand des Signifikanztestes (1-32) ist deshalb kritisch zu betrachten!

Im Folgenden wir die Lösung des Regressionsproblems (19-46) mit dem Verfahren entsprechend Kapitel 1.13 und der Vorschrift (1-15) gegenüber gestellt.

Wie die folgende Tabelle 2-18 zeigt, differieren die Berechnungsergebnisse entsprechend Verfahren Kapitel 1.13 und der üblichen Methode (wie bei MS Excel implementiert) unwesentlich. Die Differenzen der Koeffizienten der unterschiedlichen Berechnungsverfahren liegen im Bereich von E-10 bis E-17.

Tab. 2-18: Gegenüberstellung der Ergebnisse zweier Berechnungsmethoden der Regression.

Klassische Regressionsmethode		Lösung mit Transformation – Kapitel 1.13.	
a0 =	–19,2905556	Schnittpunkt=	–19,2905556
a1 =	0,03188889	x1 =	0,03188889
a2 =	–0,00944444	x2 =	–0,00944444
a3 =	1,9025	x3 =	1,9025
a4 =	0,07666667	x4 =	0,076666667
a5 =	–0,00022222	x1x2 =	–0,00022222
a6 =	–0,002	x1x3 =	–0,002
a7 =	0,00583333	x2x3 =	0,00583333

Die Multikollinearität kann in diesem Beispiel mit Hilfe der Korrelationskoeffizienten für den gewählten Regressionsansatz erklärt werden. Dennoch werden mit diesen Regressionsergebnissen geringe Residuen erzeugt das spiegelt sich auch im Bestimmtheitsmaß wieder. Wird der Funktionswert der im Mittelpunkt des untersuchten Bereiches berechnet, so muss wegen (1-18) dieser Wert mit dem Mittelwert der Versuchsergebnisse $\mu = 7{,}76583$ übereinstimmen. Es ist:

$$\eta(1015;24;11;2{,}5) =$$
$$a_0 + a_1x_1 + a_2x_2 + a_3x_3 + a_4x_4 + a_{12}x_1x_2 + a_{13}x_1x_3 + a_{23}x_2x_3 = 7{,}76583$$

Gegen die Berechnung von Funktionswerten innerhalb des Versuchsbereiches ist mit diesen Regressionskoeffizienten ist nichts einzuwenden, da auch die berechneten Residuen Methode 1 mit den Residuen der Methode 3 identisch sind. Lediglich die Interpretation der Signifikanz dieser berechneten Regressionskoeffizienten ist auf Grund der Multikollinearität sehr kritisch zu betrachten.

Auch das von in Kapitel 1.13. beschriebene Verfahren ist letztlich von dem verwendeten Inversionsverfahren der Inversion einer Matrix abhängig. (In Kapitel 2.7. wird ein Beispiel gezeigt, dass für eine Wirkungsfläche, die quadratische Terme enthält, Multikollinearitäten auftreten, obwohl die Korrelationen der Versuchspunkte verschwinden.)

2.4.3 Methode 3

Es besteht die Möglichkeit, die Regression schrittweise – durch die Hinzunahme der Wechselwirkungsglieder x_1x_2, x_1x_3 und x_2x_3 – zu berechnen um über die Signifikanz der einzelnen Einflussgrößen zu entscheiden. Die Ergebnisse für den Regressionsansatz

$$y = a_0 + a_1x_1 + a_2x_2 + a_3x_3 + a_4x_4 + \underline{a_{12}x_1x_2}$$

sind in der Tabelle 2-19 enthalten.

Tab. 2-19: Regression mit dem Wechselwirkungsglied x_1x_2.

	Koeffizienten	Standardfehler	t-Statistik	P-Wert	Untere 95%	Obere 95%
Schnittpunkt	1,499444444	39,5280008	0,03793373	0,97015807	–81,5458035	84,5446923
x1	0,009888889	0,03893852	0,25396163	0,80240354	–0,0719179	0,09169567
x2	0,054722222	1,64552675	0,03325514	0,97383712	–3,40240118	3,51184563
x3	0,0125	0,02431547	0,51407593	0,61345246	–0,03858492	0,06358492
x4	0,076666667	0,04863095	1,57649952	0,132323	–0,02550316	0,1788365
x1x2	–0,000222222	0,00162103	–0,13708691	0,89248383	–0,00362788	0,00318344

Auch hier ist kein Einfluss signifikant.

Der Ansatz

$$y = a_0 + a_1x_1 + a_2x_2 + a_3x_3 + a_4x_4 + \underline{a_{13}x_1x_3}$$

liefert das Ergebnis:

Tab. 2-20: Regression mit dem Wechselwirkungsglied x_1x_3.

	Koeffizienten	Standardfehler	t-Statistik	P-Wert	Untere 95%	Obere 95%
Schnittpunkt	–15,41722222	17,409205	–0,88557876	0,38752244	–51,9926047	21,1581602
x1	0,026555556	0,01714084	1,54925663	0,13872302	–0,00945601	0,06256712
x2	**–0,170833333**	**0,02327788**	**–7,3388708**	8,1847E-07	–0,21973834	–0,12192833
x3	2,0425	1,57530835	1,29657155	0,21115507	–1,26710003	5,35210003
x4	0,076666667	0,04655575	1,64677101	0,11695194	–0,02114334	0,17447668
x1x3	–0,002	0,00155186	–1,28877731	0,21379396	–0,00526033	0,00126033

Hier ist die Einflussgröße x_2 signifikant.

Für den Ansatz

$$y = a_0 + a_1x_1 + a_2x_2 + a_3x_3 + a_4x_4 + \underline{a_{23}x_2x_3}$$

erhält man:

Tab. 2-21: Regression mit dem Wechselwirkungsglied x_2x_3.

	Koeffizienten	Standardfehler	t-Statistik	P-Wert	Untere 95%	Obere 95%
Schnittpunkt	8,452777778	6,65179481	1,27075143	0,21999579	–5,52212452	22,4276801
x1	**0,004555556**	**0,00161929**	**2,8133124**	0,01150365	0,00115356	0,00795755
x2	–0,235	0,26828387	–0,87593787	0,39260341	–0,79864349	0,32864349
x3	–0,1275	0,58344853	–0,21852827	0,82947604	–1,35327988	1,09827988
x4	0,076666667	0,04857856	1,57819964	0,13193196	–0,0253931	0,17872644
x2x3	0,005833333	0,02428928	0,24016081	0,81291942	–0,04519655	0,05686322

Hier ist die Einflussgröße x_1 signifikant. Betrachtet man die Korrelationskoeffizienten des jeweiligen Regressionsansatzes, so ist die Einflussgröße signifikant, die nicht im Wechselwirkungsglied enthalten ist. Das Wechselwirkungsglied ist also verantwortlich für die Multikollinearität. Betrachtet man den ersten Ansatz

$$y = a_0 + a_1 x_1 + a_2 x_2 + a_3 x_3 + a_4 x_4 + a_{12} x_1 x_2$$

so kann im Zusammenhang der Regressionsergebnisse der anderen Ansätze geschlossen werden, dass die Einflussgröße x_3 keinen Einfluss hat. Das Ergebnis der Reduzierung des Regressionsansatzes entsprechend Kapitel 1.12 ist also auch in Abhängigkeit von Multikollinearitäten – und damit von numerischen Belangen – zu sehen. Die Interpretation der Signifikanz einer Einflussgröße nur an Hand des statistischen Testes (1-32) ist dennoch auch hier mit Vorsicht zu betrachten.

2.4.4 Methode 4 – Mittelwertverschiebung

Es gibt eine weitere Möglichkeit, die negativen numerischen Effekte der Wechselwirkungsglieder zu verringern. Dazu werden die Versuchsniveaus jeder Einflussgröße betrachtet.

$$x_1 \in \{x_{1,1}; x_{1,2}; \cdots; x_{1,N_1}\}$$

$$x_2 \in \{x_{2,1}; x_{2,2}; \cdots; x_{2,N_2}\}$$

...

$$x_m \in \{x_{m,1}; x_{m,2}; \cdots; x_{m,N_m}\}$$

Im originalen Versuchsplan **V** wird von jeder Komponente des Versuchspunktes eine Konstante λ_i der jeweiligen Einflussgröße subtrahiert, so dass ein Intervall entsteht, das den Nullpunkt enthält. Für den allgemeinen Regressionsansatz

$$\begin{aligned} y &= a_0 + a_1 f_1(x_1, x_2, ..., x_m) + ... + a_n f_n(x_1, x_2, ..., x_m) + \varepsilon \\ y &= \mathbf{a}^\mathrm{T}\mathbf{f}(\underline{\mathbf{x}}) + \varepsilon \qquad \text{mit} \\ \mathbf{a}^\mathrm{T} &= (a_0, a_1, ..., a_n) \\ \mathbf{f}(\underline{\mathbf{x}})^T &= (1, f_1(x_1, x_2, ..., x_m), ..., f_n(x_1, x_2, ..., x_m)) \end{aligned} \tag{1-10}$$

kann – entsprechend der Definition der verallgemeinerten Kovarianz in Kapitel 2.2.2 –

$$\operatorname{cov}(f_i f_j) = \frac{1}{k}\sum_{\nu=1}^{k} f_i(\underline{x}_\nu) f_j(\underline{x}_\nu) - \overline{f}_i \overline{f}_j \tag{2-7}$$

die Informationsmatrix $(\mathbf{F}^\mathrm{T}\mathbf{F})$ in der Form

$$\frac{1}{k}(\mathbf{F}^\mathrm{T}\mathbf{F}) = \mathbf{C} + \mathbf{M} \tag{2-10}$$

mit

$$\mathbf{C} = \left(\left(c_{i,j}\right)\right)_{i,j=1,2,...,m} = \left(\left(\operatorname{cov}(f_i, f_j)\right)\right)_{i,j=1,2,...,n} \text{ und } \mathbf{M} = \left(\left(\overline{f}_i \overline{f}_j\right)\right)_{i,j=1,2,...,n}$$

und

$$\overline{f}_i = \frac{1}{k}\sum_{\nu=1}^{k} f_i(\underline{x}_\nu) \qquad \overline{f}_j = \frac{1}{k}\sum_{\nu=1}^{k} f_j(\underline{x}_\nu) \tag{2-8}$$

dargestellt werden. Das Prinzip der Verringerung der Multikollinearitäten durch eine geeignete Transformation des Versuchsbereiches besteht darin, die Elemente der Matrix **M** in (2-10) so zu transformieren, dass alle möglichst dem Wert Null haben. Das Ziel besteht also darin, die Verschiebung λ_i so zu wählen, dass mit der λ-Transformation die Größen

$$\overline{f}_i = 0 \text{ für } i = 1,2,...,m \tag{2-47}$$

erfüllt wird. Wegen Kapitel 2.1.2 in Kapitel 2.1.1. ist die so transformierte Informationsmatrix $(\mathbf{F}^{\mathrm{T}}\mathbf{F})$ die Kovarianzmatrix $\mathbf{C}$. Die folgenden Ausführungen lassen sich auch aus Kapitel 2.1.2 und Satz 2 aus Kapitel 2.1.1 erklären.

Die Verschiebung soll entsprechend (2-47) gewählt werden. Dazu wird in einem vollständigen Versuchsplan von jedem Versuchspunkt $x_{i,j}$ die gesuchte Verschiebungskonstante λ_i subtrahiert und der Mittelwert gebildet.

$$\frac{1}{N_1 N_2 ... N_m}\sum_{j=1}^{N_1 N_2 ... N_m}(f_i(x_j) - \lambda_i) = \frac{N_1 N_2 ... N_{i-1} N_{i+1} ... N_m}{N_1 N_2 ... N_m}\sum_{j=1}^{N_i}(f_i(x_j) - \lambda_i) = 0$$

N_i beschreibt die Anzahl der Niveaus der Einflussgröße x_i und λ_i den Mittelwert der Niveaus der Einflussgröße x_i.

$$\lambda_i = \frac{1}{N_i}\sum_{j=1}^{N_i} f_i(x_j)$$

Ist die Informationsmatrix $(\mathbf{F}^{\mathrm{T}}\mathbf{F})$ für den allgemeinen Regressionsansatz (1-10) eine orthogonale Matrix (die alle Elemente der Nebendiagonalen verschwinden), dann hat $(\mathbf{F}^{\mathrm{T}}\mathbf{F})$ den Aufbau:

$$(\mathbf{F}^{\mathrm{T}}\mathbf{F}) = \begin{pmatrix} \operatorname{cov}(f_1;f_1) & 0 & \cdots & 0 \\ 0 & \operatorname{cov}(f_2;f_2) & \cdots & 0 \\ \vdots & \vdots & \cdots & \vdots \\ 0 & 0 & \cdots & \operatorname{cov}(f_n;f_n) \end{pmatrix}$$

Die Regressionskoeffizienten für (1-10) lassen sich durch:

$$a_i = \frac{\frac{1}{k}\sum_{e=1}^{k} f_i(\underline{x}_{\nu;e}) y_e}{\operatorname{cov}(f_i;f_i)} \quad \mathrm{i} = 1,2,...,\mathrm{m} \tag{2-48}$$

berechnen, wobei $\underline{x}_{v;e} \in V_p$ Element des Versuchsplanes V_p ist. Entsprechend (1-46) gilt für den Parameter $a_0 = \overline{\mathbf{y}} - \sum_{i=1}^{m} a_i \overline{f_i}$.

Für die allgemeinen vollständigen Faktorpläne entsprechend (2-6) gilt

$$f_1 = x_1; f_2 = x_1; \cdots; f_m = x_m.$$

Die Forderung (2-47) $\overline{f}_i = 0$ für $i = 1,2,\ldots,m$ wird also erfüllt, wenn

$$\lambda_i = \overline{x}_i \tag{2-49}$$

gewählt wird. Es gelten die Transformationen:

$$\tilde{x}_i = x_i - \overline{x}_i \quad i = 1,2,\ldots,m \tag{2-50}$$

Die Transformation entsprechend (2-50) $\tilde{x}_i = x_i - \overline{x}_i \quad i = 1,2,\ldots,m$ ist invariant bezüglich der Varianz. Es gilt:

$$\begin{aligned} \operatorname{cov}(\tilde{x}_i, \tilde{x}_j) &= \frac{1}{k}\sum_{e=1}^{k} (\tilde{x}_{ei} - \underbrace{\overline{\tilde{x}_i}}_{=0})(\tilde{x}_{ej} - \underbrace{\overline{\tilde{x}_j}}_{=0}) \\ &= \frac{1}{k}\sum_{e=1}^{k} (x_{i,e} - \overline{x}_i)(x_{i,e} - \overline{x}_j) = \operatorname{cov}(x_i, x_j) \end{aligned} \tag{2-51}$$

Insbesondere gilt wegen (2-51)

$$\operatorname{cov}(\tilde{x}_i, \tilde{x}_i) = \sigma^2_{\tilde{x}_i} = \frac{1}{k}\sum_{e=1}^{k} (\tilde{x}_{ei} - \underbrace{\overline{\tilde{x}_i}}_{=0})^2 = \frac{1}{k}\sum_{e=1}^{k} (x_{i,e} - \overline{x}_i)^2 = \operatorname{cov}(x_i, x_j) = \sigma^2_{x_i}$$

(Siehe auch Kapitel 2.1.2 in Kapitel 2.1.1.) Durch die Transformation (2-50) wird die Regression auf das Zentrum ausgerichtet. Die Varianz bleibt von der Transformation unverändert.

Wegen der Übersichtlichkeit wird ein Regressionsansatz mit drei Einflussvariablen

$$\eta(x_1, x_2, \cdots, x_m) = a_0 + a_1x_1 + a_2x_2 + a_3x_3 + a_{12}x_1x_2 + a_{13}x_1x_3 + a_{23}x_2x_3 + a_{123}x_1x_2x_3$$

betrachtet. Jede Einflussgröße kann nur in zwei Niveaus gewählt werden.

$$x_1 \in \{x_{1,A}; x_{1,E}\}$$

$$x_2 \in \{x_{2,A}; x_{2,E}\}$$

$$\ldots$$

$$x_m \in \{x_{m,A}; x_{m,E}\}$$

Die Wirkungsfläche hat nach der Transformation die Darstellung:

$$\eta(x_1, x_2, x_3) = a_0 + a_1\tilde{x}_1 + a_2\tilde{x}_2 + a_3\tilde{x}_3 + a_{12}\tilde{x}_1\tilde{x}_2 + a_{13}\tilde{x}_1\tilde{x}_3 + +a_{23}\tilde{x}_2\tilde{x}_3 + a_{123}\tilde{x}_1\tilde{x}_2\tilde{x}_3$$

wobei

$$\begin{aligned}\tilde{x}_1 &\in \left[x_{1,A} - \frac{1}{2}(x_{1,A} + x_{1,E}); x_{1,E} + \frac{1}{2}(x_{1,A} + x_{1,E}) \right] \\ &= \left[-\frac{1}{2}(x_{1,E} - x_{1,A}); +\frac{1}{2}(x_{1,E} - x_{1,A}) \right] \\ &= \left[-b_1; +b_1 \right]\end{aligned}$$

$$\tilde{x}_2 \in \left[-b_2; +b_2 \right]$$

$$\ldots$$

$$\tilde{x}_i \in \left[-b_i; b_i \right] \; \mathrm{i} = 1,2,\ldots \mathrm{m} \qquad (2\text{-}52)$$

Mit der Transformation $\tilde{x}_i = x_i - \lambda_i$ wird in (2-47) $\overline{f}_i = 0$ für $i = 1,2,\ldots,m$ erfüllt. Es ist $\tilde{x}_i = x_i - \lambda_i$ symmetrisch zum Nullpunkt. Werden alle Versuchskombinationen durchgeführt, dann verschwinden wegen (2-52) und Kapitel 2.1.2 auch die Kovarianzen aller Wechselwirkungen $\tilde{x}_1\tilde{x}_2; \tilde{x}_1\tilde{x}_3; \cdots; \tilde{x}_1\tilde{x}_2\tilde{x}_3; \cdots$. Damit ist **M** in (2-10) mit der Nullmatrix identisch und es ist wegen (2-20):

$$\left(\tilde{\mathbf{F}}^{\mathrm{T}} \tilde{\mathbf{F}} \right) = k\mathbf{C}$$

$$\left(\tilde{\mathbf{F}}^{\mathrm{T}} \tilde{\mathbf{F}} \right) = 2^3 \begin{pmatrix} \mathrm{cov}(\tilde{x}_1;\tilde{x}_1) & 0 & 0 & 0 & 0 & 0 & 0 \\ 0 & \mathrm{cov}(\tilde{x}_2;\tilde{x}_2) & 0 & 0 & 0 & 0 & 0 \\ 0 & 0 & \mathrm{cov}(\tilde{x}_3;\tilde{x}_3) & 0 & 0 & 0 & 0 \\ 0 & 0 & 0 & \mathrm{cov}(\tilde{x}_1\tilde{x}_2;\tilde{x}_1\tilde{x}_2) & 0 & 0 & 0 \\ 0 & 0 & 0 & 0 & \mathrm{cov}(\tilde{x}_1\tilde{x}_3;\tilde{x}_1\tilde{x}_3) & 0 & 0 \\ 0 & 0 & 0 & 0 & 0 & \mathrm{cov}(\tilde{x}_2\tilde{x}_3;\tilde{x}_2\tilde{x}_3) & 0 \\ 0 & 0 & 0 & 0 & 0 & 0 & \mathrm{cov}(\tilde{x}_1\tilde{x}_2\tilde{x}_3;\tilde{x}_1\tilde{x}_2\tilde{x}_3) \end{pmatrix}$$

Es gilt daher für (2-52) wegen (2-21):

$$\left(\mathbf{F}^{\mathrm{T}} \mathbf{F} \right) = 2^3 \begin{pmatrix} b_1^2 & 0 & 0 & 0 & 0 & 0 & 0 \\ 0 & b_2^2 & 0 & 0 & 0 & 0 & 0 \\ 0 & 0 & b_3^2 & 0 & 0 & 0 & 0 \\ 0 & 0 & 0 & b_1^2 b_2^2 & 0 & 0 & 0 \\ 0 & 0 & 0 & 0 & b_1^2 b_3^2 & 0 & 0 \\ 0 & 0 & 0 & 0 & 0 & b_2^2 b_3^2 & 0 \\ 0 & 0 & 0 & 0 & 0 & 0 & b_1^2 b_2^2 b_3^2 \end{pmatrix} \qquad (2\text{-}53)$$

Diese Informationsmatrix ist – auf Grund der Transformation (2-50) – eine Diagonalmatrix, deren Inversion numerischen keine Probleme bereitet und sofort angegeben werden kann. Zur übersichtlichen Darstellung wird lediglich eine Wirkungsfläche mit drei Einflussgrößen und allen Wechselwirkungsglieder betrachtet. Die Inverse der Matrix (2-53) ist

$$\left(\mathbf{F}^{\mathrm{T}}\mathbf{F}\right)^{-1} = 2^{-3}\begin{pmatrix} \frac{1}{b_1^2} & 0 & 0 & 0 & 0 & 0 & 0 \\ 0 & \frac{1}{b_2^2} & 0 & 0 & 0 & 0 & 0 \\ 0 & 0 & \frac{1}{b_3^2} & 0 & 0 & 0 & 0 \\ 0 & 0 & 0 & \frac{1}{b_1^2 b_2^2} & 0 & 0 & 0 \\ 0 & 0 & 0 & 0 & \frac{1}{b_1^2 b_3^2} & 0 & 0 \\ 0 & 0 & 0 & 0 & 0 & \frac{1}{b_2^2 b_2^2} & 0 \\ 0 & 0 & 0 & 0 & 0 & 0 & \frac{1}{b_1^2 b_2^2 b_3^2} \end{pmatrix} \tag{2-54}$$

Die Regressionskoeffizienten werden unter Berücksichtigung von Kapitel 2.1.4 nach (2-6) berechnet

$$\underline{\mathbf{a}} = (\mathbf{F}^T\mathbf{F})^{-1}\mathbf{F}^T\underline{\mathbf{y}} \tag{2-6}$$

Die obige Berechnungsvorschrift gilt insbesondere für vollständige Faktorpläne, Teilfaktorpläne und mehrfach wiederholte Faktor- oder Teilfaktorpläne. Die jeweilige Anzahl der Versuche wird mit k bezeichnet.

$$k = \begin{cases} 2^m & \text{für vollständige Faktorpläne} \\ 2^{m-t} & \text{für Teilfaktorpläne} \\ w2^m & \text{für w-mal durchgeführte vollständige Faktorpläne} \\ w2^{m-t} & \text{für w-mal durchgeführte Teilfaktorplane} \end{cases} \tag{2-55}$$

Entsprechend den obigen Beziehungen lassen sich nach (2-6) die Regressionskoeffizienten berechnen.

$$a_0 = \frac{1}{k}\sum_{e=1}^{k} y_e$$

$$a_i = \frac{1}{kb_i^2}\sum_{e=1}^{k} \tilde{x}_{i,e} y_e \quad \mathrm{i} = 1,2,3$$

$$a_{i,j} = \frac{1}{kb_i^2 b_j^2} \sum_{e=1}^{k} \tilde{x}_{i,e} \tilde{x}_{j,e} y_e \quad \text{i,j} = 1,2,3 \ \text{i} < \text{j}$$

$$a_{1,2,3} = \frac{1}{kb_1^2 b_2^2 b_3^2} \sum_{e=1}^{k} \tilde{x}_{1,e} \tilde{x}_{2,e} \tilde{x}_{3,e} y_e \tag{2-56}$$

Auf Grund von (1-28) kann die Varianz des Regressionskoeffizienten durch, $D^2(a_i) = \sigma^2 c_{i,i}$ worin $c_{i,i}$ das Hauptdiagonalelement von $(\mathbf{F}^T\mathbf{F})^{-1}$ ist, einfach bestimmt werden:

$$D^2(a_i) = \sigma^2 c_{ii} = \frac{\sigma^2}{kb_i^2} \quad \text{i} = 1,2,\ldots,\text{m}$$

$$D^2(a_{i,j}) = \sigma^2 c_{ii} = \frac{\sigma^2}{kb_i^2 b_j^2} \quad \text{i,j} = 1,2,\ldots,\text{m} \ \text{i} < \text{j} \tag{2-57}$$

$$D^2(a_{1,2,3}) = \sigma^2 c_{ii} = \frac{\sigma^2}{kb_1^2 b_2^2 b_3^2} \quad \text{i,j,k} = 1,2,\ldots,\text{m} \ \text{i} < \text{j} < \text{k}$$

Es ist möglich, die Regressionskoeffizienten auch anders zu bestimmen. Wegen der Symmetrie zum Nullpunkt gilt analog (2-31)

$$a_i = \frac{1}{kb_i^2} \sum_{j=1}^{k} \tilde{x}_{i,j} y_j$$

$$= \left\{ \frac{1}{kb_i^2} \sum_{j\varepsilon\{1,2,\ldots,n\}}^{\frac{k}{2}} (+b_i) \cdot y_j \middle| \tilde{x}_{i,j} = +b_i \quad + \frac{1}{kb_i^2} \sum_{j\varepsilon\{1,2,\ldots,n\}}^{\frac{k}{2}} (-b_i) \cdot y_j \middle| \tilde{x}_{i,j} = -b_i \right.$$

$$= \frac{1}{2} \left(b_i \frac{2}{kb_i^2} \sum_{\{\tilde{x}_{i,j}=+b_i\}}^{\frac{k}{2}} y_j(+b_i) - b_i \frac{2}{kb_i^2} \sum_{\{\tilde{x}_{i,j}=-b_i\}}^{\frac{k}{2}} y_j(-b_i) \right) \quad j \in \{1,2,\ldots,k\}$$

$$= \frac{1}{2b_i} \left(\bar{y}_i(+b_i) - \bar{y}_i(-b_i) \right) = \frac{1}{2b_i} 2\alpha_i = \frac{\alpha}{b_i}$$

Analog gilt für $a_{i,j}$

$$a_{i,j} = \frac{1}{kb_i^2 b_j^2} \sum_{e=1}^{k} \tilde{x}_{i,e} \tilde{x}_{j,e} y_e = \frac{1}{b_i b_j} \left(\frac{2}{k} \sum_{\{\tilde{x}_{i,j}=+b_i\}}^{\frac{k}{2}} y_j(+b_i) - \frac{2}{k} \sum_{\{\tilde{x}_{i,j}=-b_i\}}^{\frac{k}{2}} y_j(-b_i) \right) = \frac{\alpha_{i,j}}{b_i b_j}$$

Daraus folgt der Zusammenhang zwischen dem auf $[-1;+1]$ normierten orthogonalen Versuchsplan und dem – entsprechend (2-50) mit $\tilde{x}_i = x_i - \lambda_i$ $i = 1,2,\ldots,m$ transformierten Regressionskoeffizienten:

$$a_i = \frac{\alpha_i}{b_i} \quad i = 1,2,...,m$$

$$a_{i,j} = \frac{\alpha_{i,j}}{b_i b_j} \quad i = 1,2,...,m;\ j < i$$

$$a_{i,j,k} = \frac{\alpha_{i,j,k}}{b_i b_j b_k} \quad i = 1,2,...,m;\ j < i;\ k < j \qquad (2\text{-}58)$$

$$\vdots$$

Anmerkung

Die Effekte α_i der $[-1;+1]$ transformierte Faktorpläne und der mit (2-50) auf $[-b_i;+b_i]$ transformierte Faktorpläne unterscheiden sich nicht. Denn, entsprechend (2-50)

$$\tilde{x}_i = x_i - \bar{x}_i \quad i = 1,2,...,m \qquad (2\text{-}50)$$

ist $\tilde{x}_i \in [-b_i;+b_i]$ und wegen (2-58) gilt für

$$\eta(x_1, x_2, \cdots, x_m) = a_0 + a_1\tilde{x}_1 + a_2\tilde{x}_2 + ... + a_m\tilde{x}_m$$

$$\eta(x_1, x_2, \cdots, x_m) = a_0 + \frac{\alpha_1}{b_1}\tilde{x}_1 + \frac{\alpha_2}{b_2}\tilde{x}_2 + ... + \frac{\alpha_m}{b_m}\tilde{x}_m$$

Die Wirkung einer Einflussgröße, die entsprechend (2-50) transformiert wurde, wird durch den Effekt

$$\eta(b_1, b_2, \cdots, b_m) - \eta(-b_1, -b_2, \cdots, -b_m) = \alpha_1 + \alpha_2 + \cdots + \alpha_m - (-\alpha_1 - \alpha_2 - \cdots - \alpha_m)$$
$$= 2\alpha_1 + 2\alpha_2 + \cdots + 2\alpha_m$$

bewertet. Wobei die Berechnungsvorschrift für $2\alpha_i$ auf $\tilde{x}_i \in [-1;+1]$ transformierte Faktorpläne und $\tilde{x}_i \in [-b_i;+b_i]$ analog (2-31)

$$2\alpha_i = \left(\frac{2}{k} \sum_{\{\tilde{x}_{i,j}=+b_i\}}^{\frac{k}{2}} y_j(+b_i) - \frac{2}{k} \sum_{\{\tilde{x}_{i,j}=-b_i\}}^{\frac{k}{2}} y_j(-b_i) \right)$$

$$2\alpha_i = \bar{y}_i(+b_i) - \bar{y}_i(-b_i)$$

erfolgt.

Entsprechend (1-23) ist

$$S^2 = \frac{1}{k-n-1} \sum_{i=1}^{k} (\hat{y}_i - y_i)^2 \qquad (1\text{-}23)$$

eine erwartungstreue Schätzung für die Varianz $\sigma_{\hat{y}}^2$ der geschätzten Wirkungsfläche. Damit können auch die Vertrauensbereiche entsprechend (1-31)

$$\hat{a}_i - \frac{1}{b_i} S \cdot t_{k-m-1;1-\frac{\alpha}{2}} < a_i < \hat{a}_i + \frac{1}{b_i} S \cdot t_{k-m-1;1-\frac{\alpha}{2}}$$

$$\hat{a}_{i,j} - \frac{1}{b_{i,j}} S \cdot t_{k-m-1;1-\frac{\alpha}{2}} < a_{i,j} < \hat{a}_{i,j} + \frac{1}{b_{i,j}} S \cdot t_{k-m-1;1-\frac{\alpha}{2}} \quad \text{i = 1,2,...,m und i < j}$$

$$\ldots$$

angegeben werden.

Die Werte im originalen Bereich können einfach durch:

$$\eta(x_1, x_2, x_3) = a_0 + a_1\tilde{x}_1 + a_2\tilde{x}_2 + a_3\tilde{x}_3 + a_{12}\tilde{x}_1\tilde{x}_2 + a_{13}\tilde{x}_1\tilde{x}_3 + +a_{23}\tilde{x}_2\tilde{x}_3 + a_{123}\tilde{x}_1\tilde{x}_2\tilde{x}_3$$

berechnet werden. Wegen Kapitel 2.1.5 gelten die Berechnungsvorschriften für die transformierten Regressionsansätze (2-50), die dann entsprechend (2-56), (2-57) und (2-58) einfach zu erweitern sind. Es gilt dann weiterhin

$$\eta(x_1, x_2, \cdots, x_m) = a_0 + a_1\tilde{x}_1 + a_2\tilde{x}_2 + \ldots + a_m\tilde{x}_m + \sum_{\substack{i_1,i_2=1 \\ i_1<i_2}}^{m} a_{i_1i_2}\tilde{x}_{i_1}\tilde{x}_{i_2} + \sum_{\substack{i_1,i_2,i_3=1 \\ i_1<i_2 \\ i_2<i_3}}^{m} a_{i_1i_2i_3}\tilde{x}_{i_1}\tilde{x}_{i_2}\tilde{x}_{i_3} + \ldots$$

(2-24)

Für die allgemeinen vollständigen Faktorpläne (Kapitel 2.1. Definition 2) gelten die Beziehungen (2-56), (2-57) und (2-58), wobei die Versuchsanzahl k ist lediglich zu aktualisieren ist.

2.4.5 Beispiel

Für das betrachtete Beispiel 2.4.2. ist:

$$f_1 = x_1$$
$$f_2 = x_2$$
$$f_3 = x_3$$
$$f_4 = x_4$$
$$f_5 = x_1x_2$$
$$f_6 = x_1x_3$$
$$f_7 = x_2x_3$$

Die Verschiebungskonstanten ergeben sich zu:

$$\lambda_1 = (1030 + 1000)/2 = 1015$$

$$\lambda_2 = (25 + 23)/2 = 24$$

$$\lambda_3 = (12+10)/2 = 11$$

$$\lambda_4 = (3+2)/2 = 2{,}5$$

Die Temperatur wird in dem Bereich von 1000°C und 1030°C variiert. Eine Möglichkeit der praktischen Interpretation der Versuchsbedingungen ist folgende: Es wird angenommen, dass die bisherige Einstellung der Parameter (Arbeitspunkt) im Mittelwert des zu untersuchenden Intervalls ist und der Effekt untersucht werden soll, wenn – ausgehend vom Arbeitspunkt – die Variation mit der Intervallhälfte nach „oben" und nach „unten" die Versuche durchgeführt werden. Das wird dadurch erreicht, in dem vom bisherigen Versuchsplan (2-40) der jeweilige Mittelwert der Einflussgröße subtrahiert, beziehungsweise addiert wird. Damit werden die gleichen Versuchsbedingungen realisiert wie im Versuchsplan (2-40). Lediglich bei der Auswertung werden unangenehme numerische Effekte durch die Transformation (2-49) eliminiert.

Die folgende Tabelle 2-22 zeigt den Versuchsplan (2-43) der Ursprungsdaten nach der „Mittelwertverschiebung" (λ-Transformation)

Tab. 2-22: Versuchsplan (2-43) nach der Verschiebung um den Mittelwert (λ-Transformation).

x1	x2	x3	x4	x1x2	x1x3	x2x3	y
–15	–1	–1	–0,5	15	15	1	7,78
15	–1	–1	0,5	–15	–15	1	8,15
–15	1	–1	0,5	–15	15	–1	7,50
15	1	–1	–0,5	15	–15	–1	7,59
–15	–1	1	0,5	15	–15	–1	7,94
15	–1	1	–0,5	–15	15	–1	7,69
–15	1	1	–0,5	–15	–15	1	7,56
15	1	1	0,5	15	15	1	7,56
–15	–1	–1	–0,5	15	15	1	7,78
15	–1	–1	0,5	–15	–15	1	8,18
–15	1	–1	0,5	–15	15	–1	7,56
15	1	–1	–0,5	15	–15	–1	7,56
–15	–1	1	0,5	15	–15	–1	8,00
15	–1	1	–0,5	–15	15	–1	8,09
–15	1	1	–0,5	–15	–15	1	7,62
15	1	1	0,5	15	15	1	7,81
–15	–1	–1	–0,5	15	15	1	7,81
15	–1	–1	0,5	–15	–15	1	7,88
–15	1	–1	0,5	–15	15	–1	7,50
15	1	–1	–0,5	15	–15	–1	7,75
–15	–1	1	0,5	15	–15	–1	7,88
15	–1	1	–0,5	–15	15	–1	8,06
–15	1	1	–0,5	–15	–15	1	7,44
15	1	1	0,5	15	15	1	7,69

In dem betrachteten Beispiel handelt es sich um einen $w = 3$ mal wiederholten 2^{4-1} Teilfaktorplan mit insgesamt $k = 3 \cdot 2^{4-1} = 24$ Versuchen. Die so transformierten Einflussgrößen sind symmetrisch zum Nullpunkt und es kann (2-20) aus Kapitel 2.1.4 in Anwendung kommen. Auf Grund der λ-Transformation kann

x_1 nur im Intervall $[-15,+15]$ → $b_1 = 15$

x_2 nur im Intervall $[-1,+1]$ → $b_2 = 1$

x_3 nur im Intervall $[-1,+1]$ → $b_3 = 1$

x_4 nur im Intervall $[-0,5,+0,5]$ → $b_4 = 0,5$

gewählt werden. Da es sich bei dem Beispiel Kapitel 2.4.2 um eine Anwendung von einem 2^{4-1} Teilfaktorplan entsprechend dem Regressionsansatz

$$\eta(x_1, x_2, x_3, x_4) = a_0 + a_1\tilde{x}_1 + a_2\tilde{x}_2 + a_3\tilde{x}_3 + a_4\tilde{x}_4 + a_{12}\tilde{x}_1\tilde{x}_2 + a_{13}\tilde{x}_1\tilde{x}_3 + a_{23}\tilde{x}_2\tilde{x}_3$$

handelt, kann nach der λ-Transformation die Informationsmatrix $(\tilde{\mathbf{F}}^T\tilde{\mathbf{F}})$ angegeben werden.

$$(\tilde{\mathbf{F}}^T\tilde{\mathbf{F}}) = 24\begin{pmatrix} 15^2 & 0 & 0 & 0 & 0 & 0 & 0 \\ 0 & 1^2 & 0 & 0 & 0 & 0 & 0 \\ 0 & 0 & 1^2 & 0 & 0 & 0 & 0 \\ 0 & 0 & 0 & (0,5)^2 & 0 & 0 & 0 \\ 0 & 0 & 0 & 0 & 15^2 1^2 & 0 & 0 \\ 0 & 0 & 0 & 0 & 0 & 15^2 1^2 & 0 \\ 0 & 0 & 0 & 0 & 0 & 0 & 1^2 1^2 \end{pmatrix}$$

Daraus ergibt sich sofort die Inverse von $(\tilde{\mathbf{F}}^T\tilde{\mathbf{F}})$

$$(\tilde{\mathbf{F}}^T\tilde{\mathbf{F}})^{-1} = \frac{1}{24}\begin{pmatrix} \frac{1}{225} & 0 & 0 & 0 & 0 & 0 & 0 \\ 0 & 1 & 0 & 0 & 0 & 0 & 0 \\ 0 & 0 & 1 & 0 & 0 & 0 & 0 \\ 0 & 0 & 0 & 4 & 0 & 0 & 0 \\ 0 & 0 & 0 & 0 & \frac{1}{225} & 0 & 0 \\ 0 & 0 & 0 & 0 & 0 & \frac{1}{225} & 0 \\ 0 & 0 & 0 & 0 & 0 & 0 & 1 \end{pmatrix}$$

Zur Demonstration wird mit der oben beschriebenen Methode (2-55) lediglich der Koeffizient a_1 und a_{12} bestimmt.

Für dieses Beispiel ist entsprechend (2-56):

$$k = 3 \cdot 2^{4-1} = 24,\; b_1^2 = 15^2 = 225,\; \sum_{e=1}^{k} \tilde{x}_{1,e} y_e = 24{,}6$$

$$a_1 = \frac{1}{k b_1^2} \sum_{e=1}^{k} \tilde{x}_{1,e} y_e = \frac{24{,}6}{24 \cdot 225} = 0{,}004555556$$

$$b_1^2 b_2^2 = 1^2 \cdot 15^2 = 225,\; \sum_{e=1}^{k} \tilde{x}_{1,e} \tilde{x}_{2,e} y_e = -1{,}2$$

$$a_{12} = \frac{1}{k b_1^2 b_2^2} \sum_{e=1}^{k} \tilde{x}_{1,e} \tilde{x}_{2,e} y_e = \frac{-1{,}2}{24 \cdot 225} = -0{,}000222222$$

Für die Berechnung mit den α Koeffizienten nach (2-58) gilt:

$$2\alpha_1 = 0{,}13667; \qquad \alpha_1 = 0{,}06833; \qquad a_1 = \frac{\alpha_1}{b_1} = \frac{0{,}06833}{15} = 0{,}004555556$$

$$2\alpha_{12} = -0{,}0066667;\; \alpha_{12} = -0{,}00333333;\; a_{12} = \frac{\alpha_{12}}{b_1 b_2} = \frac{-0{,}00333333}{15 \cdot 1} = -0{,}00022222$$

Das Regressionsergebnis liefert die gleichen inhaltlichen Ergebnisse bezüglich der Signifikanz der Einflussgrößen und der Wechselwirkungsglieder wie bei der Auswertung des vollständigen Faktorplanes (2-40) erhalten wurden. Der Vorteil ist darin zu sehen, dass die tatsächlichen Regressionskoeffizienten mit der Methode 4 berechnet werden. Man beachte jedoch bitte das folgende Kapitel 2.4.5!

Tab. 2-23: Berechnungsergebnisse von Beispiel 2.4.2 mit der Methode der Mittelwertverschiebung (λ-Transformation).

Regressions-Statistik	
Bestimmtheitsmaß	0,790
Standardfehler	0,121
Beobachtungen	24

	Koeffizienten	Standardfehler	t-Statistik	P-Wert	Untere 95%	Obere 95%
Schnittpunkt	7,765833333	0,024632719	315,26497	8,8454E-32	7,7136143	7,818052364
x1	**0,004555556**	**0,001642181**	**2,77408816**	0,01354581	0,00107429	0,008036824
x2	**–0,170833333**	**0,024632719**	**–6,93522039**	3,3572E-06	–0,22305236	–0,118614303
x3	0,0125	0,024632719	0,50745515	0,61875848	–0,03971903	0,064719031
x4	0,076666667	0,049265438	1,55619579	0,1392184	–0,02777139	0,181104728
x1x2	–0,000222222	0,001642181	–0,13532137	0,8940456	–0,00370349	0,003259046
x1x3	–0,002	0,001642181	–1,21789236	0,24092111	–0,00548127	0,001481269
x2x3	0,005833333	0,024632719	0,2368124	0,8158076	–0,0463857	0,058052364

Beobachtung	*Schätzung für y*	*N(0;0145625)*
1	7,790	-0,010
2	8,070	0,080
3	7,520	-0,020
4	7,633	-0,043
5	7,940	0,000
6	7,947	-0,257
7	7,540	0,020
8	7,687	-0,127
9	7,790	-0,010
10	8,070	0,110
11	7,520	0,040
12	7,633	-0,073
13	7,940	0,060
14	7,947	0,143
15	7,540	0,080
16	7,687	0,123
17	7,790	0,020
18	8,070	-0,190
19	7,520	-0,020
20	7,633	0,117
21	7,940	-0,060
22	7,947	0,113
23	7,540	-0,100
24	7,687	0,003

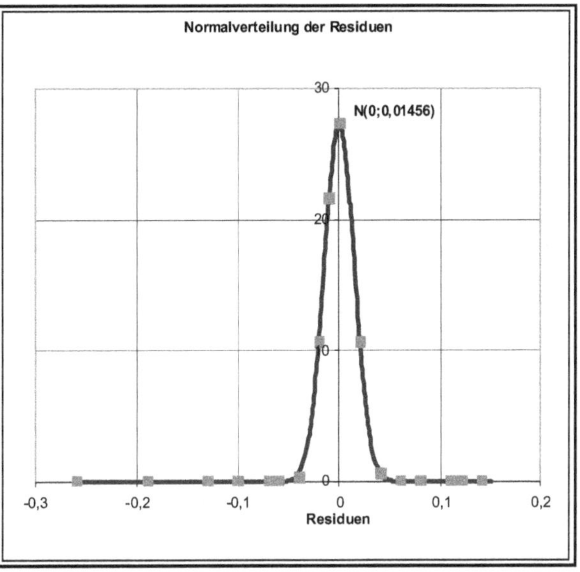

Abb. 2-5: Residuen und Normalverteilung der Regressionsergebnisse.

Werden die Daten eines orthogonalen Versuchsplanes entsprechend (2-25) transformiert.

$$\tilde{x}_i = \frac{2x_i - \left(A_i + E_i\right)}{E_i - A_i} \qquad (2\text{-}25)$$

Auf Grund dieser Transformation wird das betrachtete Intervall einer Einflussgröße $x_i \in \left[A_i; E_i\right]$ auf das einheitliche Intervall $\tilde{x}_i \in [-1;+1]$ abgebildet. Damit werden die tatsächlichen Gradienten verschleiert.

Der Vorteil dieser Berechnung des Problems mit der Mittelwertverschiebung besteht darin, dass die Regressionskoeffizienten mit den tatsächlichen Gradienten übereinstimmen. Auch andere Werte der Wirkungsfläche berechnet werden können. Außerdem ist diese Transformation sehr günstig für die Optimierung eines Prozesses – siehe Kapitel 2.7 und Kapitel 3.

Die Residuen der Methoden 1, Methode 3 und Methode 4 sind identisch. Damit sind die errechneten Prognosen innerhalb des Versuchsbereiches auch gleich. Der entscheidende Unterschied liegt aber in der Interpretation der signifikanten Einflussgrößen und in der Interpretation der Gradienten der gewählten Lösungsmethode. Am ungünstigsten – im Hinblick auf die Festlegung der signifikanten Einflussgrößen – ist die Methode 2. Bei der Methode 1 müssen die tatsächlichen Gradienten erst noch ermittelt werden. Die Ergebnisse der Methode 4 lassen sich an einfachsten interpretieren, da diese „Nachteile" nicht auftreten können.

2.4.6 Fehlinterpretationen durch „Wechselwirkungsglieder"

Häufig werden bei der Auswertung Versuchsplanung (2.4.1. Methode 1 und Kapitel 2.4.4. Methode 4) oder auch bei der Interpretation der Versuchsplanung nach Taguchii (Kapitel 2.6.) die sogenannten „Wechselwirkungsglieder" inhaltlich – also auf den untersuchten Prozess – bezogen. An einem Beispiel soll gezeigt werden, dass diese Interpretationen vollkommen falsch sein können und warum das so ist. Es wird angenommen, dass die Versuchs durch den Zusammenhang:

$$\eta(x,y,z) = 1 + 2x + 3z + 4yz \qquad (2\text{-}59)$$

beschrieben werden und in dem Versuchsbereich:

$$x \in [2,8]$$
$$y \in [2,8]$$
$$z \in [2,8]$$

gelten.

Tab. 2-24: Vollständiger Faktorplan zum obigen Beispiel.

K	x	y	z	xy	xz	yz	$\eta(x,y,z)$
1	2	2	2	4	4	4	27
1	2	2	8	4	16	16	93
1	2	8	2	16	4	16	75
1	2	8	8	16	16	64	285
1	8	2	2	16	16	4	39
1	8	2	8	16	64	16	105
1	8	8	2	64	16	16	87
1	8	8	8	64	64	64	297

Tab. 2-25: Ergebnis der Regression.

Regressions-Statistik	
Bestimmtheitsmaß	1
Standardfehler	1,74825E-14
Beobachtungen	8

	Koeffizienten	Standardfehler	t-Statistik	P-Wert	Untere 95%	Obere 95%
Schnittpunkt	1	3,52271E-14	2,83872E+13	2E-14	1	1
x	2	5,27525E-15	3,79129E+14	2E-15	2	2
y	0	5,27525E-15	0	1	–6,70284E-14	6,70284E-14
z	3	5,27525E-15	5,68694E+14	1E-15	3	3
xy	0	6,86779E-16	0	1	–8,72635E-15	8,72635E-15
xz	0	6,86779E-16	0	1	–8,72635E-15	8,72635E-15
yz	4	6,86779E-16	5,82429E+15	1E-16	4	4

Die Regressionskoeffizienten werden korrekt berechnet. Es werden die Koeffizienten mit der üblichen Methode der [–1;+1] transformierten Einstellparameter (2.4.1. Methode 1) berechnet – Tabelle 2-26

Tab. 2-26: Tableau für die [–1;+1] Transformation.

K	x	y	z	xy	xz	yz	$\eta(x,y,z)$
1	–1	–1	–1	1	1	1	27
1	–1	–1	1	1	–1	–1	93
1	–1	1	–1	–1	1	–1	75
1	–1	1	1	–1	–1	1	285
1	1	–1	–1	–1	–1	1	39
1	1	–1	1	–1	1	–1	105
1	1	1	–1	1	–1	–1	87
1	1	1	1	1	1	1	297

Tab. 2-27: Ergebnis der Regression mit den Werten von Daten von Tabelle 2-26.

Regressions-Statistik	
Bestimmtheitsmaß	1
Standardfehler	2,0097E-14
Beobachtungen	8

	Koeffizienten	Standardfehler	t-Statistik	P-Wert	Untere 95%	Obere 95%
Schnittpunkt	126	7,10543E-15	0	1	–9,0283E-14	9,0283E-14
x	6	7,10543E-15	8,44425E+14	7,53909E-16	6	6
y	**60**	**7,10543E-15**	**8,44425E+15**	**7,53909E-17**	**60**	**60**
z	69	7,10543E-15	9,71089E+15	6,55573E-17	69	69
xy	–4,3963E-15	7,10543E-15	–0,618718434	0,647268416	–9,46793E-14	8,58868E-14
xz	–2,0725E-14	7,10543E-15	–2,916815472	0,210263863	–1,11008E-13	6,95578E-14
yz	36	7,10543E-15	5,06655E+15	1,25652E-16	36	36

Nach dieser Regression hat die Variable y einen signifikanten Einfluss obwohl sie im bekannten Regressionsansatz (2-59) so nicht verwendet wird. Dieses Ergebnis kann zu wesentlichen Fahleinschätzungen der Wirkung von Wechselwirkungsgliedern im untersuchten Prozess führen! Durch den Zusammenhang (2-29)

$$a_i = \frac{2\alpha_i}{E_i - A_i} \qquad (2\text{-}29)$$

mit $E_i - A_i = 8 - 2 = 6$ wird die Normierung der Einflussgrößen rückgängig gemacht. Mit der Methode 2.4.4 werden die Koeffizienten a_i sofort berechnet – Tabelle 2-28

Tab. 2-28: Tableau entsprechend Methode 4.

K	x	y	z	xy	xz	yz	$\eta(x,y,z)$
1	–3	–3	–3	9	9	9	27
1	–3	–3	3	9	–9	–9	93
1	–3	3	–3	–9	9	–9	75
1	–3	3	3	–9	–9	9	285
1	3	–3	–3	–9	–9	9	39
1	3	–3	3	–9	9	–9	105
1	3	3	–3	9	–9	–9	87
1	3	3	3	9	9	9	297

Tab. 2-29: Ergebnis der Regression nach Methode 4.

Regressions-Statistik	
Bestimmtheitsmaß	1
Standardfehler	4,0194E-14
Beobachtungen	8

	Koeffizienten	Standardfehler	t-Statistik	P-Wert	Untere 95%	Obere 95%
Schnittpunkt	0	1,4211E-14	0	1	–1,8057E-13	1,8057E-13
x	2	4,737E-15	4,2221E+14	1,5078E-15	2	2
y	**20**	**4,737E-15**	**4,2221E+15**	**1,5078E-16**	**20**	**20**
z	23	4,737E-15	4,8554E+15	1,3111E-16	23	23
xy	–2,2679E-16	1,579E-15	–0,14363106	0,90918274	–2,029E-14	1,9836E-14
xz	–2,4424E-16	1,579E-15	–0,15467961	0,90230216	–2,0307E-14	1,9819E-14
yz	4	1,579E-15	2,5333E+15	2,513E-16	4	4

Auch hier wird der dem Koeffizienten der Variablen y ein Wert zugeordnet, der ursächlich nicht vorhanden ist. Die Ergebniswerte werden in allen Fällen richtig berechnet. Die Hinzunahme von Wechselwirkungsgliedern verbessert grundsätzlich das Bestimmtheitsmaß des Regressionsergebnisses. Für die Berechnung von Werten innerhalb des Versuchsbereiches ist – durch die Hinzunahme von „Wechselwirkungsgliedern" – nichts einzuwenden. Die Interpretation von Wechselwirkungsgliedern auf den untersuchten Sachverhalt kann aber zu schwerwiegenden Irritationen führen! Weshalb ist das so:

Es werden Einstellnieveaus betrachtet, die symmetrisch zum Intervallmittelpunkt sind. Beispielweise:

$$x \in [2,3,7,8]$$

$$y \in [1,3,5]$$

Entsprechend

$$\tilde{x} = \frac{x - \overline{x}}{\frac{x_{\max} - x_{\min}}{2}}$$

werden diese Intervalle auf [–1;+1] normiert. Insbesondere ist die Transformationsvorschrift für Faktorpläne

$$\tilde{x}_i = \frac{2x_i - (A_i + E_i)}{E_i - A_i} \tag{2-25}$$

ein Spezialfall der obigen Vorschrift. Betrachten wir die Aussage von Kapitel 2.1.2, dann entsteht durch die Transformation (2-25) eine „modifizierte Kovarianzmatrix". Die Methode 4 in Kapitel 2.4.4. berücksichtigt jedoch die unmanipulierte Kovarianzmatrix. An Hand der Methode 4 lässt sich die Ursache einfach demonstrieren. Die Transformation erfolgt nach der Vorschrift:

$$\frac{1}{k}\left(\tilde{\mathbf{F}}^{\mathrm{T}}\tilde{\mathbf{F}}\right) = \left(\left(\frac{1}{k}\sum_{e=1}^{k}\left(f_i(v_e) - \overline{f}_i\right)\left(f_j(v_e) - \overline{f}_j\right)\right)\right)_{i,j=1,2,\dots,m} = \left(\left(\operatorname{cov}(f_i, f_j)\right)\right)_{i,j=1,2,\dots,m} = \mathbf{C}$$

wobei $v_e \in V$ - ein Versuchspunkt des Versuchsplanes ist. Für die zu untersuchende Funktion

$$a_0 + a_1x_1 + a_2x_2 + a_3x_3 + a_{12}x_1x_2 + a_{13}x_1x_3 + a_{23}x_2x_3 = \eta(x_1, x_2, x_3)$$

ist:

$$\begin{aligned} f_1 &= x_1 \\ f_2 &= x_2 \\ f_3 &= x_3 \\ f_4 &= x_1x_2 \\ f_5 &= x_1x_3 \\ f_6 &= x_2x_3 \end{aligned}$$

Es wird der Mittelwert der Messwerte $\overline{y}$ subtrahiert.

$$a_0 + a_1x_1 + a_2x_2 + a_3x_3 + a_{12}x_1x_2 + a_{13}x_1x_3 + a_{23}x_2x_3 - \overline{y} = \eta(x_1, x_2, x_3) - \overline{y}$$

In Kapitel 2.1.2 wird gezeigt, dass sich daraus die folgende Darstellung

$$\begin{aligned} \eta(x_1, x_2, x_3) - \overline{y} &= a_1(x_1 - \overline{x}_1) + a_2(x_2 - \overline{x}_2) + a_3(x_3 - \overline{x}_3) \\ &\quad + a_{12}(x_1x_2 - \overline{x_1x_2}) + a_{13}(x_1x_3 - \overline{x_1x_3}) + a_{23}(x_2x_3 - \overline{x_2x_3}) \end{aligned}$$

entwickeln lässt. Hierbei ist

$$\overline{x_ix_j} = \frac{1}{k}\sum_{e=1}^{k} x_{i,e}x_{j,e}$$

Mit dieser Transformation werden die Regressionkoeffizienten richtig geschätzt. Das Tableau hat für diese Transformation den Aufbau:

Tab. 2-30: Daten der Regression entsprechend der Transformation in die Kovarianzmatrix.

K	x	y	z	xy	xz	yz	$\eta(x,y,z)$
1	–3	–3	–3	–21	–21	–21	–99
1	–3	–3	3	–21	–9	–9	–33
1	–3	3	–3	–9	–21	–9	–51
1	–3	3	3	–9	–9	39	159
1	3	–3	–3	–9	–9	–21	–87
1	3	–3	3	–9	39	–9	–21
1	3	3	–3	39	–9	–9	–39
1	3	3	3	39	39	39	171

Tab. 2-31: Ergebnis der Regression.

Regressions-Statistik	
Bestimmtheitsmaß	1
Standardfehler	1,74825E-14
Beobachtungen	8

	Koeffizienten	Standardfehler	t-Statistik	P-Wert	Untere 95%	Obere 95%
Schnittpunkt	0	6,18101E-15	0	1	–7,8537E-14	7,85371E-14
x	2	5,27525E-15	3,7913E+14	1,679E-15	2	2
y	1,41369E-14	5,27525E-15	2,67986456	0,2273691	–5,2891E-14	8,11653E-14
z	3	5,27525E-15	5,6869E+14	1,119E-15	3	3
xy	–1,52625E-15	6,86779E-16	–2,22233345	0,2691852	–1,0253E-14	7,2001E-15
xz	0	6,86779E-16	0	1	–8,7263E-15	8,72635E-15
yz	4	6,86779E-16	5,8243E+15	1,093E-16	4	4

Der Koeffizient a_0 wird entsprechend (1-45)

$$a_0 = \overline{\mathbf{y}} - \sum_{i=1}^{m} a_i \mu_i \tag{1-45}$$

oder aus (2-14) berechnet. Das Ergebnis $a_0 = 1$ stimmt mit der Ausgangsgleichung (2-59) überein.

Es wird zuerst der Regressionsansatz

$$\eta(x_1, x_2, x_3) = a_0 + a_1 x_1 + a_2 x_2 + a_3 x_3 \tag{2-60}$$

betrachtet und die Regressionskoeffizienten mit der Methode der Verschiebung um den Mittelwert in Kapitel 2.1 berechnet. Entsprechend Satz 2 wird mit der Umwandlung der Informationsmatrix ($\mathbf{F}^T\mathbf{F}$) in die Kovarianzmatrix ($\tilde{\mathbf{F}}^T\tilde{\mathbf{F}}$) die Berechnung der Regressionskoeffizienten nicht geändert.

Dazu ist die Transformation

$$y(x_1,x_2,\ldots,x_m)-\overline{y}=a_1(f_1(x_1,x_2,\ldots,x_m)-\overline{f_1})+\ldots+a_n(f_n(x_1,x_2,\ldots,x_m)-\overline{f_n})$$

notwendig. In dem betrachteten Fall ist $f_i(x_1,x_2,\ldots,x_m)=x_i$.

Der Lösungsansatz ist – entsprechend Kapitel 2.1.2

$$\eta(x_1,x_2,x_3)-\overline{y}=a_1(x_1-\overline{x}_1)+a_2(x_2-\overline{x}_2)+a_3(x_3-\overline{x}_3) \tag{2-61}$$

Mit der Transformation

$$\tilde{x}_i=x_i-\overline{x}_i \qquad i=1,2,\ldots,m \tag{2-50}$$

ist $\tilde{x}_i$ symmetrisch zum Nullpunkt. Es ist $\tilde{x}_i\in[-b_i;+b_i]$. Wird (2-61) in der transformierten Form

$$\eta(\tilde{x}_1,\tilde{x}_2,\tilde{x}_3)-\overline{y}=a_1(\tilde{x}_1-\overline{\tilde{x}}_1)+a_2(\tilde{x}_2-\overline{\tilde{x}}_2)+a_3(\tilde{x}_3-\overline{\tilde{x}}_3)$$

betrachtet. Es ist

$$\overline{\tilde{x}}_i=\frac{1}{k}\sum_{e=1}^{k}(x_{i,e}-\overline{x}_i)=0$$

Daher gilt

$$\begin{aligned}\eta(\tilde{x}_1,\tilde{x}_2,\tilde{x}_3)-\overline{y}&=a_1(\tilde{x}_1-\overline{\tilde{x}}_1)+a_2(\tilde{x}_2-\overline{\tilde{x}}_2)+a_3(\tilde{x}_3-\overline{\tilde{x}}_3)\\&=a_1\tilde{x}_1+a_2\tilde{x}_2+a_3\tilde{x}_3\\&=a_1(x_1-\overline{x}_1)+a_2(x_2-\overline{x}_2)+a_3(x_3-\overline{x}_3)\end{aligned} \tag{2-62}$$

die Regressionsansätze (2-61) und (2-62) stimmen überein. Beide Regressionsansätze liefern also die gleichen Parameter.

Es wird jetzt der Regressionsansatz mit den Wechselwirkungsgliedern mit der Transformation entsprechend Kapitel 2.1.2

$$\begin{aligned}\eta(x_1,x_2,x_3)-\overline{y}&=a_1(x_1-\tilde{x}_1)+a_2(x_2-\tilde{x}_2)+a_3(x_3-\tilde{x}_3)\\&\quad+a_{12}(x_1x_2-\overline{x_1x_2})+a_{13}(x_1x_3-\overline{x_1x_3})\\&\quad+a_{23}(x_2x_3-\overline{x_2x_3})\end{aligned} \tag{2-63}$$

mit dem nach (2-50) transformierten Regressionsansatz

$$\begin{aligned}\eta(\tilde{x}_1,\tilde{x}_2,\tilde{x}_3)-\overline{y}&=a_1(\tilde{x}_1-\tilde{\overline{x}}_1)+a_2(\tilde{x}_2-\tilde{\overline{x}}_2)+a_3(\tilde{x}_3-\tilde{\overline{x}}_3)\\&\quad+a_{12}(\tilde{x}_1\tilde{x}_2-\overline{\tilde{x}_1\tilde{x}_2})+a_{13}(\tilde{x}_1\tilde{x}_3-\overline{\tilde{x}_1\tilde{x}_3})\\&\quad+a_{23}(\tilde{x}_2\tilde{x}_3-\overline{\tilde{x}_2\tilde{x}_3})\end{aligned} \tag{2-64}$$

verglichen.

Es werden nur die Terme

$$a_{i,j}(x_i x_j - \overline{x_i x_j}) \text{ bzw. } a_{i,j}(\tilde{x}_i \tilde{x}_j - \overline{\tilde{x}_i \tilde{x}_j})$$

betrachtet. Wegen Satz 1 gilt:

$$\overline{\tilde{x}_i \tilde{x}_j} = \overline{(x_i - \overline{x}_i)(x_j - \overline{x}_j)} = \frac{1}{k}\sum_{e=1}^{k}(x_{i,e} - \overline{x}_i)(x_{j,e} - \overline{x}_j) = \operatorname{cov}(x_i, x_j) = 0$$

Damit die transformierten Regressionskoeffizienten entsprechend dem Kapitel 2.1.2 richtig berechnet werden, muss

$$x_i x_j - \overline{x_i x_j} = \tilde{x}_i \tilde{x}_j - \overline{\tilde{x}_i \tilde{x}_j}$$

erfüllt sein. Nun ist:

$$x_i x_j - \overline{x_i x_j} = \tilde{x}_i \tilde{x}_j - \overline{\tilde{x}_i \tilde{x}_j} \quad = (x_i - \overline{x}_i)(x_j - \overline{x}_j)$$

Nur wenn die Versuchspunkte im originalem Bereich symmetrisch zum Nullpunkt sind – wenn $\overline{x}_i = \overline{x}_j = 0$ erfüllt – stimmen die Regressionskoeffizienten für die Wechselwirkungsglieder für beide Regressionssätze überein. Sind die tatsächlichen Versuchspunkte nicht symmetrisch zum Nullpunkt, dann ist $\overline{x}_i \neq 0$ und $\overline{x}_j \neq 0$ und

$$x_i x_j - \overline{x_i x_j} \neq (x_i - \overline{x}_i)(x_j - \overline{x}_j)$$

Anstelle von $x_i x_j - \overline{x_i x_j}$ wird mit

$$(x_i - \overline{x}_i)(x_j - \overline{x}_j) = x_i x_j - x_i \overline{x}_j - \overline{x}_i x_j + \overline{x}_i \overline{x}_j$$

gerechnet und – wie im obigen Beispiel zu sehen ist – der Variablen x_2 ein Koeffizient zugeordnet, obwohl diese Variable ursächlich nicht im Ansatz (2-59) ist.

Es soll an dieser Stelle betont werden, dass die Berechnung für Versuchsergebnisse aus dem Versuchsbereich natürlich möglich sind. Die Interpretation der Wechselwirkungen auf den untersuchten Prozess, in denen die Versuchspunkte mit Hilfe der Transformation (2-25)

$$\tilde{x}_i = \frac{2x_i - (A_i + E_i)}{E_i - A_i} \tag{2-25}$$

oder der Methode 4 durchgeführt wurden, sind wegen

$$x_i x_j - \overline{x_i x_j} \neq (x_i - \overline{x}_i)(x_j - \overline{x}_j)$$

nur in Ausnahmefällen zulässig[2]. Werden die Wechselwirkungsglieder nicht berücksichtigt, dann ist – wie gezeigt wurde – mathematisch alles in Ordnung und gibt es für die Interpretation der Wirkungen der Einflussgrößen keine Einwände. Es ist für die Interpretationen der Regressionsergebnisse letztlich besser, mit den originalen Werten zu rechnen und zur Beurteilung der Qualität des Regressionsergebnisses die Regularitätsbedingung $(\mathbf{F}^T\mathbf{F})(\mathbf{F}^T\mathbf{F})^{-1} = \mathbf{E}$

---

[2] Der Fall, dass in einem untersuchten Prozess alle Versuchspunkte symmetrisch zum Nullpunkt sind, ist sicherlich die Ausnahme!

einzuschätzen. Die Problematik der Numerik bleibt jedoch – siehe auch Kapitel 2.3.2 und Kapitel 2.4. Da die Residuen für die dort behandelten Berechnungsmöglichkeiten identisch sind, wird empfohlen, die Wirkungen der Einflussfaktoren über die Grafik der ermittelten Wirkungsfläche zu diskutieren.

2.4.7 Einfluss der Erfassung der Versuchsdaten auf das Regressionsergebnis

Die Modellierung von Prozessen, deren physikalische Zusammenhänge nicht bekannt sind, ist die Messtechnik – die Genauigkeit jeder Datenerfassung – von entscheidender Bedeutung. An dem folgenden Beispiel soll gezeigt werden, wie wichtig die Einhaltung der Versuchsbedingungen sind. Es wird nur die Realisierung des ersten Versuchsplanes in (2-40) betrachtet.

Dort sind die folgenden Einstellungen zu realisieren:

Tab. 2-32: Vorgegebener Versuchsplan.

B – Ofentemp.	C – Haltezeit	D – Heizdauer	E – Transportzeit	Messwert
1000	23	10	2	7,54
1030	23	10	3	7,90
1000	25	10	3	7,52
1030	25	10	2	7,64
1000	23	12	3	7,67
1030	23	12	2	7,79
1000	25	12	2	7,37
1030	25	12	3	7,66

Die folgenden Einstellungen – Tabelle 2-33 – wurden realisiert

Tab. 2-33: Tatsächliche Einstellung.

B – Ofentemp.	C – Haltezeit	D – Heizdauer.	E – Transportzeit	Messwert
995	23,5	10,5	2,5	7,54
1035	23	9,5	3	7,90
1005	24,5	10	3,5	7,52
1025	25,5	9,5	2	7,64
1000	23	12,5	3	7,67
1035	23	11,5	2,5	7,79
995	25,5	11,5	2	7,37
1030	24,5	12	3,5	7,66

Die Grafik – hier werden die Regressionsparameter als Balkendiagramme dargestellt – verdeutlicht, wie wichtig die Einhaltung der vorgegebenen idealen Versuchspunkte beziehungsweise die Verwendung der tatsächlich eingestellten Versuchspunkte ist.

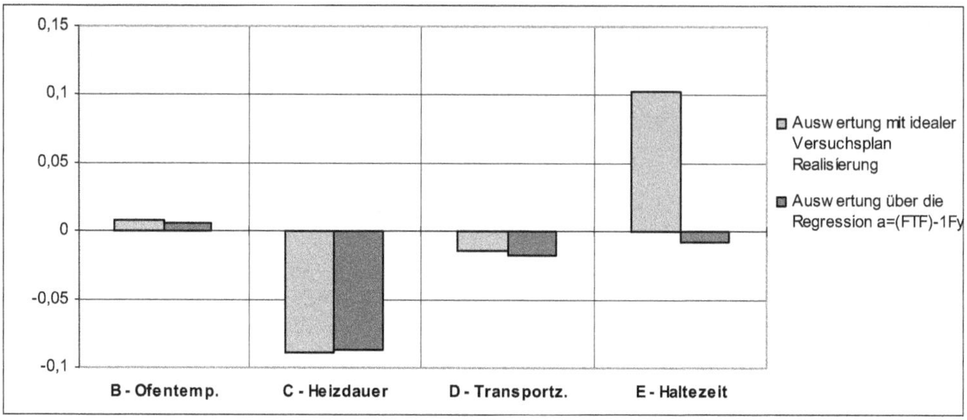

Abb. 2-6: Gegenüberstellung der berechneten Parameter mit den tatsächlich eingestellten und idealen Versuchspunkten.

Durch die nicht exakte Einhaltung der vorgegebenen Versuchspunkte werden – bei der Verwendung der Auswertung entsprechend (2-22) – die Voraussetzung der Orthogonalität des Versuchsplanes (des Verschwindens der Korrelationen der Einflussgrößen) – verletzt. Sicherlich lassen sich verschiedene realistische Versuchspunkte konstruieren, die mehr oder weniger von den oben gezeigten Werten abweichen. Es wird daher dringend empfohlen, die Auswertung des Versuchsplanes mit (2-22) nur dann zu verwenden, wenn die Versuchspunkte auch ideal realisiert wurden. Anderenfalls ist die Ermittlung der Koeffizienten für die nach $[-1;+1]$ transformierten Einflussgrößen mit einem Regressionsverfahren zu berechnen, in dem in (2-25)

$$\tilde{x}_j = \eta(x_j) = \frac{2x_i - (A_i + E_i)}{E_j - A_j} \qquad (2\text{-}25)$$

für x_i der tatsächlich eingestellte Wert eingetragen wird und die Parameter mit der allgemeinen Berechnungsvorschrift (1-6)

$$\underline{\hat{\mathbf{a}}} = \left(\mathbf{F}^T\mathbf{F}\right)^{-1}\mathbf{F}^T\underline{\mathbf{y}} \qquad (1\text{-}6)$$

ermittelt werden! Für die ideale Realisierung der Versuchspunkte ist das Ergebnis der Transformation natürlich ein orthogonales Tableau – Tabelle 2-34:

Tab. 2-34: Transformierter – idealer Versuchsplan.

Konstante	B – Ofentemp.	C – Haltezeit	D – Heizdauer.	E – Transportzeit
1	–1	–1	–1	–1
1	1	–1	–1	1
1	–1	1	–1	1
1	1	1	–1	–1
1	–1	–1	1	1
1	1	–1	1	–1
1	–1	1	1	–1
1	1	1	1	1

Demgegenüber ist tatsächlich realisierte Versuchsplan (Tabelle 2-35) entsprechend der Transformationsvorschrift (2-25) nicht mehr orthogonal.

Tab. 2-35: Tatsächlich realisierte Versuchsplan.

Konstante	B – Ofentemp.	C – Haltezeit	D – Heizdauer.	E – Transportzeit
1	–1,3	–0,5	–0,5	0
1	1,3	–1	–1,5	1
1	–0,7	0,5	–1	2
1	0,7	1,5	–1,5	–1
1	–1	–1	1,5	1
1	1,3	–1	0,5	0
1	–1,3	1,5	0,5	–1
1	1	0,5	1	2

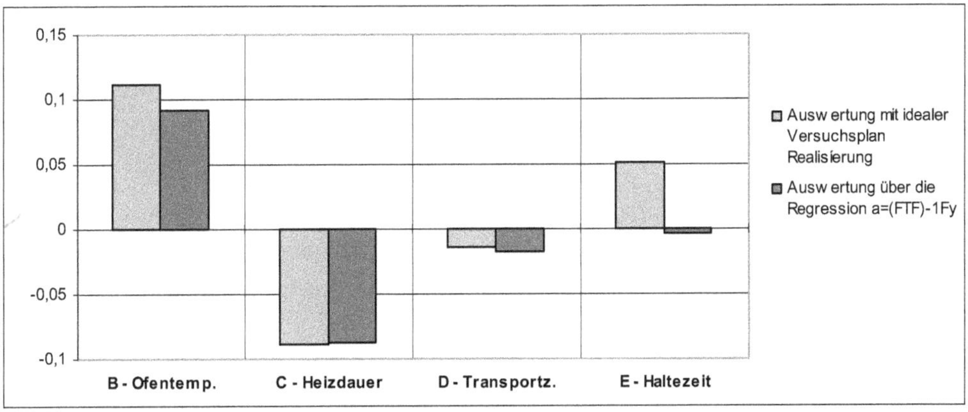

Abb. 2-7: Berechnung der Parameter mit [–1;+1] transformierten Daten.

Orthogonale Versuchspläne (Definition 5) erfüllen die Bedingung:

$$\left(\mathbf{F}^{\mathrm{T}}\mathbf{F}\right) = 2^m \mathbf{C} = 2^m \mathbf{E} \tag{2-22}$$

Für diese Matrix mit den tatsächlich realisierten Einstellungen – Tabelle 2-35 – gilt jedoch:

$$(\mathbf{F}^T\mathbf{F}) = \begin{pmatrix} 8 & 0 & 0,5 & -1 & 4 \\ 0 & 9,74 & -1,7 & -2,15 & 1,5 \\ 0,5 & -1,7 & 8,25 & -1,75 & -3 \\ -1 & -2,15 & -1,75 & 9,5 & 1 \\ 4 & 1,5 & 1,5 & 1 & 12 \end{pmatrix} \neq 8 \cdot \mathbf{E}$$

Damit werden die Voraussetzungen der einfachen Berechnungen der Regressionskoeffizienten entsprechend (2-27)

$$\alpha_i = \frac{1}{k}\sum_{j=1}^{k} y_j \tilde{x}_{i,j} \qquad \mathrm{i} = 1,2,\ldots,\mathrm{m} \ \text{ und } \alpha_0 = \frac{1}{k}\sum_{j=1}^{k} y_j = \overline{y} \tag{2-27}$$

verletzt, so dass die Interpretation der Berechnungsergebnisse mit (2-27) von Tabelle 2-35 sehr mit Vorsicht zu betrachten sind. Diese Fehlermöglichkeit kann und sollte in jeder Software zur Versuchsplanung unbedingt Berücksichtigung finden und ausgeschlossen werden! Grundsätzlich sollten die tatsächlichen eingestellten Versuchsparameter entsprechend (2-25) berechnet und die Regressionsparameter in der „allgemeinen Form“ (1-6)

$$\underline{\hat{\mathbf{a}}} = \left(\mathbf{F}^T\mathbf{F}\right)^{-1}\mathbf{F}^T\underline{\mathbf{y}} \qquad (1\text{-}6)$$

berechnet werden. Diese wichtige Beeinflussung des Regressionsergebnisses und damit die Interpretation des untersuchten Zusammenhanges, werden in der Praxis meist nicht berücksichtigt. Bisher existiert wohl keine Software für die Auswertung der Faktorpläne, in der überhaupt die Möglichkeit eingeräumt wird, die tatsächlich eingestellten Werte einzugeben. Interessant ist auch die Tatsache, dass bei der ersten kompletten Realisierung des Versuchsplanes – des „ersten Drittels“ des Versuchsplanes (2-40) – keine Einflussgrößen als statistisch gesichert ermittelt werden können. Die Ursache ist im geringen Versuchsumfang zu suchen. Interessant ist, dass diese Ergebnisse der einmaligen Realisierung des Versuchsplanes doch stark von den Ergebnissen der kompletten Realisierung (dreimaligen Realisierung des 2^{4-1} Teilfaktorplanes) in (2-40) insbesondere der Einflussgrößen Ofentemperatur und Haltezeit abweichen. Auch diese Tatsache unterstreicht, dass die einmalige Realisierung eines Versuchsplans nicht unbedingt „die ganze Wahrheit“ liefern muss. Eine Möglichkeit systematische Fehler bei der Einstellung des Versuchsplanes zu unterdrücken, ist die Randomisierung des Versuchsplanes. Die Randomisierung spielt eine wesentliche Rolle bei Versuchspänen bei qualitativen Fragestellungen – der Varianzanalyse. Bei der Randomisierung des Versuchsplanes werden die festgelegten Versuchspunkte zufällig angeordnet. Tabelle 2-36 zeigt den Versuchsplan für das betrachtete Beispiel – im nicht randomisierten Zustand.

Tab. 2-36: Ursprünglicher Versuchsplan.

Versuchsnummer	Zufallszahlen	B – Ofentemp.	C – Haltezeit	D – Heizdauer.	E – Transportzeit
1	0,1973773	–1	–1	–1	–1
2	0,84418724	1	–1	–1	1
3	0,4967042	–1	1	–1	1
4	0,36594071	1	1	–1	–1
5	0,17770048	–1	–1	1	1
6	0,36493772	1	–1	1	–1
7	0,78938027	–1	1	1	–1
8	0,04608537	1	1	1	1

Nach dem Ordnen der Zufallszahlen ergibt ein randomisierten Versuchsplan. Die Reihenfolge der Abarbeitung der einzelnen Versuche ist in Tabelle 2-37 dargestellt.

Tab. 2-37: Randomisierter Versuchsplan.

Versuchsnummer	Zufallszahlen	B – Ofentemp.	C – Haltezeit	D – Heizdauer.	E – Transportzeit
8	0,04608537	1	1	1	1
5	0,17770048	–1	–1	1	1
1	0,1973773	–1	–1	–1	–1
6	0,36493772	1	–1	1	–1
4	0,36594071	1	1	–1	–1
3	0,4967042	–1	1	–1	1
7	0,78938027	–1	1	1	–1
2	0,84418724	1	–1	–1	1

Mathematisch interessant und wohl auch noch nicht untersucht ist die Fragestellung der Versuchsplanung, wenn die Realisierung der Versuchspunkte einer Zufallsgröße genügt. In diesem Fall müssten die Erwartungswerte der Verteilung der Zufallsgröße für die Berechnung des Versuchsplanes berücksichtigt werden. Praktisch reicht es jedoch vollkommen aus, eine peinlich genaue Datenerfassung der Versuchspunkte und der Ergebnisse der Realisierung durchzuführen und mit den tatsächlich realisierten Versuchseinstellungen die Regressionskoeffizienten zu berechnen.

Resümee

Bei allen hier gezeigten Möglichkeiten der Berechnungen zum gleichen Problem sind wichtige Parameter der Regressionsstatistik – die Reststreuung und das Bestimmtheitsmaß – identisch. Es lassen sich also mit den hier gezeigten Varianten die Prozessparameter innerhalb des Versuchsbereiches mit der gleichen Genauigkeit berechnen. Lediglich die Interpretation der Signifikanz einer Einflussgröße mit Hilfe des statistischen Tests

$$\hat{a}_i - \sqrt{c_{ii}} \cdot S \cdot t_{k-n-1;1-\frac{\alpha}{2}} < a_i < \hat{a}_i + \sqrt{c_{ii}} \cdot S \cdot t_{k-n-1;1-\frac{\alpha}{2}} \text{ oder}$$

$$\left|\hat{a}_i - a_i\right| \leq \sqrt{c_{ii}} \cdot S \cdot t_{k-n-1;1-\frac{\alpha}{2}} \qquad (1\text{-}31)$$

kann auf Grund von Multikollinearitäten Probleme bereiten. Die Statistik nach (1-31) ist eine Entscheidungshilfe die aber – wie gezeigt wurde – von der Numerik abhängig ist. Meist muss mit Hilfe einer Approximation der betrachtete Zusammenhang erklärt werden. Dazu werden verschiedene lineare Wirkungsflächen getestet. Dabei beginn man meist nur mit einer Regressionsfunktion, die nur die Einflussparameter berücksichtig. Im nächsten Schritt werden Wechselwirkungsglieder hinzu genommen. Damit wird das Bestimmtheitsmaß verbessert und die berechneten Werte weichen weniger vom gemessenen Wert ab. Die Interpretation von „Wechselwirkungsgliedern“ auf den betrachteten Prozess sollten sehr genau hinterfragt werden – sie ist nicht zu empfehlen – Siehe Kapitel 2.4.6. Die Signifikanz von Einflussgrößen sollte daher grundsätzlich gemeinsam mit Experten der untersuchten Problematik entschieden werden. Dazu eignet sich die grafische Darstellung der Wirkungsfläche. Wenn mehr als zwei Einflussgrößen im Regressionsansatz sind, dann muss die Grafik für unterschiedlich feste Werte dargestellt werden. Das untersuchte Problem wird mit Hilf der berechneten Modellfunktion simuliert. Der Experte wird mit Fakten konfrontiert, die er oft so nicht vermutete hat. Gerade in der Diskussion der formalen Regressionsergebnisse und der Analyse der Residuen können wichtige Zusammenhänge über den Prozess oder die gewählte Wirkungsfläche gewonnen werden.

Praktisch hat sich herausgestellt, dass die graphische Darstellung des Modells in Form von Wirkungsflächen wichtige Informationen liefert. Prinzipiell sollten die Regressionsgleichungen mit dem größten Bestimmtheitsmaß Verwendung finden. Dort werden prinzipielle grundsätzlich erwartete Verläufe bestätigt oder neue Erkenntnisse vermutet. Entscheiden hierzu ist nicht nur die verwendete Modellgleichung und das damit erzielte Bestimmtheitsmaß sondern auch die „Qualität der Normalverteilung der Residuen". Wenn das erzielte Bestimmtheitsmaß „gering", beispielsweise < 0,8 ist, dann können – wenn „große" Abweichung vom Modellwert zum Messwert „sehr unwahrscheinlich" sind (die Normalverteilung der Residuen hat eine geringe Streuung) – mit dem Modell trotzdem „brauchbare" Prognosen gemacht werden. Großen Einfluss auf die Qualität der Interpretation der Regression haben neben der Modellgleichung aber auch die Messgenauigkeit der Zielgröße sowie die Berücksichtigung der tatsächlich realisierten Versuchspunkte des vorgegebenen Versuchsplanes. Wie bereits erwähnt, sind zur Beurteilung der Qualität der Normalverteilung der Residuen mit statistischen Tests viele Versuche notwendig. Bei dem Test von *Shapiro-Wilk* sind mindestens 25 Versuchen zu realisieren. Wie so oft in der Statistik sind „größere" Datenmengen notwendig, um statistisch gesicherte Aussagen zu bekommen. In der Versuchsplanung geht es jedoch hauptsächlich darum, mit wenigen Versuchen ein Maximum an Informationen zu erlangen. Sehr oft werden damit die notwendigen Versuche für den jeweils gewählten Test auf Normalverteilung der Residuen nicht erfüllt. Dem Praktiker bleibt nichts anderes übrig, als die graphische Darstellung der Residuen zu interpretieren. Am einfachsten sind systematische Fehler (ungeeigneter Regressionsansatz – siehe Kapitel 1.7.1) zu erkennen. Der Einfluss der gewählten Modellfunktion spielt eine wichtige Rolle. Bei der Residuenanalyse ist Zusammenarbeit mit dem Experten des Problems wichtig. Bei der Interpretation der Residuen wird oft der Begriff „Ausreißer" verwendet. Im „Ausreißer" kann aber eine große Information liegen, wenn die Ursache dafür erkannt wird. Die Ursache kann in der „scheinbare geringfügige Änderungen der Einsatzstoffe", in Problem der Messtechnik und der Personen welche die Erfassung Daten durchführen, liegen. Das nicht erwartete Ergebnis („Ausreißer") kann aber auch eine neue Information über den untersuchten Zusammenhang liefern. Letztlich liefern sogenannte „Ausreißer" immer Stoffe zur Diskussion. Messungen, die im erwarteten Bereich liegen, bestätigen nur das bisherige Wissen. Siehe auch Kapitel 1.6.4. In Kapitel 3 werden Verfahren angeben, womit die Bedeutung der Einflussgrößen auf den untersuchten Zusammenhang auch ohne dem der Regressionskoeffizienten entsprechend Tests (1-31) beurteilt werden können.

2.5 Weiter Versuchspläne

Der Versuchsplan ist entscheiden von der Fragestellung der zu lösenden Aufgabe. Die Versuchsplanung kann in 3 drei Kategorien eingeteilt werden. Das sind

1. Versuchspläne zur Untersuchung von qualitativen Zusammenhängen. Mit dieser Problemstellung beschäftigt sich die Varianzanalyse. Hier nur ein einfaches Beispiel: Ein Produkt wird auf eine Qualitätsgröße mit drei Messgeräten verschiedener Hersteller mehrfach untersucht. Frage: Liefern die Messgeräte statistisch den gleichen Wert?
2. Versuchspläne zur Untersuchung des quantitativen Zusammenhangs. Diese Fragestellung wird mit der Regressionsanalyse bearbeitet.
3. Versuchspläne zur Planung des Versuchsumfanges. Hier ist die Fragestellung: wie oft muss eine Versuchsserie wiederholt werden, damit der berechnete Parameter eine vorgegebene Toleranz nicht überschreitet.

Hier soll ausschließlich auf Versuchspläne der Fragestellung 2 – Regressionsanalyse – eingegangen werden.

2.5.1 Versuchspläne zur Lokalisierung der signifikanten Einflussgrößen

Hadamard Matrizen

Die *Hadamard* Matrizen $\mathbf{H}_k$ sind quadratische Matrizen mit den Eigenschaften:

Die Elemente der Matrix bestehen nur aus den Zahlen –1 und +1

$$\left(\mathbf{H}_k^T \mathbf{H}_k\right) = k\mathbf{E}$$

$$\mathbf{H}_k = ((h_{i,j})) \qquad i; j = 1,2,\ldots,k$$

$$h_{i,j} \in \{(-1);(+1)\} \qquad i; j = 1,2,\ldots,k$$

Es können nur *Hadamard* Matrizen existieren, wenn $k = 1$, $k = 2$ oder $k = 4l$ und l Element der natürlichen Zahlen ist. Auf Grund dieser Eigenschaften können die Matrizen – im Zusammenhang mit der Transformation (2-25) – für die Versuchsplanung verwendet und entsprechend (2-27) die Regressionskoeffizienten berechnet werden. Statistische Auswertungen sind mit diesen Versuchsplänen nur dann möglich, wenn die Anzahl der Versuche größer als die Anzahl der Einflussgrößen ist. Wenn die Anzahl der gesuchten Parameter mit der Anzahl der Versuche identisch ist, können die Parameter auch durch die Lösung eines Linearen Gleichungssystems $\mathbf{H} \cdot \underline{\mathbf{a}} = \underline{\mathbf{y}}$ gelöst werden. In diesem Fall existieren keine Freiheitsgrade und die Berechnung der erwartungstreuen Streuung (1-21) ist nicht möglich. Man ist aber nicht gezwungen, alle Spalten einer *Hadamard* Matrix mit einer Einflussgröße zu belegen und kann beispielsweise die Variable x_4 weglassen. Damit hat man mehrere Freiheitsgrade und kann mit der Berechnung der Informationsmatrix $(\mathbf{H}^T\mathbf{H})$ analog zu den Berechnungen der Faktor- und Teilfaktorpläne erfahren.

Die Konstruktion der *Hadamard* Matrizen des Typs 2^k (*Walsh* Matrizen) erfolgt nach der Vorschrift:

$$\mathbf{H}_{2k} = \begin{pmatrix} \mathbf{H}_k & \mathbf{H}_k \\ \mathbf{H}_k & -\mathbf{H}_k \end{pmatrix}$$

Mit $\mathbf{H}_1 = (1)$ kann die Folge berechnet werden.

$$\mathbf{H}_2 = \overset{\begin{matrix} K & x_1 \end{matrix}}{\begin{pmatrix} 1 & 1 \\ 1 & -1 \end{pmatrix}} \quad \mathbf{H}_4 = \overset{\begin{matrix} K & x_1 & x_2 & x_3 \end{matrix}}{\begin{pmatrix} 1 & 1 & 1 & 1 \\ 1 & -1 & 1 & -1 \\ 1 & 1 & -1 & -1 \\ 1 & -1 & -1 & 1 \end{pmatrix}}$$

$$
\begin{array}{ccccccccc}
 & K & x_1 & x_2 & x_3 & x_4 & x_5 & x_6 & x_7 \\
\end{array}
$$

$$
\mathbf{H}_8 = \begin{pmatrix}
1 & 1 & 1 & 1 & 1 & 1 & 1 & 1 \\
1 & -1 & 1 & -1 & 1 & -1 & 1 & -1 \\
1 & 1 & -1 & -1 & 1 & 1 & -1 & -1 \\
1 & -1 & -1 & 1 & 1 & -1 & -1 & 1 \\
1 & 1 & 1 & 1 & -1 & -1 & -1 & -1 \\
1 & -1 & 1 & -1 & -1 & 1 & -1 & 1 \\
1 & 1 & -1 & -1 & -1 & -1 & 1 & 1 \\
1 & -1 & -1 & 1 & -1 & 1 & 1 & -1
\end{pmatrix}
$$

Es wird noch eine Matrix das Typs $k = 4l$ mit $l = 3$ angegeben. Mit der ersten Spalte wird die Regressionskonstante a_0 beschrieben.

$$
\mathbf{H}_{12} = \begin{pmatrix}
1 & 1 & 1 & 1 & 1 & 1 & 1 & 1 & 1 & 1 & 1 & 1 \\
1 & -1 & 1 & -1 & 1 & 1 & 1 & -1 & -1 & -1 & 1 & -1 \\
1 & -1 & -1 & 1 & -1 & 1 & 1 & 1 & -1 & -1 & -1 & 1 \\
1 & 1 & -1 & -1 & 1 & -1 & 1 & 1 & 1 & -1 & -1 & -1 \\
1 & -1 & 1 & -1 & -1 & 1 & -1 & 1 & 1 & 1 & -1 & -1 \\
1 & -1 & -1 & 1 & -1 & -1 & 1 & -1 & 1 & 1 & 1 & -1 \\
1 & -1 & -1 & -1 & 1 & -1 & -1 & 1 & -1 & 1 & 1 & 1 \\
1 & 1 & -1 & -1 & -1 & 1 & -1 & -1 & 1 & -1 & 1 & 1 \\
1 & 1 & 1 & -1 & -1 & -1 & 1 & -1 & -1 & 1 & -1 & 1 \\
1 & 1 & 1 & 1 & -1 & -1 & -1 & 1 & -1 & -1 & 1 & -1 \\
1 & -1 & 1 & 1 & 1 & -1 & -1 & -1 & 1 & -1 & -1 & 1 \\
1 & 1 & -1 & 1 & 1 & 1 & -1 & -1 & -1 & 1 & -1 & -1
\end{pmatrix}
$$

Die *Hadamard* Matrix $\mathbf{H}_{16}$ und $\mathbf{H}_{24}$ kann aus der Konstruktionsvorschrift nach *Walsh* erzeugt werden. Betrachtet man beispielsweise die Matrix $\mathbf{H}_8$ etwas näher, so sieht man, dass in der ersten Spalte die Elemente der Regressionskonstanten berechnet werden. In der folgenden Spalten stehen die Elemente für x_1, x_2, $x_1 x_2$, x_3, $x_1 x_3$, $x_2 x_3$ und $x_1 x_2 x_3$ also einem vollständigen 2^3 Faktorplan. Verwendet man diese Matrizen als Versuchspläne, so ist diese Eigenschaft wichtig für die Festlegung der Einflussvariablen. In jeder *Hadamard* Matrix des Typs 2^m (Konstruktionsverfahren nach *Walsh*) enthält den vollständigen Faktorplan eines 2^m Versuchsplanes. *Hadamard* Matrizen, die nicht nach dem Verfahren nach *Walsh* konstruiert wurden (normalisierte *Hadamard* Matrizen), lassen sich nicht so einfach einem Faktorplan zuordnen. Da diese Versuchspläne sich nur für die Probleme der Festlegung der wichtigen Einflussfaktoren verwendet werden sollten, legt man die Spalten der Einflussvariablen fest. Diese Variablen bilden dann den Versuchsplan. Beispielsweise sollte in $\mathbf{H}_8$ die Spalte 2,3 und 5 (2^3 Faktorplan) festgelegt werden, da in der Spalte 4 die „Wechselwirkungen" $x_1 x_2$ stehen. Wenn man ausschließen kann, dass es keine „Wechselwirkungen" zwischen $x_1 x_2$ geben kann, dann kann man auch die 4. Spalte für den Versuchsplan verwenden. Insbesondere für normalisierte *Hadamard* Matrizen wird betont, dass die Wechselwirkungen kompliziert und nicht so einfach angegeben werden können. Prinzipiell können mit diesen Plänen auch Wechselwirkungen getestet werden. Das wird jedoch nicht empfohlen, da für soclhe Fälle bekannt sein sollte, ob eine Variable in der *Hadamard* Matrix bereits durch eine Wechselwirkung definiert wurde.

Werden nicht alle Spalten einer *Hadamard* Matrix mit Variablen belegt, kann auch eine Streuung berechnet werden. *Hadamard* Matrizen finden in der Versuchsplanung wenig Verwendung. Beispielsweise soll die Wirkung von 3 Variablen in einem Prozess beurteilt werden (keine Wechselwirkungen). Meist entschließt man sich für einen Teilfaktorplan für 3 Variablen, der $2^3 = 8$ Versuche benötigt. Für diese Fragestellung ist jedoch die zweimalige Realisierung der *Hadamard* Matrix

$$\begin{pmatrix} \mathbf{H}_2 \\ \mathbf{H}_2 \end{pmatrix} = \begin{matrix} \begin{pmatrix} 1 & 1 & 1 & 1 \\ 1 & -1 & 1 & -1 \\ 1 & 1 & -1 & -1 \\ 1 & -1 & -1 & 1 \end{pmatrix} \\ \begin{pmatrix} 1 & 1 & 1 & 1 \\ 1 & -1 & 1 & -1 \\ 1 & 1 & -1 & -1 \\ 1 & -1 & -1 & 1 \end{pmatrix} \end{matrix}$$

günstig, das hierbei die Reproduzierbarkeit der Versuchspunkte überprüft werden kann. Zur statistischen Auswertung stehen für beide Versuchspläne 4 Freiheitsgrade zur Verfügung. In Abhängigkeit von der konkreten Fragestellung hat die Verwendung der *Hadamard* Matrizen in der Versuchsplanung ihre – bisher wohl kaum beachtete – Berechtigung. Für die Versuchsdurchführung und Auswertung gilt auch hier das unter Kapitel 2.4. geschriebene.

Plackett-Burman Versuchspläne

Ebenso wie die *Hadamard* Matrizen haben *Plackett-Burman* spezielle Versuchspläne für die Reduzierung der Anzahl der Versuche entwickelt. Die Anzahl der Versuchspunkte ist $k = 4 \cdot m$ – also ein ganzzahliges Vielfaches von 4. Insgesamt können mit solchen Versuchsplänen $l = 4 \cdot m - 1$ Einflussgrößen auf die Signifikanz des untersuchten Zusammenhanges getestet werden. Mit $k = 4 \cdot m = 2^n$ sind die *Plackett Burman* Pläne mit den vollständigen Faktorplänen identisch. Bei *Plackett Burman* Plänen gibt es keine Versuchswiederholung. Daher sind alle Versuchspunkte eine Teilmenge aller möglichen Versuchspunkte. Sollen beispielsweise 16 Einflussgrößen getestet werden, dann sind bei der Verwendung eines vollständigen 2^{16} Faktorplanes 65536 Versuche notwendig. Wird ein Teilfaktorplan 2^{16-11} verwendet, dann werden $2^{16-11} = 2^5 = 32$ Versuche benötigt. Die Zuordnung der „Wechselwirkungen" zu den jeweiligen Einflussgrößen wird festgelegt. Die Versuchspunkte dieses Teilfaktorplanes sind eine Teilmenge des vollständigen Faktorplanes. Die Verlässlichkeit der Gesamtaussage einer durchgeführten Versuchsplanung ist natürlich sehr von der Anzahl der Freiheitsgrade – das sind im ungünstigsten Fall bei den *Plackett Burman* Plänen – $k - l = 1$ Freiheitsgrade. Bei *Hadamard* Matrizen gibt es – im ungünstigsten Fall – keine Freiheitsgrade. Die Freiheitsgrade haben einen wichtigen Einfluss auf den Wert der Testgröße der t-Verteilung. Je geringer die Anzahl der Freiheitsgrade ist, um so „unbestimmter“ ist die Aussage der t-Verteilung. Aus diesem Grund wird bei „geringen“ Freiheitsgraden empfohlen, das die Irrtumswahrscheinlichkeit, die üblicher Weise mit $\alpha = 0,05$ zu verdoppeln.

Verschiedene Plakett-Burman Versuchspläne:

Für $k = 4$ ist der Versuchsplan mit einem vollfaktoriellen 2^2 Versuchsplan mit der Wechselwirkung $x_3 = -x_1 \cdot x_2$ identisch.

Konstruktion eines *Plakett-Burman* Planes:

In der folgenden Tabelle 2-38 stehen die Anzahl der notwendigen Versuche und die erste Zeile der Versuchsplanmatrix

Tab. 2-38: Erste Zeile zur Konstruktion eines Plakett-Burman Planes.

k-Anzahl																							
8	1	1	1	−1	1	−1	−1																
12	1	1	−1	1	1	1	−1	−1	−1	1	−1												
16	1	1	1	1	−1	1	−1	1	1	−1	−1	1	−1	−1	−1								
20	1	1	−1	−1	1	1	1	1	−1	1	−1	1	−1	−1	−1	−1	1	1	−1				
24	1	1	1	1	1	−1	1	−1	1	1	−1	−1	1	1	−1	−1	1	−1	1	−1	−1	−1	−1

Die erste Zeile der gewählten Versuchsanzahl aus der obigen Tabelle wird zyklisch nach rechts oder links verschoben. Die Elemente, die – auf Grund der Verschiebung – über die erste Zeile hinaus stehen, werden auf den „leeren“ Platz geschrieben. Zum Schluss wird noch eine Zeile mit konstant −1 angefügt. Damit ist die Orthogonalität des Plakett-Burman Planes $\mathbf{PB}_k$ gewährleistet. Auch diese Pläne erfüllen die Orthogonalitätsbedingung

$$\left(\mathbf{PB}_k^T \mathbf{PB}_k\right) = k\mathbf{E}$$

Diese Pläne sind nur zur Lokalisierung signifikanten Einflussgrößen geeignet. Es sollte bekannt sein, dass keine Wechselwirkungen existieren. Tabelle 2-39 zeigt die Konstruktion eines Plakett-Burman Planes für $k = 8$

Tab. 2-39: Plakett-Burman Versuchsplan mit 8 Versuchen und $8 - 1 = 7$ Einflussgrößen.

x_1	x_2	x_3	x_4	x_5	x_6	x_7						
1	1	1	−1	1	−1	−1						
−1	1	1	1	−1	1	−1	−1					
−1	−1	1	1	1	−1	1	−1	−1				
1	−1	−1	1	1	1	−1	1	−1	−1			
−1	1	−1	−1	1	1	1	−1	1	−1	−1		
1	−1	1	−1	−1	1	1	1	−1	1	−1	−1	
1	1	−1	1	−1	−1	1	1	1	−1	1	−1	−1
−1	−1	−1	−1	−1	−1	−1						

Ein Prozess hat 4 Einflussgrößen. Zur Untersuchung der Signifikanz der einzelnen Parameter wird ein Plakett-Burman Versuchsplan $k = 8$ gewählt. Tabelle 2-40 zeigt einen Plakett-Burman Plan mit 8 Versuchen. Hier sind die Zeile und Spalten geordnet.

Tab. 2-40: Plakett-Burman Plan mit 8 Versuchen.

x_1	x_7	x_3	x_2	x_4	x_5	x_6
–1	–1	1	1	1	–1	1
1	–1	1	1	–1	1	–1
–1	1	1	–1	1	1	–1
1	1	1	–1	–1	–1	1
–1	–1	–1	–1	–1	–1	–1
1	–1	–1	–1	1	1	1
–1	1	–1	1	–1	1	1
1	1	–1	1	1	–1	–1

Die Variablen x_1, x_7, x_3 entsprechen einem 2^3 Faktorplan. Für diesen Plakett-Burman Plan gelten die stammen beispielsweise die folgenden Vermengungen aus dem alternativen 2^3 Faktorplan:

$$x_2 = -x_3 x_7$$

$$x_4 = -x_1 x_3$$

$$x_5 = -x_1 x_7$$

$$x_6 = -x_1 x_3 x_7$$

Bei Plakett-Burman Plänen, deren Versuchsanzahl sich nicht in der Form $2^p\, p = (1, 2, ...)$ darstellen lassen, sind die Zuordnungen der Vermengungen kompliziert. Da bei den Plakett-Burman Plänen jeder Versuch genau einmal durchgeführt wird, ist jeder Plakett-Burman Plan auch eine Teilmenge des jeweiligen vollständigen Faktorplanes. Teilfaktorpläne, Pläne der Hadamard Matrizen oder Plakette Burman erfüllen die Orthogonalitätseigenschaft

$$\left(\mathbf{F}_k^T \mathbf{F}_k\right) = k\mathbf{E}$$

$$\left(\mathbf{H}_k^T \mathbf{H}_k\right) = k\mathbf{E}$$

$$\left(\mathbf{PB}_k^T \mathbf{PB}_k\right) = k\mathbf{E}$$

Solange Anzahl der Freiheitsgrade $k - n > 1$ erfüllt ist, gibt es mathematisch keinen Grund, bei Teilfaktorplänen, Plänen oder Plakett-Burman Plänen, Wechselwirkungsglieder zu berechnen. Natürlich sind Aussagen von Tests mit wenigen Freiheitsgraden meist sehr unpräzise. Hinweise zur Durchführung und Interpretation dieser Pläne stehen in Kapitel 2.4.

2.5.2 Versuchspläne für nicht lineare Wirkungsflächen

Betrachtet werden Wirkungsflächen, die quadratische Terme enthalten und in der Form (17-1) dargestellt werden können:

$$\eta(x_1,x_2,...,x_m) = a_0 + \sum_{j=1}^{m} a_j x_j + \sum_{j=1}^{m} a_{i,i} x_j^2 + \sum_{j=1,i=1,\ j<i}^{m} a_{i,j} x_i x_j + R(x_1,x_2,...,x_m)$$

Die bisherigen Versuchspläne haben jeweils nur zwei Niveaus $[-1;+1]$. Für Wirkungsflächen mit quadratischen Termen sind mindestens drei Niveaus $[-1;0;+1]$ notwendig. Eine Möglichkeit besteht darin, die klassischen orthogonalen Versuchspläne geschickt so zu erweitern, dass mit der Hinzunahme eines zusätzlichen Niveaus, die Eigenschaft der Orthogonalität möglichst erhalten bleibt – siehe Kapitel 2.5.2.1 bis 2.5.2.3. Die Auswertung dieser Pläne ist an exakt definierte Versuchspunkte gebunden. Die allgemeine Anwendung wird dadurch eingeschränkt. Technisch sind diese Versuchspunkte oft nicht realisierbar. Vor allem die in Kapitel 2.4.7. beschriebenen Möglichkeiten der Verfälschung des Regressionsergebnisses durch nicht genaue Einhaltung der Versuchsergebnisse verletzt die strengen Bedingungen der Einhaltung der Orthogonalität. Wenn die Einhaltung der Versuchspunkte nicht gewährleistet werden konnte, dann sollte die Regression mit den tatsächlich eingestellten Parametern mit der klassischen Methode Kapitel 1.3. berechnet werden. In den Kapiteln 2.7. bis 2.7.2. werden Möglichkeiten beschrieben klassische Versuchspläne zu koppeln und zu erweitern um damit Wirkungsflächen beispielsweise der Form

$$\eta(x_1,x_2,...,x_m) = a_0 + \sum_{j=1}^{m} a_j x_j + \sum_{j=1}^{m} a_{j,j} x_j^2 + \sum_{j=1,i=1,\ j\neq i}^{m} a_{i,j} x_i x_j + R(x_1,x_2,...,x_m)$$

zu berechnen.

Versuchspläne nach Box-Behnken

Prinzipiell werden bei diesen Versuchsplänen die Mittelpunkte der Kanten des Hyperwürfels als zusätzlicher Versuchspunkt und der Mittelpunkt aller Versuche gewählt. Beispielsweise sollen zwei Einflussfaktoren x_1, x_2 betrachtet werden.

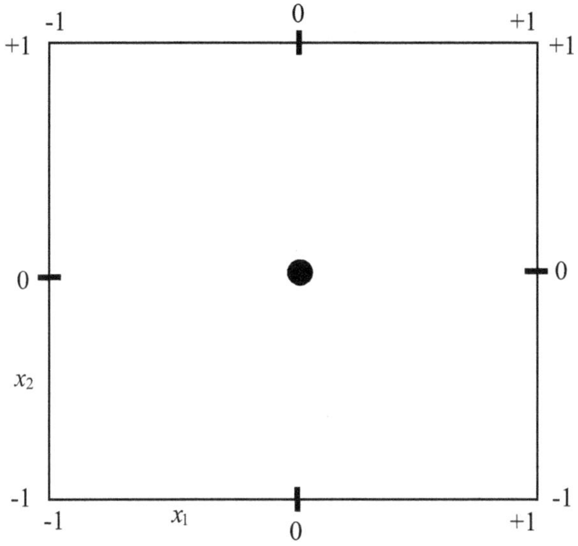

Für zwei Einflussfaktoren x_1, x_2 setzt sich aus dem Mittelpunkt (Sphäre 0), den Mittelpunkten der Kanten x_1, x_2 (Sphäre 1) und den Eckpunkten von x_1, x_2 (Sphäre 2) zusammen. Der Versuchsplan setzt sich aus insgesamt 9 Versuchen zusammen.

Einflussfaktoren: x_1, x_2

Tab. 2-41: Tableau eines Box-Behnken Versuchsplanes für zwei Einflussfaktoren und insgesamt 9 Versuchen.

Sphäre	Kombinationen der Faktoren		Anzahl der Versuche
Sphäre 0	x_1	x_2	$\binom{2}{0} \cdot 2^{2-2} = 1$
	0	0	
Sphäre 1	0	−1	$\binom{2}{1} \cdot 2^{2-1} = 4$
	0	1	
	−1	0	
	1	0	
Sphäre 2	−1	−1	$\binom{2}{0} \cdot 2^{2-0} = 4$
	1	−1	
	−1	1	
	1	1	

In den folgenden Tabellen werden die Box-Behnken Versuchspläne für drei und vier Einflussfaktoren genannt. Aus Platzgründen werden die Faktorkombinationen einer Sphäre nicht untereinander sonder neben einander geschrieben.

Tab. 2-42: Tableau für ein Box-Behnken Versuchsplan mit drei Einflussfaktoren und insgesamt 27 Versuchen.

Sphäre	Kombinationen der Faktoren	Anzahl der Versuche
Sphäre 0	x_1 x_2 x_3 0 0 0	$\binom{3}{0} \cdot 2^{3-3} = 1$
Sphäre 1	0 0 −1 0 0 1 0 −1 0 0 1 0 −1 0 0 1 0 0	$\binom{3}{1} \cdot 2^{3-2} = 6$
Sphäre 2	0 −1 −1 0 1 −1 0 −1 1 0 1 1 −1 0 −1 1 0 −1 −1 0 1 1 0 1 −1 −1 0 1 −1 0 −1 1 0 1 1 0	$\binom{3}{2} \cdot 2^{3-1} = 12$
Sphäre 3	−1 −1 −1 1 −1 −1 −1 1 −1 1 1 −1 −1 −1 1 1 −1 1 −1 1 1 1 1 1	$\binom{3}{3} \cdot 2^{3-0} = 8$

Tab. 2-43: Tableau für ein Box-Behnken Versuchsplan mit vier Einflussfaktoren und insgesamt 81 Versuchen.

Sphäre	Kombinationen der Faktoren				Anzahl der Versuche
Sphäre 0	x_1	x_2	x_3	x_4	$\binom{4}{0}\cdot 2^{4-4}=1$
	0	0	0	0	
Sphäre 1	0	0	0	−1	$\binom{4}{1}\cdot 2^{4-3}=8$
	0	0	0	1	
	0	0	−1	0	
	0	0	1	0	
	0	−1	0	0	
	0	1	0	0	
	−1	0	0	0	
	1	0	0	0	
Sphäre 2	0	0	−1	−1	$\binom{4}{2}\cdot 2^{4-2}=24$
	0	0	1	−1	
	0	0	−1	1	
	0	0	1	1	
	−1	−1	0	0	
	1	−1	0	0	
	−1	1	0	0	
	1	1	0	0	
	0	−1	−1	0	
	0	1	−1	0	
	0	−1	1	0	
	0	1	1	0	
	0	−1	0	−1	
	0	1	0	−1	
	0	−1	0	1	
	0	1	0	1	
	−1	0	0	−1	
	1	0	0	−1	
	−1	0	0	1	
	1	0	0	1	
	−1	0	−1	0	
	1	0	−1	0	
	−1	0	1	0	
	1	0	1	0	
Sphäre 3	−1	−1	−1	0	$\binom{4}{3}\cdot 2^{4-1}=32$
	1	−1	−1	0	
	−1	1	−1	0	
	1	1	−1	0	
	−1	−1	1	0	
	1	−1	1	0	
	−1	1	1	0	
	1	1	1	0	

Tab. 2-43: Tableau für ein Box-Behnken Versuchsplan mit vier Einflussfaktoren und insgesamt 81 Versuchen (*Fortsetzung*).

Sphäre	Kombinationen der Faktoren				Anzahl der Versuche
	−1	−1	0	−1	
	1	−1	0	−1	
	−1	1	0	−1	
	1	1	0	−1	
	−1	−1	0	1	
	1	−1	0	1	
	−1	1	0	1	
	1	1	0	1	
	−1	0	−1	−1	
	1	0	−1	−1	
	−1	0	1	−1	
	1	0	1	−1	
	−1	0	−1	1	
	1	0	−1	1	
	−1	0	1	1	
	1	0	1	1	
	0	−1	−1	−1	
	0	1	−1	−1	
	0	−1	1	−1	
	0	1	1	−1	
	0	−1	−1	1	
	0	1	−1	1	
	0	−1	1	1	
	0	1	1	1	
Sphäre 4	−1	−1	−1	−1	$\binom{4}{4} \cdot 2^{4-0} = 16$
	1	−1	−1	−1	
	−1	1	−1	−1	
	1	1	−1	−1	
	−1	−1	1	−1	
	1	−1	1	−1	
	−1	1	1	−1	
	1	1	1	−1	
	−1	−1	−1	1	
	1	−1	−1	1	
	−1	1	−1	1	
	1	1	−1	1	
	−1	−1	1	1	
	1	−1	1	1	
	−1	1	1	1	
	1	1	1	1	

Zur Einschätzung der Versuchspläne kann ein Redundanzfaktor R definiert werden.

$$R = \frac{\text{Anzahl der Versuche}}{\text{Anzah der Koeffizienten}} = \frac{k}{m} \qquad (2\text{-}65)$$

Dieser Faktor sagt nichts über die Qualität des Versuchsplanes aus. Er ist ein Indikator für die Genauigkeit der Regressionskoeffizienten.

Durch die Reduzierung der Versuchspunkte der Box-Behnken Pläne, kann eine Verringerung der Versuchsanzahlen erreicht werden. Box-Behnken schlagen vor, bei einem Versuchsplan mit drei Einflussgrößen die 1. Sphäre (6 Versuche) und 3. Sphäre (8 Versuche) zu vernachlässigen. Damit sind noch 15 Versuche durchzuführen. Der Redundanzfaktor ist dann $R = \frac{15}{10} = 1{,}5$. Für einen Versuchsplan mit 4 Einflussgrößen schlagen Box-Behnken die Reduzierung der 1. Sphäre (8 Versuche) und der 4. Sphäre (16 Versuche) vor. Die Versuchsanzahl wird damit von 81 Versuchen auf 41 Versuche reduziert. Für einen Regressionsansatz von mit 15 Koeffizienten ist $R = \frac{41}{15} = 2{,}733$.

Oft hat sich jedoch herausgestellt, dass der Faktorplan für das untersuchte Problem nicht ausreichend ist. Bei den Box-Behnken Versuchsplänen steht in der letzten Sphäre immer der vollständige Faktorplan. Wird das Problem mit einer Wirkungsfläche, in der keine quadratischen Glieder auftreten nicht ausreichend gut beschrieben, können die Ergebnisse des realisierten vollständigen Faktorplanes weiter zu verwenden, in dem möglichst Versuche aus den anderen Sphären hinzu zu genommen werden. Wichtig hierbei ist, dass die Anzahl der Versuche im Mittelpunkt etwa gleich groß wie die Versuche in den Randpunkten (letzte Sphäre) ist. Die Versuche der einzelnen Sphäre sind alle orthogonal, so dass es bei der Auswertung keine Probleme gibt.

Orthogonale zentrale zusammengesetzte Versuchspläne

In diesem Abschnitt werden wiederum Versuchspläne mit nicht-linearer Wirkungsfläche der Form

$$\eta(x_1, x_2, ..., x_m) = a_0 + \sum_{j=1}^{m} a_j x_j + \sum_{j=1}^{m} a_{i,i} x_j^2 + \sum_{j=1, i=1, j<i}^{m} a_{i,j} x_i x_j + R(x_1, x_2, ..., x_m)$$

betrachtet. *Box* erweitert den vollständigen Faktorplan mit dem Punkt im Zentrum und den Sternpunkten.

Punkt im Zentrum: (0,0,…,0)

Es werden $2m$ Sternpunkte angegeben:

$$(+\alpha, 0, 0, ..., 0)$$
$$(-\alpha, 0, 0, ..., 0)$$
$$(0, +\alpha, 0, ..., 0)$$
$$(0, -\alpha, 0, ..., 0)$$
$$...$$
$$(0, 0, 0, ..., +\alpha)$$
$$(0, 0, 0, ..., -\alpha)$$

Der vollständige Faktorplan wird mit $2m+1$ Versuchspunkten erweitert.

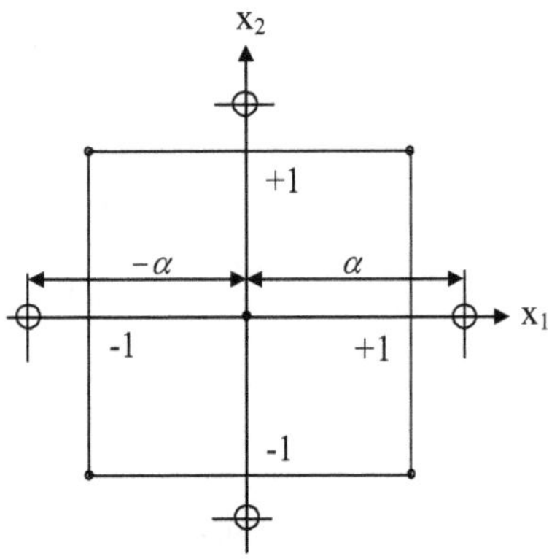

Abb. 2-8: Zusammengesetzter Versuchsplan für 2 Einflussvariablen.

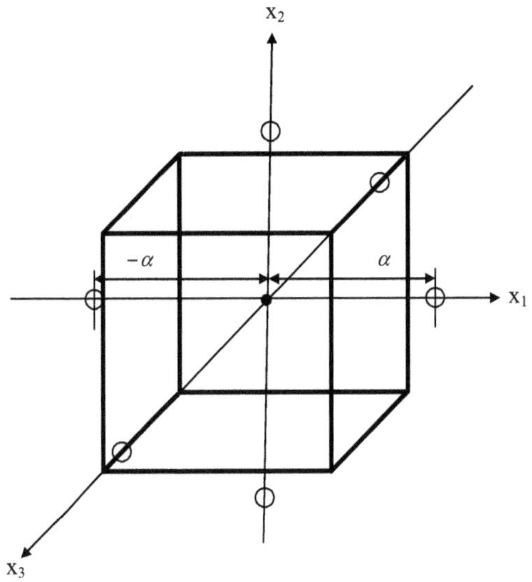

Abb. 2-9: Zusammengesetzter Versuchsplan für drei Einflussvariablen.

Der Versuchsplan für drei Variablen hat dann den folgenden Aufbau: – Tabelle 2-44

Tab. 2-44: Aufbau des zusammengesetzten Versuchsplanes für drei Variablen.

x_1	x_2	x_3	
+1	+1	+1	vollständiger
–1	+1	+1	Faktorplan
+1	–1	+1	
–1	–1	+1	
+1	+1	–1	
–1	+1	–1	
+1	–1	–1	
–1	–1	–1	
$+\alpha$	0	0	Sternpunkte
$-\alpha$	0	0	
0	$+\alpha$	0	
0	$-\alpha$	0	
0	0	$+\alpha$	
0	0	$-\alpha$	
0	0	0	Mittelpunktsversuch

Um die Eigenschaften der Orthogonalität zu erreichen, müssen die Parameter α bestimmt werden. Prinzipiell lassen sich die orthogonalen zentral zusammengesetzten Versuchspläne auch mit Teilfaktorplänen mit 2^{m-p} Versuchen durchführen. Das wird in der weiteren Betrachtung berücksichtigt. Es wird davon ausgegangen, dass die Wechselwirkungsglieder in der Wirkungsfläche

$$\eta(x_1, x_2, ..., x_m) = a_0 + \sum_{j=1}^{m} a_j x_j + \sum_{j=1}^{m} a_{ii} x_j^2 + \sum_{j=1, i=1,\ j<i}^{m} a_{ij} x_i x_j + R(x_1, x_2, ..., x_m)$$

berechnet werden sollen. Diese 2^{m-p} Versuchspunkte werden als Kern des Versuchsplanes bezeichnet. Die Gesamtanzahl N der Versuche setzt sich aus der Versuchsanzahl im Kern, den Versuchen in den Sternpunkten und der Anzahl der Mittelpunktsversuch n_0 zusammen.

$$N = 2^{m-p} + 2n + n_0$$

Um die Orthogonalität zu gewährleisten, wird der Parameter β definiert.

$$\beta = \frac{\sum_{j=1}^{N} x_j^2}{N} = \frac{2^{n-p} + 2\alpha^2}{N}$$

Dieser Faktor β wird in der Wirkungsfläche (17-1) von dem quadratischen Term subtrahiert.

$$\eta(x_1, x_2, ..., x_m) = a_0 + \sum_{j=1}^{m} a_j x_j + \sum_{j=1}^{m} a_{j,j}(x_j^2 - \beta) + \sum_{j=1, i=1,\ j<i}^{m} a_{i,j} x_i x_j$$

Das soll am Beispiel für drei Variable erläutert werden. Die Wirkungsfläche hat dann den folgenden Aufbau:

$$\begin{aligned}\eta(x_1,x_2,\ldots,x_3) &= a_0 + a_1x_1 + a_2x_2 + a_3x_3\\ &+ a_4(x_1^2-\beta) + a_5(x_2^2-\beta) + a_6(x_3^2-\beta)\\ &+ x_1x_2 + x_1x_3 + x_2x_3\end{aligned}$$

Die Matrix **F** hat dann den folgenden Aufbau (zur besseren Übersicht wird eine Zeile mit der Spaltenbezeichnung zusätzlich in die Matrix eingeführt):

$$\mathbf{F} = \begin{pmatrix} x_0 & x_1 & x_2 & x_3 & x_1^2-\beta & x_2^2-\beta & x_3^2-\beta & x_1x_2 & x_1x_3 & x_2x_3\\ 1 & +1 & +1 & +1 & 1-\beta & 1-\beta & 1-\beta & +1 & +1 & +1\\ 1 & -1 & +1 & +1 & 1-\beta & 1-\beta & 1-\beta & -1 & -1 & +1\\ 1 & +1 & -1 & +1 & 1-\beta & 1-\beta & 1-\beta & -1 & +1 & -1\\ 1 & -1 & -1 & +1 & 1-\beta & 1-\beta & 1-\beta & +1 & -1 & -1\\ 1 & +1 & +1 & -1 & 1-\beta & 1-\beta & 1-\beta & +1 & -1 & -1\\ 1 & -1 & +1 & -1 & 1-\beta & 1-\beta & 1-\beta & -1 & +1 & -1\\ 1 & +1 & -1 & -1 & 1-\beta & 1-\beta & 1-\beta & -1 & -1 & +1\\ 1 & -1 & -1 & -1 & 1-\beta & 1-\beta & 1-\beta & +1 & +1 & +1\\ 1 & +\alpha & 0 & 0 & \alpha^2-\beta & -\beta & -\beta & 0 & 0 & 0\\ 1 & -\alpha & 0 & 0 & \alpha^2-\beta & -\beta & -\beta & 0 & 0 & 0\\ 1 & 0 & +\alpha & 0 & -\beta & \alpha^2-\beta & -\beta & 0 & 0 & 0\\ 1 & 0 & -\alpha & 0 & -\beta & \alpha^2-\beta & -\beta & 0 & 0 & 0\\ 1 & 0 & 0 & +\alpha & -\beta & -\beta & \alpha^2-\beta & 0 & 0 & 0\\ 1 & 0 & 0 & -\alpha & -\beta & -\beta & \alpha^2-\beta & 0 & 0 & 0\\ 1 & 0 & 0 & 0 & 0 & 0 & 0 & 0 & 0 & 0 \end{pmatrix}$$

Um den Weg der Ermittlung des Parameters α zu skizzieren, wird die allgemeine Matrix für **F** (als Tabelle) angegeben.

Tab. 2-45: Matrix **F** für den orthogonalen – drehbaren Versuchsplan.

	k	x_0	x_1	x_2	...	x_m	$x_1^2-\beta$	...	$x_m^2-\beta$	x_1x_2	...	$x_{m-1}x_m$
	1	1	+1	+1	...	+1	$1-\beta$		$1-\beta$	+1	...	1
	2	1	–1	+1		+1	$1-\beta$		$1-\beta$	–1		1
	3	1	+1	–1			$1-\beta$		$1-\beta$	–1		.
	4	1	–1	+1			.					.
Kern	5	1	+1	–1			.					.
	.	.	.	.			.					.
	.	.	.	.			.					.
	.	.	.	.			.					.
	2^{m-p}	1	.	.	...	.	$1-\beta$	...	$1-\beta$	...	...	.
	$2^{m-p}+1$	1	$+\alpha$	0	...	0	$\alpha^2-\beta$		$-\beta$	0		0
	$2^{m-p}+2$	1	$-\alpha$	0		0	$\alpha^2-\beta$		$-\beta$	0		0
	.	1	0	$+\alpha$		0	$-\beta$		$-\beta$	0		0
	.	1	0	$-\alpha$		0	$-\beta$		$-\beta$	0		0
Sternpunkte	.	.	.	.		.	.		.	.		.
	.	.	.	.		.	.		.	.		.
	.	.	.	.		.	.		.	.		.
	.	1	0	0		$+\alpha$	$-\beta$		$\alpha^2-\beta$	0		0
	$2^{m-p}+2m$	1	0	0	...	$-\alpha$	$-\beta$	...	$\alpha^2-\beta$	0	...	0
Mittelpunkt	$2^{m-p}+2m+1$	1	0	0	...	0	$-\beta$	...	$-\beta$	0	...	0

Wird mit dieser Matrix die Informationsmatrix $(\mathbf{F}^T\mathbf{F})$ gebildet, so stehen in den Nebendiagonalelementen Terme, die von dem Parameter α abhängig sind. Auf Grund der Forderung nach der Orthogonalität muss der Parameter α die Bedingung

$$2^{m-p}\left(1-\frac{2^{m-p}+2\alpha^2}{N}-4\frac{2^{m-p}+2\alpha^2}{N}\left(\alpha^2-\frac{2^{m-p}+2\alpha^2}{N}\right)+(2n-3)\left(\frac{2^{m-p}+2\alpha^2}{N}\right)\right)=0$$

erfüllen. Das ist der Fall, wenn

$$\alpha=\sqrt{2^{\frac{m-p}{2}-1}\left(\sqrt{N}-2^{\frac{m-p}{2}}\right)}$$

berechnet wird. Die Informationsmatrix $(\mathbf{F}^T\mathbf{F})$ hat dann den prinzipiellen Aufbau:

$$(\mathbf{F}^T\mathbf{F})=\begin{pmatrix} n_0 & 0 & 0 & 0 \\ 0 & n_1\mathbf{E}_m & 0 & 0 \\ 0 & 0 & n_2\mathbf{E}_m & 0 \\ 0 & 0 & 0 & n_3\mathbf{E}_{\binom{m}{2}} \end{pmatrix}$$

wobei $\mathbf{E}_m$ die m-dimensionale Einheitsmatrix ist. Darin ist

$$n_0 = N = 2^{m-p} + 2m + 1$$
$$n_1 = 2^{m-p} + 2\alpha^2$$
$$n_2 = 2^{m-p}(1-\beta)^2 + 2(\alpha^2 - \beta) + (2m-1)\beta^2$$
$$n_3 = 2^{m-p}$$

Mit diesen Parametern kann für jeden konkreten zusammengesetzten-orthogonalen Versuchsplan die Präzisionsmatrix

$$(\mathbf{F}^T\mathbf{F})^{-1} = \begin{pmatrix} c_0 & 0 & 0 & 0 \\ 0 & c_1\mathbf{E}_m & 0 & 0 \\ 0 & 0 & c_2\mathbf{E}_m & 0 \\ 0 & 0 & 0 & c_3\mathbf{E}_{\binom{m}{2}} \end{pmatrix}$$

berechnet werden. Darin ist $c_i = \frac{1}{n_i}$.

Die Tabelle 2-46 zeigt dir zur Berechnung notwendigen Parameter zur Bestimmung der Regressionskoeffizienten für verschiedene orthogonale zusammengesetzte Versuchspläne

Tab. 2-46: Parameter für orthogonale zusammengesetzte Versuchspläne.

Dimension	Kern	N	α	β	Elemente der Matrix $(\mathbf{F}^T\mathbf{F})^{-1}$			
					$c_0 = \frac{1}{N}$	c_1	c_2	c_3
2	2^2	9	1,000	0,6667	0,111	0,1667	0,5	0,25
3	2^3	15	1,215	0,73	0,0667	0,0913	0,2298	0,1251
4	2^4	25	1,414	0,8	0,0400	0,0500	0,125	0,0625
5	2^{5-1}	27	1,547	0,77	0,03704	0,0481	0,0871	0,0625
6	2^{6-1}	45	1,722	0,843	0,0222	0,0264	0,0564	0,03125
7	2^{7-1}	79	1,885	0,9	0,0127	0,0141	0,0389	0,0156
8	2^{8-2}	81	2,001	0,8889	0,0123	0,0139	0,0312	0,0156

Mit Hilfe dieser Tabelle können die Regressionskoeffizienten berechnet werden. Es ist

$$\hat{a}_i = c_1 \sum_{j=1}^{N} x_j^i y_j \quad i = 1,2,\cdots,m$$

$$\hat{a}_{i,i} = c_2 \sum_{j=1}^{N} (x_j^i)^2 y_j \quad i = 1,2,\cdots,m$$

$$\hat{a}_{i,j} = c_3 \sum_{v=1}^{N} x_v^i x_v^j y_v \quad \text{i,j} = 1,2,\cdots,\text{m; i} \neq j$$

In der Wirkungsfläche

$$\eta(x_1, x_2, \ldots, x_m) = a_0 + \sum_{j=1}^{m} a_j x_j + \sum_{j=1}^{m} a_{j,j}(x_j^2 - \beta) + \sum_{j=1, i=1,\, j<i}^{m} a_{i,j} x_i x_j$$

können der Parameter β mit aus multipliziert werden, so dass das Absolutglied $\hat{a}_0$ durch berechnet werden kann. Für den Test der geschätzten Parameter auf Signifikanz wird – wie im Kapitel 1.6. beschrieben – verfahren. Zur Vollständigkeit werden die Stichprobenstreuungen der geschätzten Koeffizienten (aus [4]) angegeben:

$$S_{\hat{a}_0}^2 = S^2(c_0 + m\beta^2 c_2)$$

$$S_{\hat{a}_i}^2 = S^2 c_1 \ \mathrm{i} = 1,2,\ldots,\mathrm{m}$$

$$S_{\hat{a}_{i,i}}^2 = S^2 c_2 \ \mathrm{i} = 1,2,\ldots,\mathrm{m}$$

$$S_{\hat{a}_{i,j}}^2 = S^2 c_3 \ \mathrm{i,j} = 1,2,\ldots,\mathrm{m}\ \mathrm{i} \neq \mathrm{j}$$

Drehbare zusammengesetzte orthogonale Versuchspläne

In (2-23) ist die Drehbarkeit eines Versuchsplanes für Wirkungsflächen ohne quadratischer Terme definiert. Für zusammengesetzte orthogonale Versuchspläne für eine Wirkungsfläche mit quadratischen Termen lassen sich ebenfalls drehbare Versuchspläne konstruieren. Dabei wird von der Wirkungsfläche

$$\eta(x_1, x_2, \ldots, x_m) = a_0 + \sum_{j=1}^{m} a_j x_j + \sum_{j=1}^{m} a_{j,j} x_j^2 + \sum_{j=1, i=1,\, j<i}^{m} a_{i,j} x_i x_j$$

wie bei den vorherigen zusammengesetzten orthogonalen Versuchsplänen – ohne der Einführung des Parameters β ausgegangen. Die Drehbarkeit wird durch die Anzahl der Versuche n_0 im Zentrum beeinflusst. Der Aufbau dieser Versuchspläne ist analog den zusammengesetzten orthogonalen Versuchspläne des vorangegangen Kapitels. Lediglich der Parameter α wird entsprechend

$$\alpha = 2^{\frac{m-p}{4}}$$

berechnet. Die folgende Tabelle 2-47 gibt Auskunft Beispiele über die Parameter der zentralen zusammengesetzten Versuchspläne.

Tab. 2-47: Tabelle der drehbaren – zusammengesetzten Versuchspläne.

Dimension	Kern des Versuchsplanes	Anzahl der Sternpunkte	n_0	n	α
2	2^2	4	5	13	1,414
3	2^3	6	6	20	1,682
4	2^4	8	7	31	2,000
5	2^5	10	10	52	2,378
5	2^{5-1}	10	6	32	2,000
6	2^6	12	15	91	2,828
6	6^{6-1}	12	9	53	2,378
7	2^7	14	21	163	3,333
7	2^{7-1}	14	14	92	2,828

Beispiel für einen drehbaren, zentralen zusammengesetzten orthogonalen Versuchsplan für drei Einflussvariable – die Matrix **F**:

Tab. 2-48: Zusammengesetzter drehbarer Versuchsplan für drei Variablen.

	x_0	x_1	x_2	x_3	x_1^2	x_2^2	x_3^2	x_1x_2	x_1x_3	x_2x_3
Kern des Versuchsplanes	1	−1	−1	−1	1	1	1	+1	+1	+1
	1	+1	−1	−1	1	1	1	−1	−1	+1
	1	−1	+1	−1	1	1	1	−1	+1	−1
	1	+1	+1	−1	1	1	1	+1	−1	−1
	1	−1	−1	+1	1	1	1	+1	−1	−1
	1	+1	−1	+1	1	1	1	−1	+1	−1
	1	−1	+1	+1	1	1	1	−1	−1	+1
	1	+1	+1	+1	1	1	1	+1	+1	+1
Sternpunkte	1	+1,682	0	0	+2,829	0	0	0	0	0
	1	−1,682	0	0	−2,829	0	0	0	0	0
	1	0	+1,682	0	0	+2,829	0	0	0	0
	1	0	−1,682	0	0	−2,829	0	0	0	0
	1	0	0	+1,682	0	0	+2,829	0	0	0
	1	0	0	−1,682	0	0	−2,829	0	0	0
Punkte im Zentrum	1	0	0	0	0	0	0	0	0	0
	1	0	0	0	0	0	0	0	0	0
	1	0	0	0	0	0	0	0	0	0
	1	0	0	0	0	0	0	0	0	0
	1	0	0	0	0	0	0	0	0	0
	1	0	0	0	0	0	0	0	0	0

Die Informationsmatrix ($\mathbf{F}^T\mathbf{F}$) für diese Versuchspläne ist keine Diagonalmatrix mehr. Es lassen sich jedoch für diesen Fall die Berechnungsvorschriften für die zu schätzenden Parameter angeben. Dazu werden die folgenden Abkürzungen festgelegt:

$$\lambda_1 = \frac{2^{m-p} N}{\left(2^{m-p} + 2\alpha^2\right)^2}$$

$$\lambda_2 = \frac{N}{2^{m-p} + 2\alpha^2}$$

$$A = \frac{1}{2\lambda_1 \left((m+2)\lambda_1 - m\right)}$$

$$\hat{a}_0 = \frac{A}{N}\left[2\lambda_1 (m+2)\sum_{l=1}^{N} y_l - 2\lambda_1\lambda_2 \sum_{l=1}^{N} x_l^i x_l^j y_l\right]$$

$$\hat{a}_i = \frac{\lambda_2}{N}\sum_{l=1}^{N} x_l^i y_l \quad \text{i} = 1,2,...,\text{m}$$

$$\hat{a}_{i,i} = \frac{A}{N}\left[\lambda_2^2\left((m+2)\lambda_1 - m\right)\sum_{l=1}^{N} x_l^i x_l^i y_l + \lambda_2^2(1-\lambda_1)\sum_{l=1}^{N} x_l^i x_l^i y_l - 2\lambda_1\lambda_2 \sum_{l=1}^{N} y_l\right] \quad \text{i} = 1,2,...,\text{m}$$

$$\hat{a}_{i,j} = \frac{\lambda_2^2}{N\lambda_1}\sum_{l=1}^{N} x_l^i x_l^j y_l \quad \text{i,j} = 1,2,...,\text{m} \quad \text{i} \neq \text{j}$$

Für die Streuungen gilt:

$$s_0^2 = \frac{A}{N}\lambda_1^2 (m+2) S^2$$

$$s_i^2 = \frac{\lambda_2}{N} S^2 \quad \text{i} = 1,2,...,\text{m}$$

$$s_{i,i}^2 = \frac{A}{N}\left((m+1)\lambda_1 - (m-1)\right)\lambda_2^2 S^2 \quad \text{i} = 1,2,...,\text{m}$$

$$s_{i,j}^2 = \frac{\lambda_2^2}{N\lambda_1} S^2 \quad \text{i,j} = 1,2,...,\text{m} \quad \text{i} \neq \text{j}$$

S^2 – Formel (1-23) – ist die Schätzung des Versuchsfehlers. Es ist möglich, die Planung von orthogonalen zentral zusammengesetzten und drehbaren zentral zusammengesetzten Versuchsplänen zu machen, die entsprechenden Versuche zu durchzuführen und die Berechnung der Regressionskoeffizienten einer Regressionssoftware zu berechnen und zu interpretieren. Siehe auch [4]. Je nach gewählter Methode müssen jedoch die Versuchspunkte speziellen mathematisch begründeten Bedingungen genügen. Das schränkt die allgemeinen praktischen Anwendungsmöglichkeiten dieser Verfahren erheblich ein.

2.6 Versuchsplanung nach G. Taguchii

Häufige Fragen in der Praxis sind: wie ist über den Kompromiss zwischen Qualität und Produktivität zu entscheiden. Wie ist mit minimalen Versuchen ein Maximum an Informationen zu gewinnen. Wie muss die Technologie geändert werden, damit das Produkt gegen Störungen relativ stabil bleibt. Wie kann erreicht werden, dass die notwendigen Prüfungen reduziert werden. „Es gibt nur eine Regel, um im Geschäft bestehen zu können, und die heißt: Beste Qualität zu möglichst niedrigen Kosten“ (Henry Ford 1922 – oder „Aldi“ Prinzip). Eine wichtige Frage ist also die Frage nach einer Funktion, die den Verlust in Abhängigkeit von der Qualität beschreibt. Diese Qualitätsverlustfunktion wird mit $L(y)$ bezeichnet. Meist erfolgt die Beurteilung der Qualität in der folgenden Weise:

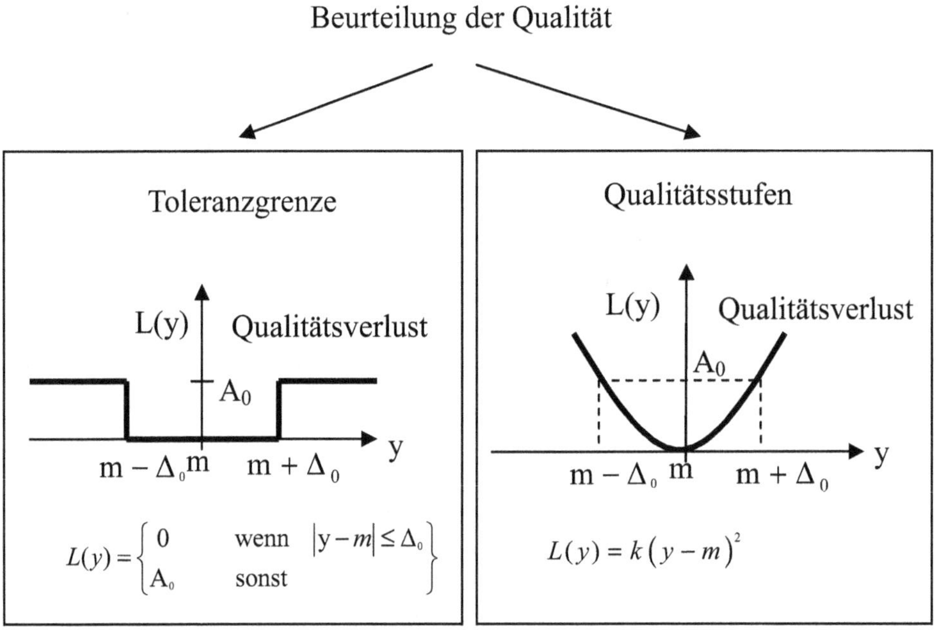

Als Qualitätsverlustfunktion wird eine quadratische Funktion $L(y) = k(y-m)^2$ gewählt. Darin beschreibt der Parameter y den aktuellen Zustand des Produktes und m den idealen Zustand. Der lineare Faktor k beschreibt den Verlust. Von Interesse ist der durchschnittliche Qualitätsverlust Q innerhalb der Produktion.

$$\begin{aligned} Q &= \frac{1}{n}\left[L(y_1)+L(y_2)+\cdots+L(y_n)\right] \\ &= \frac{k}{n}\left[(y_1-m)^2+(y_2-m)^2+\cdots+(y_n-m)^2\right] \\ &= k\left[\frac{1}{n}\sum_{i=1}^{n}y_i^2-\frac{2m}{n}\sum_{i=1}^{n}y_i+m^2+\left(\mu^2-\mu^2\right)\right] \\ &= k\left[(m-\mu)^2+\frac{1}{n}\sum_{i=1}^{n}y_i^2-\mu^2\right] \\ Q &= k\left[(m-\mu)^2+s^2\right] \end{aligned} \tag{2-66}$$

Der Qualitätsverlust Q wird also wesentlich durch die mittlere Abweichung μ vom Sollwert m und der Schätzung der Streuung $s=\sqrt{\frac{1}{n}\sum_{i=1}^{n}y_i^2-\mu^2}$ der Qualität beeinflusst.

Inhaltlich ist das nichts Neues. Interessant sind zwei Fragestellungen. Zuerst sind die unterschiedlichen Wirkungen der Einflussgrößen zu charakterisieren und die signifikanten Einflussgrößen technologisch so einzustellen, dass die Abweichung vom Sollwert m minimal ist. Außerdem ist die Fragestellung: „mit welchen Parametern kann die Streuung des Prozesses minimiert werden" zu beantworten. Die Variablen, welche die Abweichung vom Sollwert beschreiben, bezeichnet *Taguchii* als *signal factors*. Die Faktoren, die die Streuung des Prozesses beeinflussen, bezeichnet Taguchii als *control factors*. Um die Streuung eines Prozesses in definierten Punkten (Mittelwert) zu untersuchen, müssen alle Versuchspunkte mehrfach realisiert werden. Aus diesem Grund sind die Versuchspläne mehrfach – w mal – zu realisieren.

Zur Charakterisierung der Wirkungen der Einflussgrößen eignen sich grundsätzlich alle orthogonalen Versuchspläne. *Taguchii* hat eine Vielzahl von derartigen Versuchsplänen zusammengestellt. Möglichkeiten zur Konstruktion solcher orthogonaler Versuchspläne sind vorangegangen Kapiteln zur Versuchsplanung beschrieben. Bei *Taguchii* werden orthogonaler Versuchspläne als Layouts, die mit L abgekürzt werden, bezeichnet.

Die Anzahl der Einflussgrößen (Faktoren) dieser Layouts wird mit m bezeichnet. Die Anzahl der Einflussgrößen m beschreibt die Anzahl der Einflussgrößen im Regressionsansatz

$$y=a_0+a_1x_1+a_2x_2+a_3x_3+\cdots++a_mx_m$$

Beispielsweise ist ein L_{16} ein Versuchsplan, mit dem mit 16 Versuchen die Wirkung von maximal 15 Einflussgrößen – $m=15$ – getestet werden kann, ein *Plakett-Burman* Versuchsplan, der anders angeordnet und die Bezeichnungen der Einflussgrößen (die ohnehin beliebig ist) anders gewählt wurden. Ein Versuchsplan nach *Taguchii* L_8 ist ein 2^{4-1} Teilfaktorplan, für maximal 7 Variable – $x_1,x_2,\cdots,x_7$. Die Variablen x_4,x_5,x_6 Variable werden durch die „Wechselwirkungen" $x_4=x_1x_2$ usw. x_7 wurde durch $x_7=x_1x_2x_3$ ersetzt. Meist wird dieser L_8 zur Berechnung von 4 Einflussgrößen verwendet. Wegen möglicher Vermengungen (Siehe Kapitel 2.4.1.) wird $x_4=x_1x_2x_3$ ersetzt. In diesem Fall ist $m=4$. Je größer die Anzahl der Freiheitsgrade ist, umso genauer werden die Regressionskoeffizienten beschrieben – umso kostenaufwendiger ist aber die Untersuchung des Problems. Meist wird bei *Taguchii* Versuchsplänen das untere Niveau mit 1 und das obere Niveau mit 2 – oder bei Plänen mit drei Niveaus – mit 3 angegeben. In Hinblick auf die Orthogonalität ist das verwirrend. Richtig wäre –1 und +1 beziehungsweise –1,0 und +1. Taguchii verwendet zur Beurteilung der Signifikanzen die Effekte und gibt dazu die folgende Berechnungsvorschrift an.

Um den Einfluss der Variation der Komponente auf die Versuchsergebnisse

$$x_i = \begin{cases} A_i \\ E_i \end{cases} \quad \mathrm{i} = 1,2,...,\mathrm{m}$$

zu untersuchen, werden bei *Taguchii* alle Versuche nach den Komponenten A_i und E_i sortiert. Es wird vereinbart, dass die Größe n_{A_i} die Anzahl der Versuche beschreibt, bei denen die Komponente x_i den Wert A_i und n_{E_i} die Anzahl der Versuche, bei denen die Komponente x_i den Wert E_i hat . Auf Grund der Orthogonalitätseigenschaft der Versuchspläne nach *Taguchii* ist die Anzahl der Versuche immer ein ganzzahliges Vielfaches der Anzahl der Niveaus. Insbesondere ist für zwei Niveaus $n_{A_i} = n_{E_i} = n/2$. Die mittlere Wirkung der Komponente A_i wird bei *Taguchii* durch den Mittelwert der Ergebniswerte (gemessene Werte y_i oder transformierte Werte z_i) beschrieben, bei dem die Komponente $x_j = A_i$ ist.

$$\begin{aligned} \overline{y}(A_i) &= \frac{2}{n} \sum_{j \in \{1,2,...,n\}}^{\frac{n}{2}} y_j \Big|_{x_j = A_i} \\ &= -\frac{2}{n} \sum_{j \in \{1,2,...,n\}}^{\frac{n}{2}} y_j \cdot (-1) \Big| \tilde{x}_i = -1 \end{aligned}$$

Analog gilt dann:

$$\begin{aligned} \overline{y}(E_i) &= \frac{2}{n} \sum_{j \in \{1,2,...,n\}}^{\frac{n}{2}} y_j \Big|_{x_j = E_i} \\ &= \frac{2}{n} \sum_{j \in \{1,2,...,n\}}^{\frac{n}{2}} y_j \cdot (+1) \Big| \tilde{x}_i = +1 \end{aligned}$$

Taguchii definiert den Effekt einer Einflussgröße durch $\overline{y}(E_i) - \overline{y}(A_i)$. Da jede im Versuchskombination nur einmal auftritt ist beschreibt $\overline{y}(E_i) - \overline{y}(A_i)$ den Effekt der Komponente x_i:

$$\overline{y}(E_i) - \overline{y}(A_i) = \frac{2}{n} \sum_{j=1}^{n} y_j \tilde{x}_{i,j} = Effekt\alpha_i = 2\alpha_i$$

$$\alpha_i = \frac{1}{k} \sum_{j=1}^{k} y_j \tilde{x}_{i,j} \qquad \mathrm{i} = 1,2,...,\mathrm{m} \ \text{ und } \alpha_0 = \frac{1}{k} \sum_{j=1}^{k} y_j = \overline{y} \qquad (2\text{-}27)$$

Die *signal factors* bei *Taguchii* sind also die Effekte α_i für den approximativen linearen Regressionsansatz $g(\tilde{\mathbf{x}}) = \alpha_0 + \sum_{i=1}^{m} \alpha_i \tilde{x}_i$ mit $\tilde{x}_i \in \{-1;+1\}$. Da die Transformation $\tilde{x}_i = \dfrac{2x_i - (A_i + E_i)}{E_i - A_i}$ affin invariant bezüglich des Versuchsplanes ist, lassen sich die signifikanten Einflussgrößen somit ermitteln.

Werden die Versuchspläne V_n mehrfach – w mal – realisiert, dann lässt sich – mit Hilfe von Kapitel 1.3 – Formel (1-13) – wenn $k_j = w, j = 1,2,\cdots,k$ – gesetzt wird, zeigen, das sich die Regressionskoeffizienten aus den Mittelwerten der einzelnen Versuchsergebnisse zu dem w-mal wiederholten Versuchspunktes aus V_n berechnen lassen. Die Matrix $\mathbf{F}$ des w-mal wiederholten Versuchsplanes V_n hat den Aufbau:

$$\mathbf{F} = \left(\underbrace{V_n; V_n; \cdots; V_n}_{w} \right)^T$$

Die Versuchsergebnisse $\tilde{y}$ des realisierten Versuchsplanes $\mathbf{F}$ werden in der folgenden Form

$$\tilde{y} = (y_{1,1}; y_{2,1}; \cdots; y_{n,1}; y_{1,2}; y_{2,2}; \cdots; y_{n,2}; \cdots; y_{1,w}; y_{2,w}; \cdots; y_{n,w})^T = (\underline{\tilde{y}}_1; \underline{\tilde{y}}_2; \cdots; \underline{\tilde{y}}_w)^T$$

dargestellt. Zur Berechnung der Regressionskoeffizienten werden die notwendigen Matrizen zusammengestellt.

$$(\mathbf{F}^T\mathbf{F}) = w(V_n^T V_n)$$

$$(\mathbf{F}^T\mathbf{F})^{-1} = \frac{1}{w}(V_n^T V_n)^{-1}$$

Damit kann der gesuchte Parametervektor $\underline{\hat{\mathbf{a}}} = (\mathbf{F}^T\mathbf{F})^{-1} \mathbf{F}^T \underline{\mathbf{y}}$ entsprechend (1-6) berechnet werden.

$$\begin{aligned} \underline{\hat{\mathbf{a}}} &= \frac{1}{w}\left((V_n^T V_n)^{-1} V_n^T \underline{\tilde{y}}_1 + (V_n^T V_n)^{-1} V_n^T \underline{\tilde{y}}_2 + \cdots + (V_n^T V_n)^{-1} V_n^T \underline{\tilde{y}}_w \right) \\ &= (V_n^T V_n)^{-1} V_n^T \frac{1}{w} \sum_{i=1}^{w} \underline{\tilde{y}}_i \end{aligned}$$

mit

$$\frac{1}{w}\sum_{i=1}^{w} \underline{\tilde{y}}_i = \begin{pmatrix} \frac{1}{w}\sum_{i=1}^{w} y_{1,w} \\ \frac{1}{w}\sum_{i=1}^{w} y_{2,w} \\ \vdots \\ \frac{1}{w}\sum_{i=1}^{w} y_{n,w} \end{pmatrix} = \begin{pmatrix} \bar{y}_1 \\ \bar{y}_2 \\ \vdots \\ \bar{y}_n \end{pmatrix}$$

also

$$\underline{\hat{\mathbf{a}}} = \left(V_n^T V_n\right)^{-1} V_n^T \begin{pmatrix} \overline{y}_1 \\ \overline{y}_2 \\ \vdots \\ \overline{y}_n \end{pmatrix} \qquad (2\text{-}67)$$

Hierin beschreibt $\overline{y}_i = \frac{1}{w}\sum_{j=1}^{w} y_{i,j}\ j = 1,2,\cdots,n$ den Mittelwert der w Versuchsergebnisse im Versuchspunkt j des Versuchsplanes V_n. Zu beachte ist, dass die Angaben der statistische Kenngrößen zur Regression, wie beispielsweise der Schätzung für die mittlere Reststreuung σ^2 oder das Bestimmtheitsmaß, alle Messwerte zu berücksichtigt sind entsprechend

$$\hat{\sigma}^2 = \frac{1}{k-m-1}\sum_{j=1}^{k}\left(y_j - \hat{y}_j\right)^2$$

berechnet werden.

Es lässt sich jedoch zu jeder Versuchswiederholung – wenn $k_j = w, j = 1,2,\cdots,k$ (siehe Formel (1-13)) gesetzt wird – die Varianz für jede Versuchswiederholung angeben.

$$s_i^2 = \frac{1}{w}\sum_{j=1}^{w}\left(y_{i,j} - \overline{y}_i\right)^2$$

Die mittlere Varianz lässt sich entsprechend

$$s^2 = \frac{1}{n}\sum_{i=1}^{n} s_i^2$$

berechnen. Damit kann die mittlere Varianz s_m^2 eines Effektes

$$s_m^2 = \frac{\frac{n}{2}}{wn} s^2 = \frac{1}{2w} s^2$$

berechnet werden. Die mittlere Standardabweichung einer Einflussgröße s_m ist

$$s_m = \frac{s}{\sqrt{2w}}$$

2.6.1 Ermittlung der „signal factors“

Ein Anwendungsbeispiel für die Fragestellung: Wie sind die Parameter zu wählen, dass Abweichung des Produktes vom idealen Wert – der mittlere Abweichung μ vom Sollwert m – ist im Beispiel im Kapitel 2.4.2 beschrieben. Das Tableau hat die folgende Gestalt:

$$\mathbf{V}_8 = \begin{pmatrix} \tilde{x}_1 & \tilde{x}_2 & \tilde{x}_3 & \tilde{x}_4 \\ -1 & -1 & -1 & -1 \\ +1 & -1 & -1 & +1 \\ -1 & +1 & -1 & +1 \\ +1 & +1 & -1 & -1 \\ -1 & -1 & +1 & +1 \\ +1 & -1 & +1 & -1 \\ -1 & +1 & +1 & -1 \\ +1 & +1 & +1 & +1 \end{pmatrix} \Leftrightarrow \begin{pmatrix} x_1 & x_2 & x_3 & x_4 \\ 1000 & 23 & 10 & 2 \\ 1030 & 23 & 10 & 3 \\ 1000 & 25 & 10 & 3 \\ 1030 & 25 & 10 & 2 \\ 1000 & 23 & 12 & 3 \\ 1030 & 23 & 12 & 2 \\ 1000 & 25 & 12 & 2 \\ 1030 & 25 & 12 & 3 \end{pmatrix}$$

$$\to \begin{pmatrix} y_1 \\ 7{,}78 \\ 8{,}15 \\ 7{,}50 \\ 7{,}59 \\ 7{,}94 \\ 7{,}69 \\ 7{,}56 \\ 7{,}56 \end{pmatrix}; \begin{pmatrix} y_2 \\ 7{,}78 \\ 8{,}18 \\ 7{,}56 \\ 7{,}56 \\ 8{,}00 \\ 8{,}09 \\ 7{,}62 \\ 7{,}81 \end{pmatrix}; \begin{pmatrix} y_3 \\ 7{,}81 \\ 7{,}88 \\ 7{,}50 \\ 7{,}75 \\ 7{,}88 \\ 8{,}06 \\ 7{,}44 \\ 7{,}69 \end{pmatrix} \to \begin{pmatrix} \overline{y} \\ 7{,}790 \\ 8{,}070 \\ 7{,}710 \\ 7{,}633 \\ 7{,}940 \\ 7{,}947 \\ 7{,}540 \\ 7{,}687 \end{pmatrix} \begin{pmatrix} s^2 \\ 0{,}00030 \\ 0{,}02730 \\ 0{,}09810 \\ 0{,}01043 \\ 0{,}00360 \\ 0{,}04963 \\ 0{,}00840 \\ 0101653 \end{pmatrix}$$

Die Regressionskoeffizienten für dieses Beispiel können also auch durch die Lösung des Regressionsproblems – in dem als Ergebnisvektor die Mittelwerte der drei mal wiederholten Versuche eingetragen werden – berechnet werden.

$$\mathbf{V}_8 = \begin{pmatrix} \tilde{x}_1 & \tilde{x}_2 & \tilde{x}_3 & \tilde{x}_4 \\ -1 & -1 & -1 & -1 \\ +1 & -1 & -1 & +1 \\ -1 & +1 & -1 & +1 \\ +1 & +1 & -1 & -1 \\ -1 & -1 & +1 & +1 \\ +1 & -1 & +1 & -1 \\ -1 & +1 & +1 & -1 \\ +1 & +1 & +1 & +1 \end{pmatrix} \Leftrightarrow \begin{pmatrix} x_1 & x_2 & x_3 & x_4 \\ 1000 & 23 & 10 & 2 \\ 1030 & 23 & 10 & 3 \\ 1000 & 25 & 10 & 3 \\ 1030 & 25 & 10 & 2 \\ 1000 & 23 & 12 & 3 \\ 1030 & 23 & 12 & 2 \\ 1000 & 25 & 12 & 2 \\ 1030 & 25 & 12 & 3 \end{pmatrix} \to \begin{pmatrix} \mu = \overline{y} \\ 7{,}790 \\ 8{,}070 \\ 7{,}710 \\ 7{,}633 \\ 7{,}940 \\ 7{,}947 \\ 7{,}540 \\ 7{,}687 \end{pmatrix}$$

Diese Ergebnisse der Aufgabe wurden im Kapitel 2.4 eingehend diskutiert.

2.6.2 Ermittlung der „control factors“

Prinzipiell können drei wesentliche Gruppen von „Störgrößen“ genannt werden.

1. äußere Störgrößen (Umgebungsparameter wie beispielsweise Temperatur, Luftfeuchtigkeit, oder menschliches Verhalten)
2. innere Störgrößen (Ausfallerscheinungen von Maschinenteilen wie Alterung oder Verschleiß)
3. Störungen während der Produktionsphase

Der Qualitätsverlust Q wird – wie in Kapitel 2.6 gezeigt – maßgeblich durch die Einhaltung vorgegeben Produktparameter – aber auch sehr wesentlich durch die Streuung der Ergebniswerte beschrieben. Um die Störungen während der Produktionsphase gering zu halten, definiert *Taguchii* in diesem Zusammenhang ein Signal/Rausch Verhältnis, das mit S/N bezeichnet wird. Es gibt mehrere Aufgabentypen.

- Das Produkt ist auf dem Zielwert zu halten – der beste Wert ist der Sollwert. Es ist die Störempfindlichkeit zu minimieren. Dazu ist für jeden Versuchspunkt $i = 1, 2, \cdots, p$ das Signal-Rauschverhältnis

$$S/N_i = -10\log_{10}\left|\frac{1}{w-1}\sum_{j=1}^{w}\left(y_{i,j} - \overline{y}_i\right)^2\right| \quad \text{dB mit } \overline{y}_i = \frac{1}{w}\sum_{j=1}^{w} y_{i,j}$$

zu berechnen. Solche Probleme werden mit Hilfe der Transformation $S/N = \frac{\overline{y}^2}{s^2}$ – des reziproken quadrierten Variationskoeffizienten – bearbeitet und die Messergebnisse mit

$$S/N_i = 10\log_{10}\frac{\overline{y}_i^2}{s_i^2} \quad \text{dB}$$

transformiert. Das Ziel ist, dieses Signal-Rauschverhältnis zu maximieren. Das ist gleichbedeutend mit der Forderung die Störempfindlichkeit zu minimieren.

- Ist der Idealwert Null, so wird das Signal-Rauschverhältnis

$$S/N_i = -10\log_{10} s_i^2 \quad \text{dB mit } s_i^2 = \frac{1}{w}\sum_{j=1}^{w} y_j^2$$

verwendet. Es wird nach dem Maximalwert des Signal / Rauschverhältnisses gesucht.

- Ist der Idealwert „so groß wie möglich“, so wird das Signal-Rauschverhältnis

$$S/N_i = -10\log_{10} s_i^2 \quad \text{dB mit } s_i^2 = \frac{1}{w}\sum_{j=1}^{w}\left(\frac{1}{y_{i,j}}\right)^2$$

verwendet und dann wird nach dem Maximalwert des Signal / Rauschverhältnisses gesucht.

- Das Qualitätsmerkmal p (Ausschuss) soll so gering wie möglich sein. Es ist $0 \leq p \leq 1$. Dazu wird das Signal-Rauschverhältnis entsprechend

$$S / N_i = -10 \log_{10}\left(\frac{p}{1-p}\right) \quad \text{dB}$$

berechnet und nach dem Maximum der Signal-Rauschfunktion gesucht.

Für das unter 2.3.2. betrachtete Beispiel wird das Signal-Rauschverhältnis

$$S / N_i = 10 \log_{10} \frac{\overline{y}_i^2}{s_i^2} \quad \text{dB}$$

gewählt. Die folgende Tabelle 2-49 gibt eine Übersicht der Daten.

Tab. 2-49: Tabelle zur Bestimmung der „signal- und control factors" für das Beispiel 2.3.2.

B	C	D	E	Messung 1	Messung 2	Messung 3	μ	σ²	z
–1	–1	–1	–1	7,78	7,78	7,81	7,79000	0,00030000	53,06
1	–1	–1	1	8,15	8,18	7,88	8,07000	0,02730000	33,78
–1	1	–1	1	7,50	7,56	8,07	7,71000	0,09810000	27,82
1	1	–1	–1	7,59	7,56	7,75	7,63333	0,01043333	37,47
–1	–1	1	1	7,94	8,00	7,88	7,94000	0,00360000	42,43
1	–1	1	–1	7,69	8,09	8,06	7,94667	0,04963333	31,05
–1	1	1	–1	7,56	7,62	7,44	7,54000	0,00840000	38,30
1	1	1	1	7,56	7,81	7,69	7,68667	0,01563333	35,77

Die Effekte der „signal factors" und der „control factors" sind in den folgenden Abbildungen dargestellt.

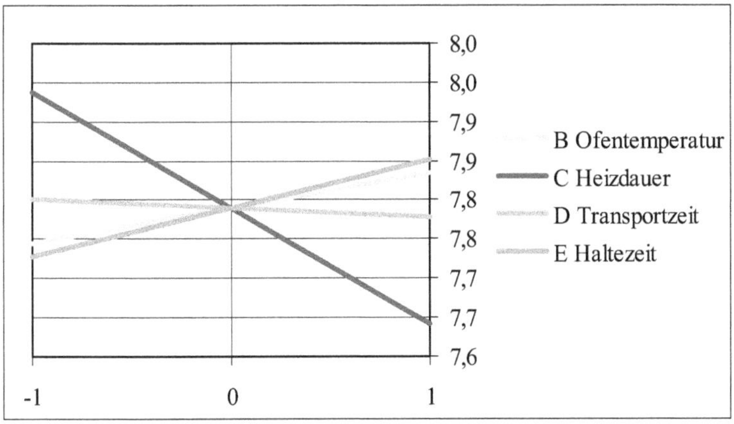

Abb. 2-10: Signal-Rauschverhältnis „signal factors".

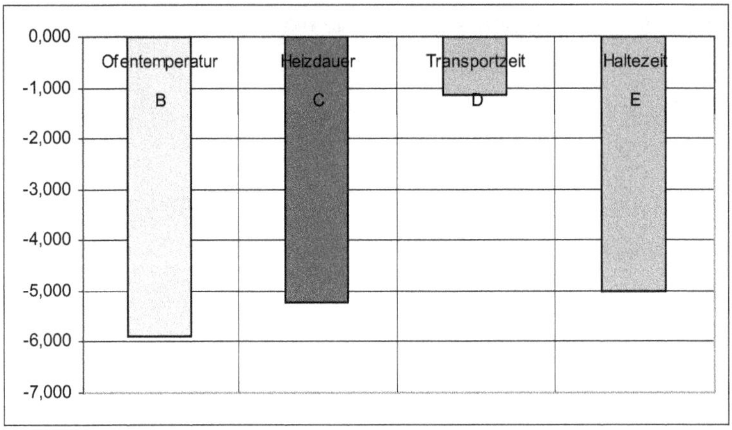

Abb. 2-11: Signal-Rauschverhältnis „control factors".

Die Transportzeit hat einen geringen Einfluss auf die Streuung der Abweichung vom erstrebten Mittelwert 8mm. Es soll an dieser Stelle darauf hingewiesen werden, dass die Interpretation der „control factors" sehr fragwürdig sein können. Die Ursache liegt in der logarithmischen Transformation dieses Signal / Rauschverhältnisses. Je geringer die Streuungen sind, umso sensibler reagiert die Logarithmierung im gewählten Signal-Rauschverhältnis $S/N_i = 10\log_{10}\frac{\overline{y}_i^2}{s_i^2}$. Angenommen das Messergebnis der 6 Messung bei der Messserie 1 ist eine Fehlmessung (bei einem Vergleich der Differenzen der anderen Messungen fällt dieser Messwert auf). Dieser Messwert sei in Wirklichkeit 8,07. Die folgenden graphischen Darstellungen untermauern die Sensibilität der Interpretation der „control factors".

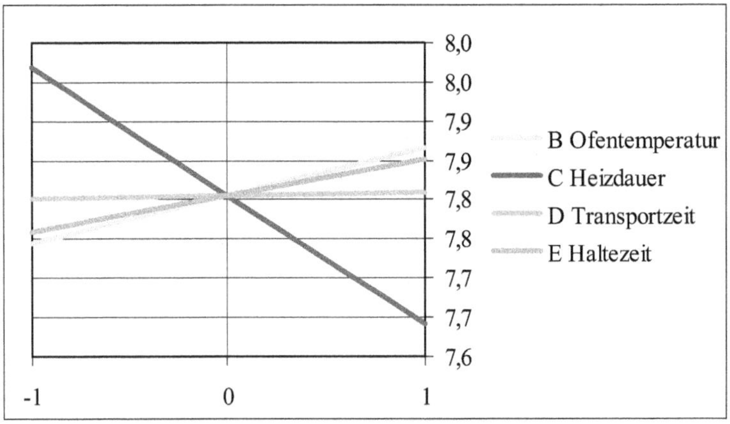

Abb. 2-12: „signal factors" – ein Wert geändert.

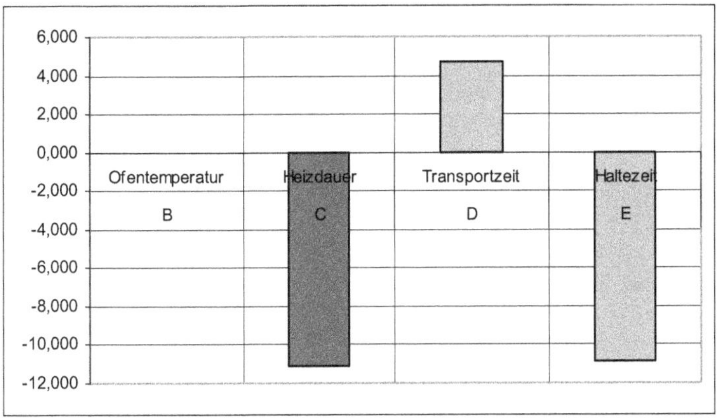

Abb. 2-13: „control factors" – ein Wert geändert.

Hier ist zu sehen, dass die Veränderung der „signal factors" gering ist. Die Wirkung der „control factors" hat sich jedoch wesentlich verändert. Es ist oft besser, „größere" Unterschiede bei der Reproduzierung der Versuchspläne inhaltlich – technologisch zu klären, als den „control factors" „blind" zu vertrauen. Selbst wenn bei allen Versuchswiederholungen die berechnete Streuung s theoretisch den gleichen Wert hat, ist die Interpretation der „control factors" abhängig von der logarithmischen Transformation.

Für Regressionsansätze

$$\eta(x_1, x_2, ..., x_m) = a_0 x_0 + \sum_{j=1}^{m} a_j x_j + R(x_1, x_2, ..., x_m)$$

ist der Gradient identisch mit den Regressionskoeffizienten. Wichtig für die Stabilität des Prozesses („control factors") ist der Gradient der Wirkungsfläche im originalem Raum. Der in 1.9. beschriebene Adäquatheitstest kann verwendet werden. Jedoch sind für die Aussagen dieses Testes häufig eine größere Anzahl der Versuchswiederholungen notwendig. In Kapitel 3 wird eine andere Möglichkeit zur Festlegung der Fragestellung, mit welchen Parametern die Streuung des Prozesses („control factors") minimiert werden kann, dargestellt. Es soll an dieser Stelle an die Möglichkeit der Fehlinterpretationen der Wirkungen der Einflussgrößen durch die Hinzunahme von „Wechselwirkungsgliedern" hingewiesen werden – siehe Kapitel 2.4.6.

2.7 Versuchsplanung für nicht lineare Wirkungsflächen

Oft wird bei den Ergebnissen der Versuchsplanung festgestellt, dass die Wirkungsfläche durch eine Ebene

$$\eta(x_1,x_2,...,x_m) = a_0x_0 + \sum_{j=1}^{m} a_jx_j + \sum_{j=1,i=1,\ j<i}^{m} a_{j,i}x_ix_j + R(x_1,x_2,...,x_m)$$

nicht ausreichen beschrieben wird. Die bisher beschrieben Verfahren zur Versuchsplanung für Wirkungsflächen der Form (Kapitel 2.5.2.1 bis 2.5.2.3)

$$\eta(x_1,x_2,...,x_m) = a_0x_0 + \sum_{j=1}^{m} a_jx_j + \sum_{j=1}^{m} a_{j,j}x_j^2 + \sum_{j=1,i=1,\ j<i}^{\binom{m}{2}} a_{i,j}x_ix_j + \cdots + R(x_1,x_2,...,x_m)$$

(1-60)

haben den Nachteil, dass die Versuchspunkte an fest definierte – mathematisch begründete – Bedingungen gebunden sind. Die folgende Methode ist für die Praxis oft ausreichend. Mit dieser Methode wurden sehr gute praktische Erfahrungen gemacht. Vor allem, wenn mit Hilfe von Faktorplänen Informationen gewonnen wurden und diese Informationen für die weitere Modellierung übernommen werden sollen. Die Frage der Optimalität dieser Versuchsplanung ist sekundär, da der optimale Versuchsplan nur zur Bestimmung der Koeffizienten für eine bekannte Wirkungsfläche sinnvoll und notwendig ist. Wählt man aber einen approximativen Regressionsansatz (1-60) für eine nicht bekannte Wirkungsfläche des zu untersuchenden Zusammenhangs, so wird nach der Regression möglicher Weise mit der Reduzierung des approximativen Regressionsansatzes (1-60) begonnen. In einem allgemeinen Verfahren zur optimalen Versuchsplanung für den approximativen Regressionsansatz, ist der berechnete Versuchsplan nach der Reduzierung des Regressionsansatzes sicherlich nicht mehr der optimale Versuchsplan. Praktisch geht es darum, den zu untersuchenden Zusammenhang hinreichend genau zu beschreiben deshalb wird eine Reduzierung des Regressionsansatzes nicht unbedingt empfohlen. Es geht darum, mit approximativen Regressionsansätzen (1-60) den untersuchten Prozess zu Visualisieren und auf Plausibilität zu untersuchen.

Für die Modellierung von Wirkungsflächen, in denen Terme höherer enthalten sind, eignet sich die folgende Methode. Oft werden quadratische Terme verwendet. Die Einflussgrößen $x; y$ und z werden beispielsweise in vier Niveaus geplant. Diese Niveaus werden so gewählt, dass die Versuchspunkte auch realisierbar sind.

$$x \in \{x_1, x_2, x_3, x_4\}$$

$$y \in \{y_1, y_2, y_3, y_4\}$$

$$z \in \{z_1, z_2, z_3, z_4\}$$

dann realisiert man für das äußere und innere Niveau je einen Faktorplan.

$$V_k = \begin{pmatrix} \mathbf{V}_{außen} \\ \mathbf{V}_{innen} \end{pmatrix} = \begin{pmatrix} x_1 & y_1 & z_1 \\ x_1 & y_1 & z_4 \\ x_1 & y_4 & z_1 \\ x_1 & y_4 & z_4 \\ x_4 & y_1 & z_1 \\ x_4 & y_1 & z_4 \\ x_4 & y_4 & z_1 \\ x_4 & y_4 & z_4 \\ & & \\ x_2 & y_2 & z_2 \\ x_2 & y_2 & z_3 \\ x_2 & y_3 & z_2 \\ x_2 & y_3 & z_3 \\ x_3 & y_2 & z_2 \\ x_3 & y_2 & z_3 \\ x_3 & y_3 & z_2 \\ x_3 & y_3 & z_3 \end{pmatrix} \tag{2-68}$$

Der „innere“ und „äußere“ Versuchsplan müssen kein Faktorplan sein. Diese „geschachtelten Versuchspläne“ sollten aber möglichst die Orthogonalitätsbedingung erfüllen. Ist der „innere“ oder „äußere“ Versuchsplan ein Faktorplan, dann lassen sich diese Pläne auch getrennt mit einer linearen Wirkungsfläche berechnen um gegebenenfalls daraus Rückschlüsse auf den untersuchten Prozess zu machen wie beispielsweise der Änderung der Prozesseigenschaften, in Abhängigkeit von der Wahl der Prozessparameter.

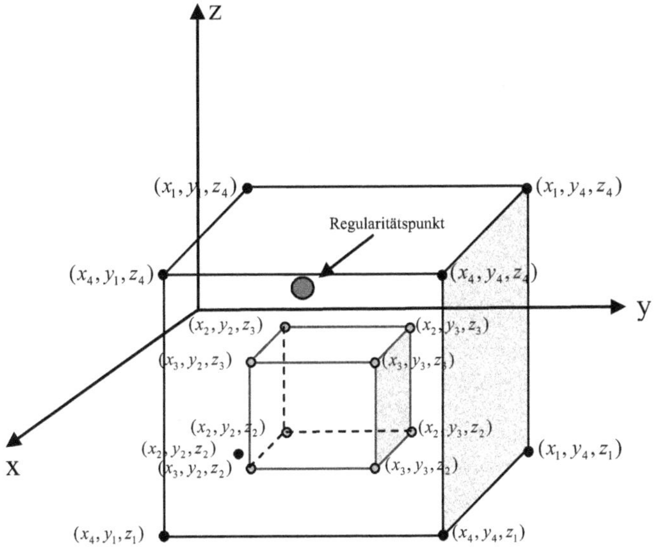

Abb. 2-14: Prinzipieller Aufbau des Versuchsplanes.

Sind die Abstände äquidistant, dann verschwinden die Kovarianzen der Versuchspunkte und man ist geneigt „zufrieden“ zu sein. Doch berechnet man die Determinante der Informationsmatrix für einen Regressionsansatz 1-60) dieses Versuchsplanes, so kann die Informationsmatrix für den Regressionsansatz (1-60) singulär beziehungsweise multikollinear (Siehe Kapitel 1.14.) sein. Die Ursache liegt in den quadratischen Termen des Regressionsansatzes (1-60), die in der Informationsmatrix – bei den Korrelationen der quadratischen Termen – fast linear sind.

Beispiel:

Es wird nur ein Versuchsplan mit 3 Einflussgrößen x, y, z betrachtet. Alle Parameter sollen nur aus dem Intervall $[2,4,6,8]$ Werte annehmen. Der Versuchsplan (2-68) hat dann den folgenden Aufbau:

$$V_{16} = \begin{pmatrix} \mathbf{V}_{außen} \\ \mathbf{V}_{innen} \end{pmatrix} = \begin{pmatrix} 2 & 2 & 2 \\ 2 & 2 & 8 \\ 2 & 8 & 2 \\ 2 & 8 & 8 \\ 8 & 2 & 2 \\ 8 & 2 & 8 \\ 8 & 8 & 2 \\ 8 & 8 & 8 \\ & & \\ 4 & 4 & 4 \\ 4 & 4 & 6 \\ 4 & 6 & 4 \\ 4 & 6 & 6 \\ 6 & 4 & 4 \\ 6 & 4 & 6 \\ 6 & 6 & 4 \\ 6 & 6 & 6 \end{pmatrix} \quad Wert = \begin{pmatrix} 47 \\ 113 \\ 395 \\ 605 \\ 59 \\ 125 \\ 407 \\ 617 \\ \\ 165 \\ 203 \\ 297 \\ 351 \\ 351 \\ 169 \\ 207 \\ 301 \end{pmatrix}$$

Die Matrix **F** für den Regressionsansatz für den Ansatz:

$$\eta(x, y, z) = a_0 + a_1 x + a_2 y + a_3 z + a_{1,2} xy + a_{1,3} xz + a_{2,3} yz$$

hat den Aufbau:

Tab. 2-50: Tabelle für das obige Beispiel.

x	y	z	xy	xz	yz
2	2	2	4	4	4
2	2	8	4	16	16
2	8	2	16	4	16
2	8	8	16	16	64
8	2	2	16	16	4
8	2	8	16	64	16
8	8	2	64	16	16
8	8	8	64	64	64
4	4	4	16	16	16
4	4	6	16	24	24
4	6	4	24	16	24
4	6	6	24	24	36
6	4	4	24	24	16
6	4	6	24	36	24
6	6	4	36	24	24
6	6	6	36	36	36

Die Informationsmatrix $(\mathbf{F}^T\mathbf{F})$ hat den Aufbau:

$$(\mathbf{F}^T\mathbf{F}) = \begin{pmatrix} 480 & 400 & 400 & 2400 & 2400 & 2000 \\ 400 & 480 & 480 & 2400 & 2000 & 2400 \\ 400 & 400 & 400 & 2000 & 2400 & 2400 \\ 2400 & 2400 & 2400 & 14656 & 12000 & 12000 \\ 2400 & 200 & 2000 & 12000 & 14656 & 12000 \\ 2000 & 2400 & 2400 & 12000 & 12000 & 14656 \end{pmatrix}$$

Wird der Versuchsplan entsprechend Methode 4 $\eta(x_1 - \lambda_1, x_2 - \lambda_2, ..., x_m - \lambda_m)$ mit $\lambda_i = \overline{x}_i$ transformiert wobei dann verschwinden die Kovarianzen der Wechselwirkungen $\tilde{x}_1\tilde{x}_2$, $\tilde{x}_1\tilde{x}_3$, $\tilde{x}_2\tilde{x}_3$, $\tilde{x}_1\tilde{x}_2\tilde{x}_3$ auf Grund von Kapitel 2.1.4.

Tab. 2-51: Mit $\lambda_i = \bar{x}_i$ transformiert Wirkungsfläche.

x	y	z	xy	xz	yz
–3	–3	–3	9	9	9
–3	–3	3	9	–9	–9
–3	3	–3	–9	9	–9
–3	3	3	–9	–9	9
3	–3	–3	–9	–9	9
3	–3	3	–9	9	–9
3	3	–3	9	–9	–9
3	3	3	9	9	9
–1	–1	–1	1	1	1
–1	–1	1	1	–1	–1
–1	1	–1	–1	1	–1
–1	1	1	–1	–1	1
1	–1	–1	–1	–1	1
1	–1	1	–1	1	–1
1	1	–1	1	–1	–1
1	1	1	1	1	1

Die so transformierte Informationsmatrix $(\tilde{\mathbf{F}}^T\tilde{\mathbf{F}})$ ist eine Diagonalmatrix, deren Inversion sofort angegeben werden kann.

In der Tat ist:

$$(\tilde{\mathbf{F}}^T\tilde{\mathbf{F}}) = \begin{pmatrix} 80 & 0 & 0 & 0 & 0 & 0 \\ 0 & 80 & 0 & 0 & 0 & 0 \\ 0 & 0 & 80 & 0 & 0 & 0 \\ 0 & 0 & 0 & 656 & 0 & 0 \\ 0 & 0 & 0 & 0 & 656 & 0 \\ 0 & 0 & 0 & 0 & 0 & 656 \end{pmatrix}$$

$$= 16 \begin{pmatrix} 5 & 0 & 0 & 0 & 0 & 0 \\ 0 & 5 & 0 & 0 & 0 & 0 \\ 0 & 0 & 5 & 0 & 0 & 0 \\ 0 & 0 & 0 & 41 & 0 & 0 \\ 0 & 0 & 0 & 0 & 41 & 0 \\ 0 & 0 & 0 & 0 & 0 & 41 \end{pmatrix} = 16\left(\left(\operatorname{cov}(f_i; f_j)\right)\right)_{i,j=1,2,\ldots,6}$$

Es soll an dieser Stelle darauf hingewiesen werden: Das Verschwinden der Kovarianzen in den Nebendiagonalelementen dieser Matrix lieg nur daran, weil die transformierten Intervalle symmetrisch zum Nullpunkt sind. Das Zusammenführen von zwei orthogonalen Versuchsplänen mit verschieden Niveaus müssen nicht notwendig die das Verschwinden der Nebendiagonalelemente bewirken! Wird der Regressionsansatz für die Wirkungsfläche

$$\eta(x,y,z) = a_0 + a_1 x + a_2 y + a_3 z + a_{1,2} xy + a_{1,3} xz + a_{2,3} yz$$

mit quadratischen Termen erweitert

$$\eta(x,y,z) = a_0 + a_1 x + a_2 y + a_3 z + a_{12} xy + a_{13} xz + a_{23} yz + a_{11} x^2 + a_{22} y^2 + a_{33} z^2$$

dann hat die Matrix **F** den folgenden Aufbau:

Tab. 2-52: Tabelle der mit quadratischen Termen erweiterten Wirkungsfläche.

Konstante	x	y	z	xy	xz	yz	x^2	y^2	z^2
1	2	2	2	4	4	4	4	4	4
1	2	2	8	4	16	16	4	4	64
1	2	8	2	16	4	16	4	64	4
1	2	8	8	16	16	64	4	64	64
1	8	2	2	16	16	4	64	4	4
1	8	2	8	16	64	16	64	4	64
1	8	8	2	64	16	16	64	64	4
1	8	8	8	64	64	64	64	64	64
1	4	4	4	16	16	16	16	16	16
1	4	4	6	16	24	24	16	16	36
1	4	6	4	24	16	24	16	36	16
1	4	6	6	24	24	36	16	36	36
1	6	4	4	24	24	16	36	16	16
1	6	4	6	24	36	24	36	16	36
1	6	6	4	36	24	24	36	36	16
1	6	6	6	36	36	36	36	36	36

Die Informationsmatrix ($\mathbf{F}^T\mathbf{F}$) hat für diesen erweiterten Regressionsansatz den Aufbau:

$$(\mathbf{F}^T\mathbf{F}) = \begin{pmatrix} 480 & 400 & 400 & 2400 & 2400 & 2000 & 3200 & 2400 & 2400 \\ 400 & 480 & 400 & 2400 & 2000 & 2400 & 2400 & 3200 & 2400 \\ 400 & 400 & 480 & 2000 & 2400 & 2400 & 2400 & 2400 & 32000 \\ 2400 & 2400 & 2000 & 14656 & 12000 & 12000 & 16000 & 16000 & 12000 \\ 2400 & 200 & 2400 & 12000 & 14656 & 12000 & 16000 & 12000 & 16000 \\ 2000 & 2400 & 2400 & 12000 & 12000 & 14656 & 12000 & 16000 & 16000 \\ 3200 & 2400 & 2400 & 16000 & 16000 & 12000 & 22656 & 14656 & 14656 \\ 2400 & 3200 & 2400 & 16000 & 12000 & 16000 & 14656 & 22626 & 14656 \\ 2400 & 2400 & 3200 & 12000 & 16000 & 16000 & 14656 & 14656 & 22656 \end{pmatrix}$$

Wie das Ergebnis zeigt, ist diese Matrix multikollinear.

$$\left(\mathbf{F}^{\mathrm{T}}\mathbf{F}\right)^{-1}\left(\mathbf{F}^{\mathrm{T}}\mathbf{F}\right) = \begin{pmatrix} 8 & 8 & 0 & 64 & -64 & 128 & 128 & 64 & -64 \\ -6 & -10 & -8 & -28 & -8 & -40 & -24 & -24 & -16 \\ -8 & -8 & 16 & -64 & -64 & -192 & -192 & -64 & 0 \\ -0{,}13 & -0{,}129 & -0{,}173 & 0{,}3753 & -0{,}841 & -0{,}765 & -0{,}765 & -0{,}758 & -1{,}197 \\ -0{,}115 & -0{,}095 & -0{,}1 & -0{,}575 & -0{,}498 & -0{,}733 & -0{,}773 & -0{,}576 & -0{,}618 \\ 0{,}0666 & 0{,}0728 & 0{,}0868 & 0{,}3339 & 1{,}4349 & 0{,}3708 & 0{,}3708 & 0{,}4325 & 0{,}5727 \\ -2 & 0 & -2 & -4 & -8 & -16 & -16 & -16 & 8 \\ -0{,}25 & -0{,}875 & -0{,}375 & -0{,}5 & -2 & -4{,}5 & -4{,}5 & -1{,}5 & -1 \\ -1 & 1 & -1 & 16 & 8 & 24 & 24 & 16 & 8 \end{pmatrix} \neq \mathbf{E}$$

Diese Matrix ist zur Bestimmung der Regressionskoeffizienten ungeeignet. Um das zu untermauern, wurde für dieses Beispiel wurde der Ergebniswert nach der Formel

$$\eta(x,y,z) = 1 + 2x + 3z + 4yz + 5y^2$$

berechnet.

Tab. 2-53: Daten mit der oben angegeben Gleichung errechneten Ergebniswerten.

Konstante	x	y	z	xy	xz	yz	x^2	y^2	z^2	Wert
1	2	2	2	4	4	4	4	4	4	47
1	2	2	8	4	16	16	4	4	64	113
1	2	8	2	16	4	16	4	64	4	395
1	2	8	8	16	16	64	4	64	64	605
1	8	2	2	16	16	4	64	4	4	59
1	8	2	8	16	64	16	64	4	64	125
1	8	8	2	64	16	16	64	64	4	407
1	8	8	8	64	64	64	64	64	64	617
1	4	4	4	16	16	16	16	16	16	165
1	4	4	6	16	24	24	16	16	36	203
1	4	6	4	24	16	24	16	36	16	297
1	4	6	6	24	24	36	16	36	36	351
1	6	4	4	24	24	16	36	16	16	169
1	6	4	6	24	36	24	36	16	36	207
1	6	6	4	36	24	24	36	36	16	301
1	6	6	6	36	36	36	36	36	36	355

Die folgenden Tabellen 2-54 und 2-55 zeigen das ungenügende Ergebnis der Regression.

Tab. 2-54: Ergebnis der Regression.

Regressions-Statistik	
Multipler Korrelationskoeffizient	1
Bestimmtheitsmaß	1
Adjustiertes Bestimmtheitsmaß	0,75
Standardfehler	1,74791E-14
Beobachtungen	16

Tab. 2-55: Wegen der Multikollinearität falsch berechneten Regressionskoeffizienten.

	Koeffizienten	Standardfehler	t-Statistik	P-Wert	Untere 95%	Obere 95%
Schnittpunkt	1	4,0696E-14	2,4573E+13	8,425E-105	1	1
x	0	0	65535	#ZAHL!	0	0
y	0	0	65535	#ZAHL!	0	0
z	5	1,6447E-14	3,04E+14	1,535E-113	5	5
xy	0	6,8244E-16	0	1	–1,5737E-15	1,5737E-15
xz	0	6,8244E-16	0	1	–1,5737E-15	1,5737E-15
yz	4	6,8244E-16	5,8613E+15	8,04E-124	4	4
x^2	0,2	5,2063E-16	3,8415E+14	2,362E-114	0,2	0,2
y^2	5	5,2063E-16	9,6038E+15	1,548E-125	5	5
z^2	–0,2	1,403E-15	–1,4255E+14	6,568E-111	–0,2	–0,2

Durch die Hinzunahme der quadratischen Terme der Wechselwirkungsglieder in den Regressionsansatz wird die entsprechend $\tilde{x}_i = x_i - \overline{x}_i$ transformierte Informationsmatrix $\left(\tilde{\mathbf{F}}^{\mathrm{T}}\tilde{\mathbf{F}}\right)$ singulär und damit auch nicht geeignet. Die Ursache liegt für beide Matrizen in der Korrelation der Terme x^2, y^2 und z^2.

$$\left(\tilde{\mathbf{F}}^{\mathrm{T}}\tilde{\mathbf{F}}\right) = \begin{pmatrix} 80 & 0 & 0 & 0 & 0 & 0 & 0 & 0 & 0 \\ 0 & 80 & 0 & 0 & 0 & 0 & 0 & 0 & 0 \\ 0 & 0 & 80 & 0 & 0 & 0 & 0 & 0 & 0 \\ 0 & 0 & 0 & 656 & 0 & 0 & 0 & 0 & 0 \\ 0 & 0 & 0 & 0 & 656 & 0 & 0 & 0 & 0 \\ 0 & 0 & 0 & 0 & 0 & 656 & 0 & 0 & 0 \\ 0 & 0 & 0 & 0 & 0 & 0 & 656 & 656 & 656 \\ 0 & 0 & 0 & 0 & 0 & 0 & 656 & 656 & 656 \\ 0 & 0 & 0 & 0 & 0 & 0 & 656 & 656 & 656 \end{pmatrix}$$

Ohne der Verringerung der schlechten Konditionierung der Informationsmatrix können die Versuchsergebnisse so exakt wie möglich ermittelt werden – die Ergebnisse der Regression und damit des gesamten Versuchsplanes – sind nicht verwertbar. Es lässt sich aber die Multikollinearität oder sogar Singularität für die Regressionsaufgabe

$$\eta(x,y,z) = a_0 + a_1 x + a_2 y + a_3 z + a_{12} xy + a_{13} xz + a_{23} yz + a_{11} x^2 + a_{22} y^2 + a_{33} z^2$$

durch die Hinzunahme eines oder mehreren Versuchspunkten verhindern. Dieser Punkt soll die „Regelmäßigkeit" – die bisherige Orthogonalität der Versuchspunkte – bewusst stören uns so gewählt werden, dass die Regularitätsbedingung

$$\mathbf{E} = (\mathbf{F}^T\mathbf{F})^{-1}(\mathbf{F}^T\mathbf{F}) = (\mathbf{D}^T\mathbf{D})^{-1}(\mathbf{D}^T\mathbf{D}) \qquad (1\text{-}80)$$

„bestmöglich" erfüllt wird. Solche Punkte sollen als Regularitätspunkte bezeichnet werden. Für die Praxis hat dieser Punkt die gleiche Bedeutung, wie jeder andere Versuchspunkt. Dieser Punkt ist jedoch entscheidend für die numerische Handhabbarkeit der Informationsmatrix. Er sollte mit dem Bearbeiter des technischen Problems gemeinsam diskutiert werden. Der Regularitätspunkt soll innerhalb des untersuchten Bereiches sein und kann nach einem Optimalitätskriterium – beispielsweise dem D-Optimalitätskriterium – gegebenenfalls ermittelt werden. Praktisch wird er meist so gewählt, dass dieser Regularitätspunkt technisch realisierbar ist und die Regularität der Informationsmatrix gewährleistet.

Tab. 2-56: Versuchsplan mit dem zusätzlichen Regularitätspunkt.

	Konstante	x	y	z	xy	xz	yz	x^2	y^2	z^2	Wert
	1	2	2	2	4	4	4	4	4	4	47
	1	2	2	8	4	16	16	4	4	64	113
	1	2	8	2	16	4	16	4	64	4	395
	1	2	8	8	16	16	64	4	64	64	605
	1	7,99	2	2	16	16	4	64	4	4	58,98
	1	8	2	8	16	64	16	64	4	64	125
	1	8	8	2	64	16	16	64	64	4	407
	1	8	8	8	64	64	64	64	64	64	617
	1	4	4	4	16	16	16	16	16	16	165
	1	4	4	6	16	24	24	16	16	36	203
	1	4	6	4	24	16	24	16	36	16	297
	1	4	6	6	24	24	36,3	16	36,6	36	355,2
	1	6	4	4	24	24	16	36	16	16	169
	1	6	4	6	24	36	24	36	16	36	207
	1	6	6	4	36	24	24	36	36	16	301
	1	6	6	6	36	36	36	36	36	36	355
Regularitätspunkt ->	1	5	7	2	35	10	14	25	49	4	318

Für diesen oben gewählten Punkt ist beispielsweise:

$$
(\mathbf{F}^T\mathbf{F})(\mathbf{F}^T\mathbf{F})^{-1} = \begin{pmatrix}
11 & 2,\text{E-}09 & 0,\text{E+}00 & 9,\text{E-}10 & 6,\text{E-}14 & 0,\text{E+}00 & 0,\text{E+}00 & -9,\text{E-}11 & 5,\text{E-}10 & -1,\text{E-}10 \\
-4,\text{E-}11 & 1 & 3,\text{E-}08 & 2,\text{E-}09 & 1,\text{E-}12 & -2,\text{E-}13 & -1,\text{E-}12 & 7,\text{E-}10 & -2,\text{E-}09 & 2,\text{E-}10 \\
-1,\text{E-}11 & 0,\text{E+}00 & 1 & 2,\text{E-}09 & 1,\text{E-}12 & -5,\text{E-}13 & -2,\text{E-}13 & -2,\text{E-}10 & 2,\text{E-}09 & 1,\text{E-}10 \\
1,\text{E-}11 & 1,\text{E-}08 & -1,\text{E-}08 & 1 & -1,\text{E-}12 & -2,\text{E-}12 & 1,\text{E-}12 & -5,\text{E-}10 & 3,\text{E-}09 & 0,\text{E+}00 \\
9,\text{E-}11 & 5,\text{E-}08 & -4,\text{E-}08 & 5,\text{E-}08 & 1 & -6,\text{E-}12 & 5,\text{E-}12 & -4,\text{E-}09 & 2,\text{E-}09 & 0,\text{E+}00 \\
0,\text{E+}00 & 1,\text{E-}08 & 0,\text{E+}00 & 4,\text{E-}08 & -2,\text{E-}12 & 1 & 2,\text{E-}12 & 2,\text{E-}09 & 7,\text{E-}09 & 2,\text{E-}09 \\
-6,\text{E-}11 & 0,\text{E+}00 & 6,\text{E-}08 & 2,\text{E-}08 & 7,\text{E-}12 & -2,\text{E-}12 & 1 & 9,\text{E-}10 & -2,\text{E-}09 & 0,\text{E+}00 \\
-6,\text{E-}11 & -3,\text{E-}08 & 6,\text{E-}08 & 0,\text{E+}00 & 1,\text{E-}11 & 0,\text{E+}00 & -4,\text{E-}12 & 1 & 0,\text{E+}00 & 7,\text{E-}09 \\
3,\text{E-}11 & 0,\text{E+}00 & -1,\text{E-}08 & 0,\text{E+}00 & -2,\text{E-}12 & 0,\text{E+}00 & -2,\text{E-}12 & 2,\text{E-}09 & 1 & 3,\text{E-}09 \\
-6,\text{E-}11 & -1,\text{E-}08 & 6,\text{E-}08 & -3,\text{E-}08 & 7,\text{E-}12 & 5,\text{E-}12 & -4,\text{E-}12 & 2,\text{E-}09 & 0,\text{E+}00 & 1
\end{pmatrix} = \mathbf{E}
$$

Es soll an dieser Stelle erwähnt werden, dass die Inversion dieser Matrix trotzdem noch sehr problematisch und sensibel ist! Wird der Versuchspunkt 7,99 durch den tatsächlichen Punkt 8 ersetzt, dann liefert die Matrixinversion mit MS Excel keine brauchbaren Werte. Daher wird die Regularitätsbedingung $(\mathbf{F}^T\mathbf{F})^{-1}(\mathbf{F}^T\mathbf{F}) = \mathbf{E}$ mit diesem Regularitätspunkt (subjektiv) ausreichend betrachtet. Die numerischen Schwierigkeiten werden durch die Transformationen wie sie in Kapitel 1.13 und der Mittelwerttransformation – Kapitel 2.1.2 – beschrieben sind, wesentlich verringert!

Auch für dieses Beispiel wurde der Ergebniswert nach der Formel

$$\eta(x,y,z) = 1 + 2x + 3z + 4yz + 5y^2$$

Berechnet (Tabelle 2-56). Die Berechnung der Regressionskoeffizienten mit dem zusätzlichen Regularisierungspunkt liefert das erwartete richtige Ergebnis – Tabelle 2-57 und 2-58.

Tab. 2-57: Regressionsergebnis mit dem Regularitätspunkt.

Regressions-Statistik	
Multipler Korrelationskoeffizient	1
Bestimmtheitsmaß	1
Adjustiertes Bestimmtheitsmaß	0,88888889
Standardfehler	1,1555E-14
Beobachtungen	17

Tab. 2-58: Regressionsergebnis mit dem neuem Regularitätspunkt.

	Koeffizienten	Standardfehler	t-Statistik	P-Wert	Untere 95%	Obere 95%
Schnittpunkt	1	2,44249E-14	4,0942E+13	1,575E-119	1	1
x	2	1,47806E-14	1,3531E+14	3,348E-124	2	2
y	0	0	65535	#ZAHL!	0	0
z	3	1,60172E-14	1,873E+14	1,795E-125	3	3
xz	0	4,51155E-16	0	1	–1,0206E-15	1,0206E-15
yz	4	4,51155E-16	8,8661E+15	1,504E-140	4	4
x^2	0	1,45502E-15	0	1	–3,2915E-15	3,2915E-15
y^2	5	2,59953E-16	1,9234E+16	1,413E-143	5	5
z^2	0	1,54188E-15	0	1	–3,488E-15	3,488E-15

Regression solcher multikollinearen Informationsmatrizen können die Ridge – Verfahren (Kapitel 1.16) – gegebenenfalls bessere Ergebnisse liefern.

Praktisch wird argumentiert – es ist unerheblich ob der Wert 7,99 oder 8,0 ist. Für die numerische Handhabbarkeit bei Multikollinearitäten kann diese praktisch begründbare Argumentation aber für nicht lineare Wirkungsflächen entscheidende Nachteile bringen. Es ist an dieser Stelle unbedingt darauf hin zu weisen, mit den tatsächlich eingestellten Versuchspunkten für die Regression zu verwenden, da die hier aufgeführten numerischen Schwierigkeiten für nichtlineare Wirkungsflächen vorrangig bei den „dealen“ Versuchspunkten auftreten!

Es ist für die praktische Realisierung des zusätzlichen Versuches besser, die Realisierbarkeit des Regularitätspunktes zu berücksichtigen und die Regularitätsbedingung zu überprüfen. Die Regularität kann weiterhin durch die Hinzunahme von weiteren Versuchspunkten beeinflusst werden. Jedoch spielen die Zeit und die Kosten für jeden zusätzlichen Versuch eine wichtige Rolle. In Kapitel 2.7.4. wird ein neues Optimalitätskriterium an gegeben. Dieses Kriterium bietet die Möglichkeit, bereits durchgeführte Versuchspunkte mit zu berücksichtigen und entsprechend dieses Kriteriums neue Versuchspunkte zu konstruieren. Dabei kann die Auswahl der neu hinzu kommenden Versuchspunkte auf die numerische Handhabbarkeit über die Korrelation Einfluss genommen werden.

Da in der Praxis mit einem Versuchsplan oft nicht alle Fragen geklärt sind, werden oft zusätzliche Versuche geplant. Hier muss der Versuchsplaner mit dem Bearbeiter kooperieren. Der Versuchsplaner ist für Modelle, die nichtlineare Terme im Regressionsansatz haben, sehr von der Qualität der verwendeten Inversion der Informationsmatrix und der Regressionsmethode abhängig und soll die Qualität der Informationsmatrix vor der Versuchsdurchführung überprüfen! Grundsätzlich ist die Standardisierung des Regressionsproblems – Kapitel 1.13, Kapitel 2.1.2 der Methode 4 in Kapitel 2.4.4 zu empfehlen. Letztlich sind die ermittelten Regressionskoeffizienten aber auch von der Qualität invertierten Matrixinversion abhängig.

Der Versuchsplaner kann nach den Kriterien der numerischen Handhabbarkeit (Regularitätsbedingung) oder der Entscheidung der Versuchsplanungsoptimalitätskriterien wie D-, oder A-Optimalität den neuen Versuchspunkt konstruieren. Da der neue Versuchspunkt auch realisierbar sein muss, ist die Zusammenarbeit mit dem Bearbeiter des Problems notwendig. Er muss realisierbar sein und das numerische Manko beseitigen. Häufig werde numerische Schwierigkeiten allein schon dadurch eingeschränkt, wenn die Versuche randomisiert wurden und die tatsächlichen eingestellten Versuchsbedingungen peinlich genau für die Berechnung der Informationsmatrix zu Grunde gelegt werden. Die Versuchsplanung für approximative Regressionsansätze orientiert sich praktisch in erster Linie nicht an die Erfüllung eines optimalen Versuchsplankriteriums, sondern an der Realisierbarkeit des Versuchspunktes und der Erfüllung der Regularitätsbedingung (1-80). Diese Bedingung kann auch als eine Art „Suboptimalität" betrachtet werden, mit der die nicht zu unterschätzenden Problematik der Numerik der Inversion der Informationsmatrix verhindert wird. Praktisch hat die numerische Handhabbarkeit der Informationsmatrix eine sehr hohe Priorität. Der neue Versuch wird durchgeführt und die Auswertung des erweiterten Versuchsplanes kann erfolgen. Für eventuell weitere Versuche wird dieser Versuchspunkt mit in den Versuchsplan aufgenommen um das Modell zu verbessern. Wenn nötig, wird gemeinsam mit dem Bearbeiter und dem Versuchsplaner ein weiterer Versuchspunkt ermittelt. Ein Beispiel hierfür ist im Kapitel 2.7.2. aufgeführt.

2.7.1 Mehrzieloptimierung mit einem Solver

Ein Produkt muss oft mehreren Qualitätsanforderungen entsprechen. Soll beispielsweise der Elastizitätsmodul eines Produktes gering sein und gleichzeitig eine hohe Festigkeit aufweisen, dann ist zu erwarten, dass die Rezepturen für jede einzelne Zielgröße sich stark von einander unterscheiden. Es geht darum eine Rezeptur für einen „optimalen Kompromiss" – ein globales Minimum (oder Maximum) mehrerer Eigenschaften über einen zulässigen Bereich (Versuchsbereich) zu ermitteln. Die hier vorgeschlagenen Wege beziehen sich auf die Verwendung eines „Solvers". Solche Lösungen sind für Probleme der statistischen Modellierung oft ausreichend. Es geht lediglich darum, die Zielfunktion geeignet zu wählen um dann einen „Solver" zu verwenden, um eine günstige Einstellung zu finden, die einen Kompromiss darstellt. Die Kompromisslösung ist im starken Maße von der Definition der Zielfunktion und der Startlösung abhängig. Als Startlösung wählt man einen Punkt, der innerhalb des Versuchsbereiches liegt.

Als Beispiel wird ein Produkt betrachtet, dass vier Eigenschaften erfüllen soll und von drei Einflussgrößen x_1, x_2 und x_3 abhängt.

Eigenschaft 1	$\longrightarrow$	Minimum
Eigenschaft 2	$\longrightarrow$	Maximum
Eigenschaft 3		soll einen konstanten k_3 Wert nicht überschreiten
Eigenschaft 4		soll in einem Intervall $[k_{4,u}; k_{4,o}]$ liegen

Eigenschaft 1 wird durch das Modell $M_1(\underline{\mathbf{x}})$, die Eigenschaft 2 wird durch das Modell $M_2(\underline{\mathbf{x}})$ usw. beschrieben. Der zulässige Bereich umfasst alle Werte, die aus dem Intervall des minimalen und maximalen Niveau der jeweiligen Einflussgröße entsprechend des Versuchsplanes gewählt werden. Auf Grund der unterschiedlichen Größenordnungen der Einflussgrößen, ist es sinnvoll, die einzelnen Modelle zu normieren. Wenn m_1 der Maximale Wert des Modells $\mathrm{M}_1(\underline{\mathbf{x}})$ für alle Werte aus dem zulässigen Bereich (Versuchsbereich) ist, dann wird das Modell normiert zu $\frac{\mathrm{M}_1(\underline{\mathbf{x}})}{\mathrm{m}_1}$. Ebenso wird mit den anderen Modellen verfahren. Es erweist sich als günstig, gewisse Wichtungsfaktoren *w1,w2,...* mit zu berücksichtigen. Für Probleme, deren Eigenschaften nicht begrenzt werden sollen (wie Eigenschaft 3 und Eigenschaft 4) gibt es keine Einschränkungen des zulässigen Bereiches. Hier muss der gesamte Versuchsbereich zur Optimierung verwendet werden. Die Definition der Zielfunktion für solche Fälle ist:

$$z_1 = w_1 \frac{M_1(\underline{\mathbf{x}})}{m_1} - w_2 \frac{M_2(\underline{\mathbf{x}})}{m_2} \quad \Rightarrow \quad \min$$

Ist $\max_1$ das Maximum der Eigenschaft $\mathrm{M}_1(\underline{\mathbf{x}})$ und $\min_2$ das Minimum der Eigenschaft $\mathrm{M}_2(\underline{\mathbf{x}})$, so kann mit Hilfe eines Solvers auch die Zielfunktion

$$z_1 = w_1\left(\max_1 - M_1(\underline{\mathbf{x}})\right)^2 + w_2\left(\min_2 - M_2(\underline{\mathbf{x}})\right)^2 \quad \Rightarrow \quad \min$$

definiert werden. Für die Eigenschaft 3 und die Eigenschaft 4 ist der zulässige Bereich zu ermitteln, der diese Bedingungen erfüllt und die Optimierung ist mit dem zulässigen Versuchsbereich durchzuführen. Die Ermittlung des zulässigen Versuchsbereichs ist kompliziert. Die Zielgröße z_2 zeigt eine Möglichkeit, die Eigenschaft 3 und Eigenschaft 4 in der Zielfunktion zu berücksichtigen.

$$z_2 = w_3\left(\left(\min_3 - M_3(\underline{\mathbf{x}})\right)^2 + \left(k_3 - M_3(\underline{\mathbf{x}})\right)^2\right) + w_4\left(\left(k_{4u} - M_4(\underline{\mathbf{x}})\right)^2 + \left(k_{4o} - M_4(\underline{\mathbf{x}})\right)^2\right) \quad \Rightarrow \quad \min$$

Es ist ein zulässiger Startpunkt zu ermitteln, der sowohl die Eigenschaft 3 als auch die Eigenschaft 4 erfüllt und danach ist der „Solver" zu starten. Es ist durchaus möglich, dass der zulässige Versuchsbereich die leere Menge ist. Damit können in diesem Versuchsbereich und dem verwendeten Einsatzstoffen die gewünschten Qualitäten nicht erfüllt werden. Für eine Lösung mit dem „Solver" kann man die Zielfunktion für das obige Beispiel definieren:

$$z = z_1 + z_2 \Rightarrow \quad \min$$

Soll beispielsweise die Eigenschaft 4 nicht nur in einem vorgegeben Intervall sondern auch möglichst nahe an der Intervallgrenze k_{4o} liegen, dann kann diese Forderung durch

$$z_3 = w_3\left(\left(k_{4o} - M_4(\underline{\mathbf{x}})\right)^2\right) + w_4\left(\left(k_{4u} - M_4(\underline{\mathbf{x}})\right)^2 + \left(k_{4o} - M_4(\underline{\mathbf{x}})\right)^2\right) \quad \Rightarrow \quad \min$$

Beschrieben werden. Es ist möglich, dass die zulässigen Bereiche nicht in Form von einfachen Restriktionen sondern abhängig von der Wahl von einer anderen Variable sind. Solche Probleme lassen sich mit dem Solver nur sehr bedingt lösen. Lösungen mit dem Solver sind auf Plausibilität zu prüfen und sind in großem Maße abhängig vom Startpunkt!

2.7.2 Beispiel zur Versuchsplanung und Mehrzieloptimierung

Diese Vorgehensweise von Kapitel 2.7 und Kapitel 2.7.1 soll an einem Beispiel näher erläutert werden. Bei der Produktion eines technischen Monomers spielt die direkte Synthese eine wichtige Rolle. Die Produktivität (Ausbeute) und der Gehalt an SSD ist zu maximieren. Diese Zielfunktionen widersprechen einander. Mit Hilfe der Versuchsplanung sollen Laborversuche zu dieser Problematik gemacht werden. Die Versuchsplanung ist hier – wie häufig – nur eine Hilfestellung, um aus bekannten Zusammenhängen bessere Ergebnisse zu erzielen. Es sollen lediglich drei Parameter variiert werden. Selbstverständliche sind alle Werte, gewählte variierte Einflussgrößen und die Messergebnisse zur Unkenntlichkeit geändert. Sie haben mit der Realität nichts zu tun! Die Versuche wurden nach dem unter 2.7.3. beschriebenen Verfahren durchgeführt. Zu erst wurde der Versuchsplan entsprechend Kapitel 2.7 realisiert und danach aus praktischer Notwendigkeizt um 4 Versuche erweitert. Die Tabelle 2-59 zeigt also das „Endstadium" dieser Versuchsplanung.

Tab. 2-59: Datensatz für ein Beispiel Optimierung der Produktivität und des Anteils des Produktes SSD bei der Produktion eines technischen Monomers.

x_1	x_2	x_3	x_1x_2	x_1x_3	x_2x_3	x_1^2	x_2^2	x_3^2	**Produkt.**	**SSD**
7,0	8,0	4	56,4	32,0	28,2	49,6	64,1	16	299,4	87,5
7,0	7,6	40	53,2	302,4	281,6	49,6	57,1	1600	105,9	87,2
7,0	1,7	4	11,8	6,7	28,2	49,6	2,8	16	208,3	91,4
7,0	1,2	40	8,6	48,9	281,6	49,6	1,5	1600	139,9	92,0
0,7	8,0	4	5,6	32,0	2,8	0,5	64,1	16	249,7	86,0
0,7	7,6	40	5,3	302,4	28,2	0,5	57,1	1600	72,9	84,9
0,7	1,7	4	1,2	6,7	2,8	0,5	2,8	16	141,2	83,4
0,7	1,2	40	0,9	48,9	28,2	0,5	1,5	1600	198,3	92,2
1,8	2,6	16	4,5	41,3	28,2	3,1	6,6	256	246,3	92,6
1,8	2,4	28	4,3	68,0	49,3	3,1	5,9	784	228,6	94,1
1,8	1,8	16	3,2	29,2	28,2	3,1	3,3	256	215,7	90,5
1,8	1,7	28	2,9	46,9	49,3	3,1	2,8	784	207,2	93,8
1,0	2,6	16	2,6	41,3	16,1	1,0	6,6	256	209,3	88,3
1,0	2,4	28	2,4	68,0	28,2	1,0	5,9	784	225,2	92,1
1,0	1,8	16	1,8	29,2	16,1	1,0	3,3	256	207,7	89,0
1,0	1,7	28	1,7	46,9	28,2	1,0	2,8	784	218,5	92,0
1,8	2,5	20	4,4	50,5	35,2	3,1	6,4	400	251,9	93,5
1,8	2,8	0	4,9	0,0	0,0	3,1	7,7	0	224,1	85,2
5,0	5,3	12	26,1	63,3	59,4	24,5	27,9	144	253,2	93,2
7,0	8,0	0	56,0	0,0	0,0	49,0	64,0	0	220,5	84,3

Die Wirkungsflächen sollen mit Hilfe der Regressionsansätze:

$$\text{Produktivität} = a_0 + a_1x_1 + a_2x_2 + a_3x_3 + a_4x_1x_2 + a_5x_1x_3 + a_6x_2x_3 + a_7x_1^2 + a_8x_2^2 + a_9x_3^2$$

$$SSD = a_0 + a_1x_1 + a_2x_2 + a_3x_3 + a_4x_1x_2 + a_5x_1x_3 + a_6x_2x_3 + a_7x_1^2 + a_8x_2^2 + a_9x_3^2$$

berechnet werden. Die Regularitätseigenschaft der Informationsmatrix dieses Versuchsplanes ist (subjektiv) erfüllt.

$$(\mathbf{F}^T\mathbf{F})^{-1}(\mathbf{F}^T\mathbf{F}) = \begin{pmatrix} 1 & -3,E-13 & -2,E-12 & -1,E-12 & -9,E-12 & -8,E-12 & -1,E-12 & -2,E-12 & -6,E-11 \\ 2,E-13 & 1 & 2,E-12 & 1,E-12 & 9,E-12 & 7,E-12 & 1,E-12 & 2,E-12 & 5,E-11 \\ -7,E-15 & -1,E-14 & 1 & -5,E-14 & -2,E-13 & -9,E-14 & -4,E-14 & -6,E-14 & -1,E-12 \\ -7,E-15 & -1,E-14 & -3,E-14 & 1 & -1,E-13 & -9,E-14 & -5,E-14 & -7,E-14 & -6,E-13 \\ -2,E-16 & -2,E-16 & -2,E-15 & -7,E-16 & 1 & -6,E-15 & -1,E-15 & -1,E-15 & -7,E-14 \\ 4,E-16 & 4,E-16 & 2,E-15 & 2,E-15 & 1,E-14 & 1 & 2,E-15 & 2,E-15 & 9,E-14 \\ 2,E-14 & 3,E-14 & 2,E-13 & 1,E-13 & 1,E-12 & 1,E-12 & 1 & 2,E-13 & 7,E-12 \\ -2,E-14 & -2,E-14 & -2,E-13 & -8,E-14 & -8,E-13 & -7,E-13 & -1,E-13 & 1 & -5,E-12 \\ 0,E+00 & 6,E-17 & 0,E+00 & 3,E-16 & 9,E-16 & 0,E+00 & 2,E-16 & 4,E-16 & 1 \end{pmatrix}$$

Das Regressionsergebnis für Zielgröße Produktivität zeigt Tabelle 2-60

Tab. 2-60: Regressionsergebnis für die Zielgröße Produktivität.

Multipler Korr.koeff.	0,932054
Bestimmtheitsmaß	0,868726
Standardfehler	24,92608
Beobachtungen	20

	Koeffizienten	Standardfehler	t-Statistik	P-Wert	UG 95%	OG 95%
Schnittpunkt	77,018447	48,6580	1,582850	0,14453	–31,39849	185,435
x1	20,65004835	28,9769	0,712637	0,49236	–43,91462	85,2147
x2	47,13152345	34,4385	1,368568	0,20109	–29,60233	123,865
x3	5,462485074	2,14105	2,551303	0,02879	0,6919130	10,2330
x1*x2	0,048233908	0,80758	0,059725	0,95355	–1,751181	1,84764
x1*x3	–0,675875337	0,16815	–4,019285	0,00244	–1,050554	–0,30119
x2*x3	–0,108271547	0,14193	–0,762826	0,46318	–0,424521	0,20797
x1^2	–2,412193689	3,67888	–0,655686	0,52682	–10,60925	5,78486
x2^2	–3,737725954	3,50585	–1,066139	0,31142	–11,54924	4,07379
x3^2	–0,092406154	0,05048	–1,830188	0,09714	–0,204904	0,02009

Tabelle 2-61 zeigt das Regressionsergebnis für die Zielgröße SSD

Tab. 2-61: Ergebnis der Regression für die Zielgröße SSD.

Multipler Korr.koeff.	0,952164
Bestimmtheitsmaß	0,906616
Standardfehler	1,489620
Beobachtungen	20

	Koeffizienten	Standardfehler	t-Statistik	P-Wert	Untere 95%	Obere 95%
Schnittpunkt	77,80464055	2,907880328	26,75647955	1,228E-10	71,3254794	84,28380166
x1	4,106697746	1,731706551	2,371474395	0,039178515	0,24821511	7,965180377
x2	0,785708485	2,058099667	0,38176406	0,710623227	–3,80002333	5,371440295
x3	0,651197119	0,127952805	5,089354001	0,000471297	0,3661005	0,936293733
x1*x2	–0,081886322	0,048262611	–1,696682372	0,120609938	–0,18942212	0,025649477
x1*x3	–0,023016513	0,010049381	–2,290341489	0,044987548	–0,04540793	–0,000625098
x2*x3	–0,015133047	0,008482232	–1,784087871	0,104729034	–0,03403264	0,003766543
x1^2	–0,382532873	0,219855556	–1,739928158	0,112497666	–0,87240158	0,107335832
x2^2	–0,055686206	0,20951498	–0,265786277	0,795803018	–0,52251467	0,411142258
x3^2	–0,00942147	0,003017357	–3,122424589	0,010829196	–0,01614456	–0,002698379

Die Wirkungsflächen werden in den folgenden Abbildungen (2-11) und (2-12) so dargestellt, dass der Variablen x_1 jeweils ein aus dem Versuchsbereich fest vorgegebener Wert zugeordnet ist. Verschiedene Einstellungen und Darstellungen werden mit dem Anwender auf Sinnfälligkeit geprüft. Bei dieser Diskussion wird die Erfahrung bestätigt oder das unerwartete Ergebnis ist die neue Erkenntnisse oder Modellfehler. Diese Aussagen sollen dann mit zusätzlichen Versuchen bestätigt werden. Man kann gegebenenfalls auch die Terme im Regressionsansatz verändern um vermutete systematische Residuen zu verringern. Dem Versuchsplaner sind hierbei keine Grenzen gesetzt. Wenn die Zielgröße nicht negativ sein kann, dann kann man (wegen der Kosmetik der Abbildung), die gemessenen Werte logarithmieren und analog verfahren, wie in dem Kapitel 1.7 beschrieben. Es ist dann natürlich unbedingt zu beachten, dass, für diese Transformation die Signifikanz der so ermittelten Regressionskoeffizienten nicht repräsentativ ist und die Reststreuung und das Bestimmtheitsmaß nur durch

$$\hat{\sigma}_{\hat{Y}}^2 = \frac{1}{k-n-1}(\underline{\hat{y}} - \bar{y})^T(\underline{\hat{y}} - \bar{y}) = \frac{1}{k-n-1}\sum_{i=1}^{k}(\hat{y}_i - \bar{y})^2 \tag{1-23}$$

und

$$B = \frac{(\underline{\hat{y}} - \bar{y})^T(\underline{\hat{y}} - \bar{y})}{(\underline{y} - \bar{y})^T(\underline{y} - \bar{y})} = \frac{S_{\hat{Y}}^2}{S_Y^2} = \frac{S_Y^2 - S^2}{S_Y^2} = 1 - \frac{S^2}{S_Y^2} \leq 1 \tag{1-24}$$

berechnet werden können. Wichtig ist die Auswahl des „geeigneten“ Typs der Wirkungsfläche. (Siehe hierzu auch Kapitel 1.11). Die Einschätzung der Qualität des Modells ist nicht nur am Bestimmtheitsmaß, sondern auch an der Einschätzung der Normalverteilung der Residuen – was in den seltensten Fällen tatsächlich erfolgt! – zu beurteilen.

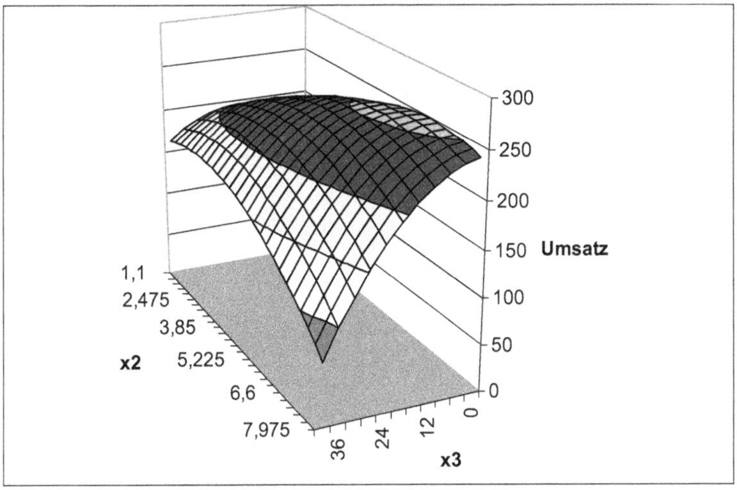

Abb. 2-15: Berechnete Wirkungsfläche der Zielgröße Umsatz für x1 = 7.

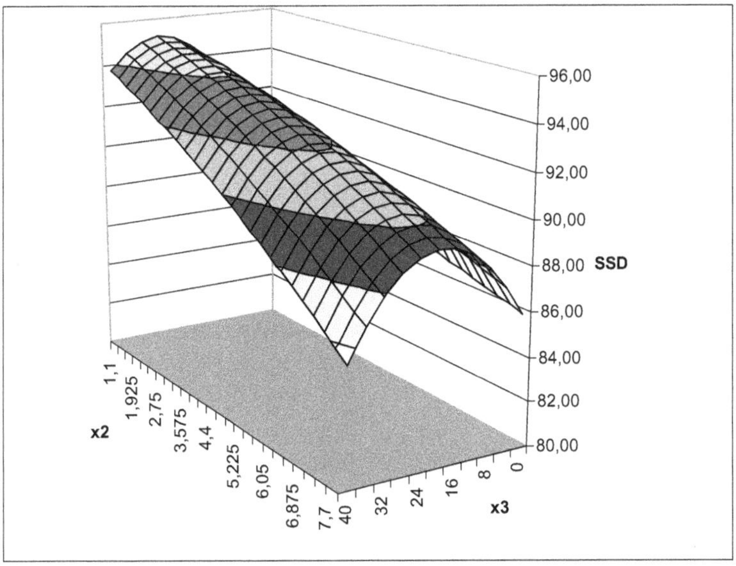

Abb. 2-16: Berechnete Wirkungsfläche der Zielgröße SSD für x1 = 7.

Die optimalen Parameter der Mehrzieloptimierung wurden mit dem Solver ermittelt. Auch die notwendigen Parameter für das Maximum der Produktivität und des Anteils an SSD wurden mit dem Solver ermittelt.

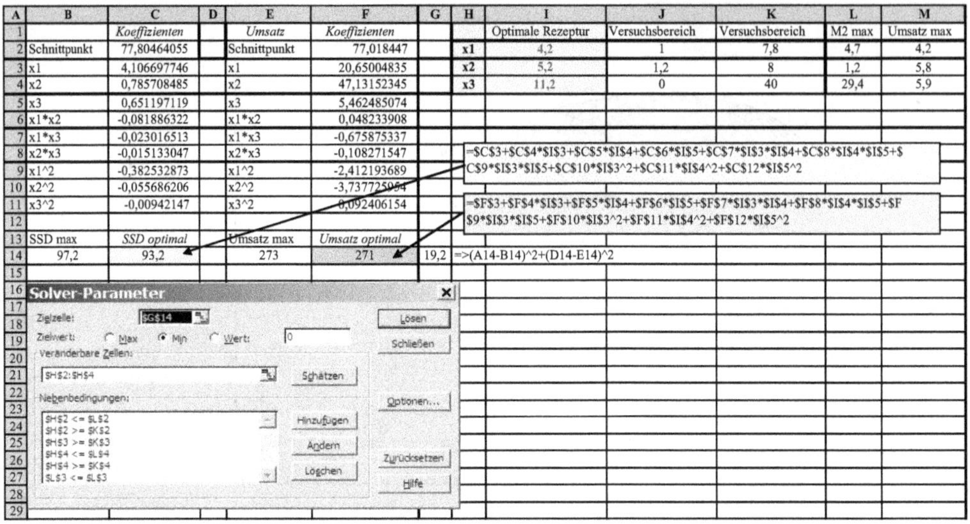

Abb. 2-17: Mit dem Solver ermittelte Parameter.

Mit diesen optimierten Werten $x_1 = 4{,}2$; $x_2 = 5{,}2$ und $x_3 = 11{,}2$ ist ein Umsatz von 273 und ein Anteil von 93,2% SSD zu erwarten. Dieser ermittelte Punkt wird realisiert und das Ergebnis bestätigt.

2.8 Approximativ-optimaler Versuchsplan – ein neues Optimalitätskriterium

Da in der Praxis die Funktion der Wirkungsfläche im Allgemeinen nicht bekannt ist, wird versucht, die Gegebenheiten der Natur mit Hilfe eines approximativen Ansatzes zu beschreiben. Dabei sollen die Einflussgrößen $x_j (j = 1,2,...,m)$ nur in vorgegebenen Niveaus realisierbar sein. Wie erwähnt, ist hierbei zu beachten, dass Versuchswiederholungen im Versuchsplan zwar das gewählte Optimalitätskriterium wesentlich verbessern können, aber letztlich nur die Reproduzierbarkeit in diesem Punkt erklärt wird. Es wird deshalb vereinbart, dass für approximative Ansätze die Versuchspunkte höchstens einmal realisiert werden können. Beispiel: $m = 3$

Einflussgröße x_1 Niveaus: $x_{1,1}, x_{1,2}, \cdots, x_{1,k_1}$

Einflussgröße x_2 Niveaus: $x_{2,1}, x_{2,2}, \cdots, x_{2,k_2}$

Einflussgröße x_3 Niveaus: $x_{3,1}, x_{3,2}, \cdots, x_{3,k_3}$

Der Versuchsplan, in dem alle möglichen Kombinationen der Niveaus genau einmal durchzuführen sind, ergibt ist:

$$\mathbf{V}_p = \begin{pmatrix} x_{1,1} & x_{2,1} & x_{3,1} \\ x_{1,1} & x_{2,1} & x_{3,2} \\ \vdots & \vdots & \vdots \\ x_{1,1} & x_{2,1} & x_{3,k_3} \\ x_{1,1} & x_{2,2} & x_{3,1} \\ x_{1,1} & x_{2,2} & x_{3,2} \\ \vdots & \vdots & \vdots \\ x_{1,1} & x_{2,2} & x_{3,k_3} \\ \vdots & \vdots & \vdots \\ x_{1,1} & x_{2,k_2} & x_{3,1} \\ x_{1,1} & x_{2,k_2} & x_{3,2} \\ \vdots & \vdots & \vdots \\ x_{1,1} & x_{2,k_2} & x_{3,k_3} \\ \vdots & \vdots & \vdots \\ x_{1,k_1} & x_{2,1} & x_{3,1} \\ x_{1,k_1} & x_{2,1} & x_{3,2} \\ \vdots & \vdots & \vdots \\ x_{1,k_1} & x_{2,1} & x_{3,k_3} \\ x_{1,k_1} & x_{2,2} & x_{3,1} \\ \vdots & \vdots & \vdots \\ x_{1,k_1} & x_{2,k_2} & x_{3,1} \\ x_{1,k_1} & x_{2,k_2} & x_{3,2} \\ \vdots & \vdots & \vdots \\ x_{1,k_1} & x_{2,k_2} & x_{3,k_3} \end{pmatrix} \tag{2-69}$$

Im Folgenden wird diese Restriktion und die sich daraus ergebende Eigenschaft (die empirische Kovarianz der Versuchspunkte verschwindet) etwas näher betrachtet.

Geht man bei der Versuchsplanung davon aus, dass jeder Versuchspunkt nur einmal realisiert werden kann und dazu k Versuche notwendig sind, dann ist der „Endzustand" der Matrix $(\mathbf{F}^T\mathbf{F})_k$ festgelegt und berechenbar. Der Grundgedanke des Kriteriums besteht darin, den nächsten Versuchspunkt so auszuwählen, dass

- alle Elemente der Informationsmatrix $(\mathbf{F}^T\mathbf{F})_{-neu}$ möglichst gut mit allen Elementen der Matrix $(\mathbf{F}^T\mathbf{F})_k$ übereinstimmen.

Da gezeigt wurde, dass die Kovarianzen aller möglichen Versuchskombinationen verschwinden, wird weiterhin gefordert,

- dass alle empirischen Kovarianzen des Versuchsplanes Einflussgrößen der Matrix V_{-neu} minimal sind.

Die Matrix $\boldsymbol{\Delta} = (\mathbf{F}^T\mathbf{F})_k - (\mathbf{F}^T\mathbf{F})_{-neu}$ soll praktisch mit den zugelassenen Versuchspunkten so nahe wie möglich mit der Nullmatrix übereinstimmen. und alle Kovarianzen des neuen Versuchsplanes $\mathbf{V}_{-neu}$ minimal sein.

Es wurde der folgende Algorithmus für die allgemeine Regressionsaufgabe (1-10)

$$y = a_0 + a_1 f_1(x_1, x_2, ..., x_m) + ... + a_n f_n(x_1, x_2, ..., x_m) + \varepsilon = \sum_{e=0}^{n} a_e f_e(x_1, x_2, \cdots, x_m) + \varepsilon$$

$$y = \mathbf{a}^T \mathbf{f}(\underline{\mathbf{x}}) + \varepsilon \qquad \text{mit}$$

$$\mathbf{a}^T = (a_0, a_1, ..., a_n)$$

$$\mathbf{f}(\underline{\mathbf{x}})^T = (1, f_1(x_1, x_2, ..., x_m), ..., f_n(x_1, x_2, ..., x_m)) \qquad \text{und} \quad f_0(x_1, x_2, ..., x_m) \equiv 1$$

programmiert.

Die Anzahl aller möglichen Versuchskombinationen ist:

$$k = \prod_{j=1}^{m} n_j$$

wobei n_j die Anzahl der Niveaus der unabhängigen Variablen $x_j (j = 1, 2, ..., m)$ ist.

Die Matrix aller möglichen Versuchspunkte ist $\mathbf{V}_k$.

$$\mathbf{V}_k^T = \left\{ \underline{x}_1^T, \underline{x}_2^T, ..., \underline{x}_k^T \right\} = \left\{ v_1, v_2, ..., v_k \right\}$$

Die Anzahl der gewählten Versuchspunkte wird mit *anz* bezeichnet.

$$\mathbf{V}_{anz} = \left\{ v_{i_l} \right\}_{v_{il} \in V_k} \qquad \begin{array}{l} l = 1, 2, ..., anz \\ i_l \in \left\{ 1, 2, ..., k \right\} \end{array} \tag{2-70}$$

Da vereinbarungsgemäß jeder Versuchspunkt nur einmal realisiert werden kann, gilt für den neu hinzu zu nehmenden Versuchspunkt:

$$\mathbf{V}_{anz+1} = \mathbf{V}_{anz} \cup \left\{ v \right\} \qquad v \in \mathbf{V}_k \wedge v \notin \mathbf{V}_{anz} \tag{2-71}$$

Damit ist die neue Informationsmatrix entsprechend des Regressionsansatzes (3-4) berechenbar

$$\left(\mathbf{F}^T \mathbf{F} \right)_{anz+1} = \left(\left(f_{i,j}{}^{anz+1} \right) \right)_{i,j=1,2,...,n} \tag{2-72}$$

Die Auswahl des neuen Punktes erfolgt dann nach dem Kriterium:

$$v_{anz+1} = \min_{v \in \mathbf{V}_k \wedge v \notin \mathbf{V}_{anz}} \left\{ \sum_{i=0}^{n} \sum_{j=0}^{n} \left\| f_{i,j}^{k} \right| - \left| f_{i,j}^{anz+1} \right\| ; \quad \sum_{i=1,j=1;j<i} \left| c_{i,j} \right| \right\} \tag{2-73}$$

Da dieses Kriterium numerisch schlecht handhabbar ist, wurde es bei Testrechnungen durch das folgende ersetzt. Ein Versuchsplan $\mathbf{V}_{\mathrm{anz}}$ heißt approximativ – optimal wenn er die Bedingung erfüllt:

$$v_{anz+1} = \min_{v \in \mathbf{V}_k \wedge v \notin \mathbf{V}_{anz}} \left\{ \Delta\mathbf{F}(1 + cv) \right\} \tag{2-74}$$

wobei $\Delta\mathbf{F}$ die Summe aller Beträge der Elemente der Differenzen der Informationsmatrize $(\mathbf{F}^T\mathbf{F})_k$ und $(\mathbf{F}^T\mathbf{F})_{anz+1}$ sind.

$$\Delta\mathbf{F} = \sum_{i=0}^{n} \sum_{j=0}^{n} \left\| f_{i.j}^{k} \right| - \left| f_{i,j}^{anz} \right\| \tag{2-75}$$

und cv die Summe der Beträge der Nebendiagonalelemente der empirischen Kovarianz $\mathbf{C}_{anz+1}$ des Versuchsplanes $\mathbf{V}_{anz+1}$

$$cv = \sum_{i=0,j=0;j<i} \left| c_{i,j} \right| \tag{2-76}$$

ist.

Bei allen bisherigen Optimalitätskriterien ist die Konstruktion eines „Startversuchsplanes“ mit $anz \geq n$ notwendig, um beispielsweise die Determinante von $(\mathbf{F}^T\mathbf{F})$ berechnen zu können. Gerade diese „günstige“ Wahl dieses „Startversuchsplanes“ ist aber mit entscheidend für die Erfüllung der Forderung nach „maximaler Information bei minimalem Versuchsaufwand“. Das neue Optimalitätskriterium bezieht sich nur auf die Summe der Differenz der Matrix Δ und auf die empirische Kovarianz der Versuchspunkte. Wird vereinbart, dass für den ersten Versuchspunkte $(anz = 1)$ $cv = 0$ gilt, dann lässt sich mit Hilfe dieses Kriteriums der Versuchsplan auch dann bereits optimieren, wenn $anz = 1 < n$ gilt. Praktisch wählt man aber die beiden Versuchspunkte aus $\mathbf{V}_k$ als Startpunkte aus, die am weitesten entfernt sind. Ist die Wirkungsfläche nur von einer Einflussgröße $(m = 1)$ abhängig, dann existiert keine Kovarianz. In dem Fall wird $cv \equiv 0$ gesetzt. Die Pläne werden immer besser, je größer die Intervallanzahl – je kleiner jeweiligen Niveaus für eine Einflussgröße gewählt werden. Es lässt sich mit diesem Verfahren einfach auch der „Startversuchsplan“ bestimmen und dann mit einem bekannten numerischen beispielsweise D-optimalen Verfahren weiter rechnen.

Programmtechnisch ist eine Subroutine notwendig, mit der die Matrix $(\mathbf{F}^T\mathbf{F})$ in Abhängigkeit vom gewählten Regressionsansatz berechnet wird. Dabei ist es ausreichend, den gesamten Versuchsbereich $\mathbf{V}_\mathrm{k}$ – alle möglichen Niveaukombinationen der Einflussgrößen x_1, x_2, ..., x_m – in einer Matrix **VN** zu speichern. Die Elemente der Matrix **F** für die Funktionen des Regressionsansatzes können jederzeit aus der Matrix **VN** berechnet werden.

Geht man von einem approximativen Modell in Form einer Reihenentwicklung, wie beispielsweise (1-60) aus, dann ist der Versuchsplan Bestandteil der Matrix **F**.

Versuchskombinationen, die nicht realisierbar sind, werden in der Matrix **VN** (und damit auch in der Matrix **F**) mit „gerade noch durchführbaren" Versuchseinstellungen ersetzt. Die Berechnung muss dann neu durchgeführt werden. Sollen bereits durchgeführte Versuchseinstellungen berücksichtigt werden. Dann sind diese in der Matrix **VN** (und damit in der Matrix **F**) mit zu berücksichtigen.

Für jeden Versuchsplan

$$\mathbf{V}_{anz} = \{v_{i_l}\}_{v_{il} \in v_k} \qquad \begin{array}{l} l = 1,2,...,anz \\ i_l \in \{1,2,...,k\} \end{array}$$

mit $n+1 \leq anz \leq k$ kann die Determinante der Informationsmatrix $\left(\mathbf{F}_{anz}^T \mathbf{F}_{anz}\right)$ berechnet werden. Deren Wert ist abhängig von der Anzahl und Einteilung der Niveaus der Einflussgrößen. Da die Determinante Informationsmatrix aller Versuchspunkte $\left(\mathbf{F}_k^T \mathbf{F}_k\right)$ ebenfalls berechenbar ist, kann für jeden sequentiellen Schritt der Informationsgewinn berechnet werden.

$$q = \frac{\det\left(\mathbf{F}_{anz}^T \mathbf{F}_{anz}\right)}{\det\left(\mathbf{F}_k^T \mathbf{F}_k\right)} \leq 1 \qquad (2\text{-}77)$$

Mit dieser Normierung wird es möglich, den Informationsgewinn bei der Erhöhung der Versuchsanzahl im Zusammenhang mit den Versuchskosten zu betrachten. Die „notwendige" Versuchsanzahl wird damit besser abschätzbar und mit anderen realisierten Versuchsplänen vergleichbar. Analoge Normierungen lassen sich zu (2-77) mit dem Quotienten der Summe der Beträge der Informationsmatrix $(\mathbf{F}^T\mathbf{F})_{anz}$ und der Summe der Beträge der Informationsmatrix $(\mathbf{F}^T\mathbf{F})_k$ definieren.

Als Beispiel werden zwei Einflussgrößen x_1, x_2 in den Niveaus $x_1 \in \{1;2;3;40\}$ und $x_2 \in \{2;3;10\}$ betrachtet. Nach dem Kriterium (2-74) werden die Versuchspläne entsprechend dem sequentiellen Schritt für die Funktion:

$$y = a_0 + a_1 x_1 + a_2 x_2 + a_3 x_1 x_2 + a_4 x_1^2 + a_5 x_2^2$$

berechnet. Als Startpunkt wurde der Versuchspunkt $x_1 = 1$ und $x_2 = 2$ festgelegt.

Bei der Berechnung der D- bzw. A-optimalen Werte wurde immer von dem entsprechend bisherigen optimalen Plan ausgegangen. Die numerischen Berechnungen für $m=2$ haben ergeben, dass die D-optimalen Pläne nicht immer das approximativ–optimale Kriterium erfüllen. Bezüglich des bisher häufig verwendeten D-optimalen Kriteriums ist zu vermuten, dass die approximativ-optimalen Pläne – wenn überhaupt – nur unwesentlich geringere Werte der Determinante der Informationsmatrix liefern. Sie sind „in die Nähe" des exakten A-beziehungsweise D-optimalen Planes einzuordnen [17]

Tab. 2-62: Vergleich der verschiednen Optimalitätskriterien.

V_n	approximativ-optimal			D-optimal			A-optimal		
	$r(x_1,x_2)$	Det.	Spur	$r(x_1,x_2)$	Det.	Spur	$r(x_1,x_2)$	Det.	Spur
1	–	–	–	–	–	–	–	–	–
2	1,00	–	–	1,00	–	–	1,00	–	–
3	0,50	–	–	0,50	–	–	0,50	–	–
4	0,39	–	–	0,39	–	–	0,39	–	–
5	–0,11	–	–	–0,11	–	–	–0,11	–	–
6	0,01	1,75 e15	21,7	–0,27	2,54 e15	22,3	–0,1	1,75 e15	21,7
7	–0,16	5,93 e15	18,6	–0,16	1,30 e16	16,3	0,1	8,15 e15	12,3
8	–0,25	1,94 e15	16,3	–0,05	3,29 e16	11,8	0,18	1,63 e 16	11,0
9	–0,15	4,93 e16	11,8	–0,004	5,89 e16	10,2	0,21	2,9 e16	8,6

Es sei an dieser Stelle vermerkt, dass in (2-73) die Bedingung (2-74) nur wegen der vermuteten Verbesserung der numerischen Handhabbarkeit aufgenommen wurde. Die Auswahlbedingung für den neu hinzu zu nehmenden Versuchspunkt kann in (2-73) auch ohne (2-74) erfolgen.

3 Ermittlung signifikanter Einflussgrößen mit orthogonalen Versuchsplänen

In der Praxis wird eine kontinuierlich produzierende Anlage mit vorgegeben Prozessparametern betrieben. Dieser Arbeitspunkt wird mit $\mathbf{x}_0 = (x_{01}, x_{02}, ..., x_{0m})$ bezeichnet. Oft ist der Prozess so kompliziert, dass das Prozessergebnis nicht durch Prozessgleichungen vorausberechnet werden kann. In solchen – nicht deterministischen Fällen – ist man gezwungen, durch Versuche zu Informationen zu gelangen, die neuralgische Punkte (geringe Änderung der Einflussgröße bewirkt starke Äderung des Produktes) oder Möglichkeiten der Erhöhung der Ausbeute aufzuzeigen. Diese Verfahrensweise ist natürlich an eine lange praktische Erfahrung gebunden. Um zu Informationen zu gelangen, müssen aber auch Verschlechterungen des Produktes in Kauf genommen werden. Die größte Information erhält man dann, wenn bei einer Änderung der Einstellgrößen eine große Änderung der Zielgröße erfolgt. Diese Änderung muss aber nicht in die gewollte Richtung erfolgen. Im Produktionsprozess kann eine „große" Verschlechterung des Produktionsergebnisses im Allgemeinen schlecht toleriert werden. Solche Bedingungen sind im Technikum zu erforschen. Leider lassen sich die Bedingungen des Technikums nicht 1 : 1 auf die Produktionsanlage übertragen. Um eine Richtung der Verbesserung zu finden, ist daher auch im Produktionsprozess mit Verschlechterungen zu rechnen. Um bei der Optimierung erfolgreich zu sein, muss der Leiter der Produktionsanlage von den Methoden der Versuchsplanung überzeugt sein!

Die optimale Einstellung der Produktionsanlage ist erst dann gefunden, wenn jede Änderung des Arbeitspunktes eine Verschlechterung bringt. Ziel ist es, auf Grund des Differentials

$$f(\mathbf{x}_0) + df = f(\mathbf{x}_0) + \sum_{i=1}^{m} \frac{\partial f}{\partial x_i} dx_i \tag{3-1}$$

durch Versuche Produktionsverbesserungen zu erhalten. Hierbei beschreibt $f(x_0)$ den Qualitätsparameter der Anlage im Arbeitspunkt $\mathbf{x}_0 = (x_{01}, x_{02}, ..., x_{0m})$. Der funktionale Zusammenhang $f(\mathbf{x})$ ist nicht bekannt.

3.1 Das totale Differential – kurze Ausschweifung

Es wird vorausgesetzt, dass von einer Funktion $f(\mathbf{x}, \mathbf{x}_0)$ mit $\mathbf{x} = (x_1, x_2, ..., x_m)$ im Punkt $\mathbf{x_0}$ der Vektor **d** der partiellen Differentiale existiert.

$$\mathbf{d} = (\frac{\partial f}{\partial x_1} \mathrm{d}x_1, \frac{\partial f}{\partial x_2} \mathrm{d}x_2, \ldots, \frac{\partial f}{\partial x_m} \mathrm{d}x_m)^T$$

Durch das Skalarprodukt der Vektoren $\mathbf{dd}^T$ wird der Abstand $s = \sqrt{\mathbf{dd}^T}$ von der Funktion f(**x**) im Punkt $\mathbf{x_0}$ in der Umgebung des Differentials **dx** beschrieben.

$$\mathbf{dd}^T = \sum_{i=1}^{m} \left(\frac{\partial f}{\partial x_i} \right)^2 (\mathrm{d}x_i)^2 = \sum_{i=1}^{m} \left| \frac{\partial f}{\partial x_i} \mathrm{d}x_i \right|^2 \tag{3-2}$$

Betrachtet man das Quadrat des Betrages des totalen Differentials $df = \sum_{i=1}^{m} \frac{\partial f}{\partial x_i} \mathrm{d}x_i$ von $f(\mathbf{x})$ im Punkt $\mathbf{x}_0$ so gilt nach der verallgemeinerten Dreiecksungleichung:

$$|df|^2 = \left| \sum_{i=1}^{m} \frac{\partial f}{\partial x_i} \mathrm{d}x_i \right|^2 \leq \sum_{i=1}^{m} \left| \frac{\partial f}{\partial x_i} \mathrm{d}x_i \right|^2 \tag{3-3}$$

Das Skalarprodukt der Vektoren $\mathbf{dd}^T$ ist also eine Abschätzung des Betrages des totalen Differentials von $f(\mathbf{x})$ im Punkt $\mathbf{x}_0$. Dieser Zusammenhang wird auch als *Fehlerfortpflanzungsgesetz* bezeichnet. Im Folgenden wird vorausgesetzt, dass jede Komponente des Vektors **x** nur in $j = 2$ Niveaus realisiert wird. Für jede Komponente des Vektors **x** soll also gelten:

$$x_{i,j} = \begin{cases} A_i & j = 1 \\ E_i & j = 2 \end{cases} \qquad i = 1, 2, \ldots, m$$

Es wird $S^2 = \sum_{j=1}^{n} \mathbf{d}_j \mathbf{d}_j^T$ – die Summe des Vektors der partiellen Differentiale von f(**x**) für jede Komponente des Vektors $\mathbf{x}_0$, die durch $x_{0,i} = \frac{E_i + A_i}{2} (i = 1, 2, \cdots, m)$ definiert werden – betrachtet. Nun ist $(x_{i,1} - x_{0,i}) = A_i - \frac{E_i - A_i}{2} = -\frac{E_i - A_i}{2}$ und $(x_{i,2} - x_{0,i}) = E_i - \frac{E_i - A_i}{2} = \frac{E_i - A_i}{2}$. Damit kann $|\mathrm{dx_i}|^2$ zu $|\mathrm{dx_i}|^2 = \left(\frac{E_i - A_i}{2} \right)^2$ geschätzt und (3-3) in der Form

$$S^2 = \sum_{i=1}^{m} \left| \frac{\partial f}{\partial x_i} \middle| x_i = x_{0i} \right|^2 |dx_i|^2 \approx \sum_{i=1}^{m} \left(\frac{\partial f}{\partial x_i} \middle| x_i = x_{0i} \right)^2 \left(\frac{E_i - A_i}{2} \right)^2 \tag{3-4}$$

geschrieben werden. Da jede Komponente des Vektors **x** nur die Werte E_i und A_i annehmen kann, wird $\frac{\partial f}{\partial x_i} \Big| x_i = x_{0i}$ durch den Differenzenquotienten im Punkt x_{0i} geschätzt.

$$\frac{\partial f}{\partial x_i} \Big| x_i = x_{0i} \approx \frac{f(x_{01}, x_{02}, \ldots, E_i, x_{0i+1}, \ldots, x_{0m}) - f(x_{01}, x_{02}, \ldots, A_i, x_{0i+1}, \ldots, x_{0m})}{E_i - A_i}.$$

Damit kann in (3-4) durch

$$\left|\frac{\partial f}{\partial x_i}|x_i = x_{0i}\right|^2 |dx_i|^2$$

$$\approx \left(\frac{f(x_{01}, x_{02}, \ldots, E_i, x_{0i+1}, \ldots, x_{0m}) - f(x_{01}, x_{02}, \ldots, A_i, x_{0i+1}, \ldots, x_{0m})}{2}\right)^2 = \delta_i^2$$

geschätzt werden. Damit lässt sich in (3-3) über δ_j^2 die Wirkung der einzelner Einflussgrößen im untersuchten Bereich entscheiden.

$$|df|^2 = \left|\sum_{i=1}^{m} \frac{\partial f}{\partial x_i} \mathrm{d}x_i\right|^2 \leq \sum_{i=1}^{m} \left|\frac{\partial f}{\partial x_i} \mathrm{d}x_i\right|^2 \approx \sum_{i=1}^{m} \delta_i^2 \qquad (3\text{-}5)$$

mit

$$\delta_i^2 = \left(\frac{f(x_{01}, x_{02}, \ldots, E_i, x_{0i+1}, \ldots, x_{0m}) - f(x_{01}, x_{02}, \ldots, A_i, x_{0i+1}, \ldots, x_{0m})}{2}\right)^2$$

Es wird ein Versuchsplan betrachtet, wo jede Einflussgröße nur in zwei Niveaus realisiert werden kann. Für die Einflussgrößen x_i, i= 1,2,...,m gilt $x_i \in [A_i; E_i]$. Dieser Versuchsplan kann ein Teilfaktorplan oder vollständigen Faktorplan sein. Die Versuchsanzahl $k = 2^{m-t}$. (Die ganzzahlige Zahl t beschreibt die Anzahl der Variablen, die durch eine Wechselwirkung ersetzt werden.) Beispielsweise soll ein Problem mit 4 Einflussgrößen untersucht werden. Bei einem vollständigen Faktorplan werden $k = 2^4 = 16$ Versuche benötigt. Wird der Term – die Kombination – $x_1x_2x_3$ bei einem $k = 2^3 = 8$ Faktorplan durch den Parameter $x_4 \in [A_4; E_4]$ ersetzt, so werden die Anzahl der Versuche auf $k = 2^{4-1} = 8$ reduziert. Es wird der allgemeine Regressionsansatz

$$f(x_1, x_2, \ldots, x_m) = \alpha_0 + \alpha_1 x_1 + \cdots + \alpha_m x_m$$

betrachtet. Der gewählte Versuchsplan ist für diesen Ansatz mit der Matrix **F** identisch. Mit Hilfe der Transformation

$$\tilde{x}_i = \frac{2x_i - (A_i + E_i)}{E_i - A_i} \qquad (2\text{-}25)$$

werden alle Niveaus der Einflussgrößen auf das Niveau $\tilde{\mathbf{x}}_i \in \{-1; +1\}$ transformiert. Der so transformierte Versuchsplan wird mit $\tilde{\mathbf{V}}$ bezeichnet. Diese Uniformierung der Niveaus verschleiern zwar die tatsächlichen Niveaus; bringen jedoch erhebliche Vereinfachungen bei der Berechnung der Regressionskoeffizienten. Wegen Kapitel 2.1.4 verschwinden alle Kovarianzen der Einflussgrößen und es gilt $(\tilde{\mathbf{V}}^T\tilde{\mathbf{V}}) = k\mathbf{E}$.

Die Matrix $\left(\tilde{\mathbf{F}}^T\tilde{\mathbf{F}}\right)$ beschreibt die Informationsmatrix für den linearen Regressionsansatz

$$f(x_1, x_2, \cdots x_m) = \alpha_0 + \sum_{i=1}^{m} \alpha_i \left(\frac{2x_i - (A_i + E_i)}{E_i - A_i} \right) \tag{2-28}$$

mit $\tilde{\mathbf{x}}_i \in \{-1; +1\}$. Wobei α_i entsprechend (2-27) durch

$$\alpha_i = \frac{1}{2}\left(\bar{y}_i(E_i) - \bar{y}_i(A_i)\right)$$

berechnet wird. Weil $f(\mathbf{x}_0) = \alpha_0 = \frac{1}{n}\sum_{j=1}^{n} y_j = \bar{y}$ beschreibt der Parameter α_0 den Funktionswert im Mittelpunkt des transformierten Versuchsbereiches $(0, 0, \cdots, 0)$ und ist identisch mit dem Funktionswert im Mittelpunkt des original Raumes

$$\left(\frac{A_1 + E_1}{2}, \frac{A_2 + E_2}{2}, \cdots, \frac{A_m + E_m}{2} \right).$$

Um den Funktionswert der Änderung in der Umgebung des Versuchspunktes unter zu Hilfenahme des totalen Differentials zu berechnen gilt:

$$f(\mathbf{x}_0) + df = f(\mathbf{x}_0) + \sum_{i=1}^{m} \frac{\partial f}{\partial x_i} dx_i \tag{3-1}$$

Es wird die Abschätzung $dx_i = x_i - x_{i0} = x_i - \frac{(E_i + A_i)}{2}$ getroffen.

Unter Beachtung von (2-29) ist

$$\frac{\partial f}{\partial x_i} = a_i \approx \frac{\partial g}{\partial x_i} = \frac{2\alpha_i}{E_i - A_i} \tag{3-6}$$

und (3-1) kann geschätzt werden durch:

$$\begin{aligned} f(\mathbf{x}_0) + df &= f(\mathbf{x}_0) + \sum_{i=1}^{m} \frac{\partial f}{\partial x_i} dx_i \\ &\approx f(\mathbf{x}_0) + \sum_{i=1}^{m} \frac{2\alpha_i}{E_i - A_i} \left(x_i - \frac{(E_i + A_i)}{2} \right) \\ &\approx f(\mathbf{x}_0) + \sum_{i=1}^{m} \alpha_i \frac{2x_i - (E_i + A_i)}{E_i - A_i} \end{aligned}$$

Es ist $\alpha_0 = f(\mathbf{x}_0) = \frac{1}{n}\sum_{j=1}^{n} y_j = \overline{y}$. Daher gilt der folgende

Satz 3

Das partielle Differential $f(\mathbf{x}_0) + df$ einer unbekannten Funktion kann durch eine Regressionsgleichung,

$$f(\mathbf{x}_0) + df \approx f(\mathbf{x}_0) + \sum_{i=1}^{m} \alpha_i \frac{2x_i - (E_i + A_i)}{E_i - A_i} \approx g(\underline{\mathbf{x}}) \qquad (3\text{-}7)$$

mit $f(\mathbf{x}_0) = \alpha_0 = \frac{1}{n}\sum_{j=1}^{n} y_j = \overline{y}$ die nach einem orthogonalen Versuchsplan um den Arbeitspunkt $\mathbf{x_0}$ ermittelt wurde, geschätzt werden.

3.1.1 Selektionsverfahren 1

Aus der Bedingung (3-1) erhält man mit (3-7)

$$f(\underline{\mathbf{x}}) \approx g(\underline{\mathbf{x}}) = \alpha_0 + \sum_{i=1}^{m} \alpha_i \left(\frac{2x_i - (A_i + E_i)}{E_i - A_i} \right)$$

$$\begin{aligned} S^2 &\approx \sum_{i=1}^{m} \left(\frac{1}{2} \cdot \left(g\left(x_{01}, x_{02}, \dots, E_i, x_{0i+1}, \dots, x_{0m}\right) - g\left(x_{01}, x_{02}, \dots, A_i, x_{0i+1}, \dots, x_{0m}\right) \right) \right)^2 \\ &= \sum_{i=1}^{m} \left(\frac{1}{2} \cdot \left(g\left(\frac{E_1 + A_1}{2}, \cdots, E_i, \cdots, \frac{E_m + A_m}{2} \right) - g\left(\frac{E_1 + A_1}{2}, \cdots, A_i, \cdots, \frac{E_m + A_m}{2} \right) \right) \right)^2 \\ &= \sum_{i=1}^{m} \left(\frac{\alpha_i \cdot (+1) - \alpha_i \cdot (-1)}{2} \right)^2 \\ &= \sum_{i=1}^{m} \alpha_i^2 \end{aligned}$$

Werden die Regressionskoeffizienten a_i nach der Methode 4 berechnet, dann können auf Grund der Beziehung (2-58) die Koeffizienten entsprechend

$$\alpha_i = a_i b_i \quad \mathrm{i} = 1,2,\dots,\mathrm{m}$$

berechnet werden.

Satz 4

Für alle orthogonalen Versuchspläne, deren Versuchspunkte nur in den Niveaus $x_i \in \{A_i ; E_i\}$ i = 1,2,...,m definiert sind, kann also das totale Differential S^2 im Punkt $\mathbf{x_0}$ durch

$$|df|^2 = \left|\sum_{i=1}^{m} \frac{\partial f}{\partial x_i} \mathrm{d}x_i\right|^2 \leq \sum_{i=1}^{m} \left|\frac{\partial f}{\partial x_i} \mathrm{d}x_i\right|^2 = S^2 \approx \sum_{i=1}^{m} \alpha_i^2 \qquad (3\text{-}8)$$

geschätzt werden.

In (3-1) lässt sich δ_i^2 als Wirkung der Komponente *i* auffassen. Eine Möglichkeit zu entscheiden, welche Parameter nicht entscheidend auf die Varianz der Produktqualität wirken kann nun definiert werden. Alle δ_j^2 die beispielsweise kleiner als 5% von S^2

$$\delta_j^2 \leq 0{,}05 \cdot S^2 = 0{,}05 \cdot \sum_{i=1}^{m} \alpha_i^2$$

sind, wirken nicht entscheidend auf die Qualität des Produktes. Eine andere Möglichkeit besteht darin (3-1) analog der Auswertung der Hauptkomponentenanalyse die Varianzen δ_j^2 der Größe nach zu ordnen und alle diejenigen Einflussgrößen weiter zu betrachten, mit denen beispielsweise 90% von S^2

$$S^2 = \sum_{j=1}^{m} \delta_i^2 \qquad (3\text{-}9)$$

erklärt werden. Dieses Kriterium ist vor allem dann wichtig, wenn eine große Anzahl ($m > 4$) von Einflussgrößen variiert wird. Einflussgrößen, die für den jeweiligen Versuch keine Betrachtung finden, werden auf den Mittelpunktswert $x_{0,i} = \dfrac{E_i + A_i}{2}$ eingestellt.

Der Koeffizient a_i ist der Regressionskoeffizient für die Regressionsfunktion im nicht transformierten Raum mit $x_i \in \{A_i ; E_i\}$. Entsprechend (3-2) ist

$$f(x_1, x_2, ..., x_m) = a_0 + \sum_{i=1}^{m} a_i x_i \approx \alpha_0 + \sum_{i=1}^{m} \frac{2\alpha_i}{E_i - A_i} x_i \qquad (3\text{-}10)$$

Es ist $\tilde{f}(0,0,...,0) = \alpha_0 = \dfrac{1}{m}\sum_{j=1}^{m} y_j = \bar{y}$. Für die Versuche im Mittelpunkt ist $x_{i0} = \dfrac{E_i + A_i}{2}$.

Daher ist

$$f(\mathbf{x}_0) = \tilde{f}(\tilde{\mathbf{x}}_0) = \bar{y} = a_0 + \sum_{i=1}^{m} a_i \frac{E_i + A_i}{2}$$

Wegen (2-30) gilt für den Parameter a_0 gilt letztlich:

$$a_0 = \overline{y} - \sum_{i=1}^{m} \alpha_i \frac{A_i + E_i}{E_i - A_i} \tag{2-30}$$

Ursächlich erfüllt jede Komponente des Versuches $\mathbf{x}_j$ die Bedingung $x_i \in \{A_i; E_i\}$. Wird der Gradient von $g(\tilde{\mathbf{x}}) = \sum_{i=1}^{n} \alpha_i \tilde{x}_i$ vom normierten Bereich $\tilde{\mathbf{x}}_i \in \{-1; +1\}$ betrachtet (wie bei *Taguchii* und allen Faktorplänen), dann beschreiben die Regressionskoeffizienten α_i den Gradienten für die Funktion $g(\tilde{\mathbf{x}}) = \sum_{i=1}^{m} \alpha_i \tilde{x}_i$.

$$\frac{\partial g}{\partial \tilde{x}_i} \approx \frac{\overline{y}(E_i) - \overline{y}(A_i)}{+1-(-1)} = \frac{Effekt\alpha_i}{2} = \alpha_i = \frac{1}{n}\sum_{j=1}^{n} y_j \tilde{x}_{i,j} \tag{3-11}$$

Die tatsächliche Wirkung wird daher verschleiert, weil durch die Transformation (2-25) alle Einflussgrößen auf den Versuchsbereich [–1;+1] transformiert wurden. Oft ist der Gradient (Differenzenquotient) der zu untersuchenden Funktion $f(\mathbf{x})$ in dem Original-Bereich von Interesse. Da $g(\mathbf{x}) = \alpha_0 + \sum_{i=1}^{m} \alpha_i \left(\frac{2x_i - (A_i + E_i)}{E_i - A_i} \right)$ mit $x_i \in \{A_i; E_i\}$ eine Approximation der Funktion $f(\mathbf{x})$ ist, wird der Gradient von $f(\mathbf{x})$ näherungsweise durch

$$\frac{\partial f}{\partial x_i} \approx \frac{\partial g}{\partial x_i} = \frac{2\alpha_i}{E_i - A_i} = \frac{1}{E_i - A_i} Effekt\alpha_i \tag{3-12}$$

bestimmt. Diese unterschiedlichen Kriterien (Betrachtung der Variation der Einflussgrößen im transformierten oder originalen Versuchsbereich) können für die praktische Entscheidung wesentliche Impulse vermitteln. Die Wirkung der einzelnen Einflussgrößen x_j lassen sich am Besten durch δ_j^2 graphisch interpretieren.

Wird dieser Versuchsplan p-mal realisiert, dann kann auch die mittleren Wirkungen (Effekt) der Komponenten A_i und E_i wird durch den Mittelwert der Versuchsrealisierungen erklärt werden.

$$2\alpha_i = \tilde{\overline{y}}(A_i) - \tilde{\overline{y}}(E_i) \quad \text{mit}$$

$$\tilde{\overline{y}}(A_i) = \frac{1}{p}\sum_{j=1}^{p} \overline{y}_j(A_i) \qquad \mathrm{i} = 1,2,\cdots,\frac{\mathrm{m}}{2}$$

$$\tilde{\overline{y}}(E_i) = \frac{1}{p}\sum_{j=1}^{p} \overline{y}_j(E_i) \qquad \mathrm{i} = 1,2,\cdots,\frac{\mathrm{m}}{2}$$

Wegen (3-11) kann $S^2 = \sum_{i=1}^{m} \delta_i^2$ durch

$$S^2 \approx \sum_{i=1}^{m} \alpha_i^2 = \sum_{i=1}^{m} \left(\frac{\tilde{\bar{y}}(E_i) - \tilde{\bar{y}}(A_i)}{2} \right)^2 \tag{3-13}$$

geschätzt werden.

Versuchsplanung zur Gradientenmethode

Ein Anwendungsbeispiel: Innerhalb eines Prozesses wird im Arbeitspunkt $x_{0,1}, x_{0,2}, \cdots, x_{0,m}$ der Anlage der Parameter x_i um eine Längeneinheit Δx_i nach oben $(x_{0i} + \Delta x_i)$ beziehungsweise nach unten $(x_{0i} - \Delta x_i)$ variiert. Ohne Beschränkung der Allgemeinheit wird $\Delta x_i = b_i$ bezeichnet. Die Messungen werden also in dem Bereich $[x_{0i} - b_i; x_{0i}; x_{0i} + b_i]$ durchgeführt. Der Punkt $x_{0,1}, x_{0,2}, \cdots, x_{0,m}$ wird als Mittelpunkt des Messbereiches bezeichnet. Der Funktionswert $f(x_{0,1}, x_{0,2}, \cdots, x_{0,m}) = f_0$ ist der Messwert im Mittelpunkt für die aktuelle Einstellung der Produktionsanlage. Dieser Punkt wird auch als Arbeitspunkt bezeichnet und bildet den Startpunkt für eine Optimierung. Dieses Vorgehen wird durch die Versuchsplanmatrix V mit drei Niveaus $[x_{0i} - b_i; x_{0i}; x_{0i} + b_i]$ dargestellt:

$$V = \begin{pmatrix} x_{01} - b_1 & x_{02} & \cdots & x_{0m} \\ x_{01} + b_1 & x_{02} & \cdots & x_{0m} \\ x_{01} & x_{02} - b_2 & \cdots & x_{0m} \\ x_{01} & x_{02} + b_2 & \cdots & x_{0m} \\ \vdots & \vdots & \vdots & \vdots \\ x_{01} & x_{02} & \cdots & x_{0m} - b_m \\ x_{01} & x_{02} & \cdots & x_{0m} + b_m \end{pmatrix} \tag{3-14}$$

Werden die Niveaus $x_i \in [x_{0i} - b_i; x_{0i}; x_{0i} + b_i]$ $\mathrm{i} = 1,2,\cdots,\mathrm{m}$ des Versuchsplanes V mit Hilfe der Formel (2-50)

$$\tilde{x}_i = x_i - \bar{x}_i \quad i = 1,2,...,m \tag{2-50}$$

auf das Niveau $x_i \in [-b_i; 0; +b_i]$ $\mathrm{i} = 1,2,\cdots,\mathrm{m}$ transformiert, dann erhält man eine Versuchsplanmatrix $\tilde{V}$ mit den drei Niveaus. Ausgehend von dem Arbeitspunkt $x_{0,1}, x_{0,2}, \cdots, x_{0,m}$ lassen sich komponentenweise die Anstiege a_i der Koeffizienten der jeweiligen Komponente x_i, $i = 1, 2, \cdots, m$ berechnen, wenn jeweils nur eine Komponente variiert wird und die anderen Komponenten auf den Arbeitspunktwert eingestellt sind.

Es sind zwei Ansteige berechenbar. Die Anstiege werden mit

$$a_i^+ = \frac{f(x_{0i} + b_i) - f(x_{0i})}{b_i} \quad a_i^- = \frac{f(x_{0i} - b_i) - f(x_{0i})}{-b_i} \tag{3-15}$$

$\mathrm{i} = 1,2,...,\mathrm{m}$

bezeichnet. Es lassen sich die Koeffizienten a_i^+ und a_i^- einfach graphisch darstellen. Darin wird deutlich, in wie weit die Linearität erfüllt wird. Bei einer Abweichung muss entschieden werden, in wieweit es sich um Messfehler oder ein nichtlinearer Verlauf der Wirkung des untersuchten Parameters handelt. Beachtet man noch (2-58)

$$a_i = \frac{\alpha_i}{b_i} \quad i = 1,2,\ldots,m \tag{2-58}$$

dann ist, wenn b_i durch Δx_i ersetzt wird,

$$\alpha_i^+ = b_i a_i^+ = f(x_{0i} + b_i) - f(x_{0i}) \quad \alpha_i^- = -b_i a_i^- = f(x_{0i} - b_i) - f(x_{0i})$$

$$i = 1,2,\ldots,m$$

Definiert man den Mittelwert

$$\frac{\alpha_i^+ + \alpha_i^-}{2} = \alpha_i$$

so ist

$$a_i = \frac{f(x_{0i} + b_i) + f(x_{0i} - b_i)}{2b_i} = \frac{\alpha_i}{b_i} \tag{3-16}$$

Wurden die Versuche nach einem Faktor- oder Teilfaktorplan gemacht und die Versuche sind symmetrisch zum Nullpunkt $f(x_{01}, x_{02}, \ldots, x_{0m}) = 0$, dann ist

$$f(x_{0i} + b_i) = \overline{y}_i(+b_i) = \frac{2}{kb_i} \sum_{\{\tilde{x}_{i,j} = +b_i\}}^{\frac{k}{2}} y_j(+b_i)$$

$$f(x_{0i} - b_i) = -\overline{y}_i(-b_i) = -\frac{2}{kb_i} \sum_{\{\tilde{x}_{i,j} = -b_i\}}^{\frac{k}{2}} y_j(-b_i)$$

Entsprechend (3-15) lassen sich die Änderungen des Anstieges a_i^+ und a_i^- gegenüber dem Arbeitspunkt der Anlage $f(x_{01}, x_{02}, \ldots, x_{0m})$ für Faktor- und Teilfaktorpläne angeben:

$$a_i^+ = \frac{\overline{y}_i(+b_i)}{b_i} \quad a_i^- = \frac{-\overline{y}_i(-b_i)}{-b_i} \tag{3-17}$$

$$i = 1,2,\ldots,m$$

Auch diese Koeffizienten lassen sich graphisch sehr gut interpretieren.

In dem ersten Beispiel zur Einführung in die Versuchsplanung (Kapitel 2) wurde gezeigt, dass die erste Strategie zur Wägung der drei Briefe in Hinblick auf den Fehler die ungünstigste Strategie ist. Die Versuchsplanung zur Gradientenmethode liefert daher eine grobe Schätzung für die Regressionskoeffizienten a_i, i = 1,2,...,m für den Regressionsansatz

$$f(x_1, x_2, ..., x_m) = a_0 + \sum_{i=1}^{k} a_i x_i + R_{k+1} \tag{11-1}$$

Jeder Versuchsplan (Faktorplan, Teilfaktorplan, Plackett-Burman Plan oder die Planung nach einer Hadamardmatrix ist in der Genauigkeit der Regressionskoeffizienten besser als der Versuchsplan zur Gradientenmethode. In Hinblick auf die Optimierung eines Prozesses hat die Versuchsplanung zur Optimierung eines Prozesses einen entscheidenden Vorteil. Um die Einflüsse genau zu quantifizieren, sind bei den üblichen Planungsmethoden erst alle Versuche zu realisieren. Die wichtigste Information bei der Versuchsplanung ist eine große Änderung im Ergebnis. Da das Ergebnis der Variation nicht bekannt ist, so kann das Produktionsergebnis niederschmetternd sein und damit ein nicht zu tolerierender Verlust entstehen. Mit dieser eigentlich trivialen Methode, ist es möglich, mit maximal $2m$ Versuchen, sich eine grobe Schätzung der Regressionskoeffizienten für den Ansatz (3-17) zu erzeugen und damit die Wirkung der untersuchten Komponente zu beurteilen. Natürlich werden hohe Ansprüche an die Messgenauigkeit gestellt. Das gilt jedoch bei jeder Versuchsplanung.

Der Parameter $\alpha_0 = \frac{1}{2m}\sum_{i=1}^{2m} y_i$ charakterisiert die Messung im Mittelpunkt des Versuchsbereiches. Auf Grund des totalen Differentials (3-1)

$$f(\mathbf{x}_0) + df = f(\mathbf{x}_0) + \sum_{i=1}^{m} \frac{\partial f}{\partial x_i} dx_i \tag{3-1}$$

ist eine Schätzung des Ergebnisses bei der Änderung der Komponenten um $\Delta x_i (i = 1, 2, \cdots, m)$ entsprechend (3-18) möglich.

$$f(\mathbf{x}_0) + df \approx f(\mathbf{x}_0) + \sum_{i=1}^{m} a_i \Delta x_i \tag{3-18}$$

Anwendung:

Für das Beispiel in Kapitel 2.3.2. wurden die Regressionsparameter für den Regressionsansatz

$$\begin{aligned}\eta(x_1, x_2, x_3, x_4) &= a_0 + a_1 x_2 + a_2 x_2 + a_3 x_4 + a_4 x_4 \\ &\quad + a_{1,2} x_1 x_2 + a_{1,3} x_1 x_3 + a_{2,3} x_2 x_3 + a_{1,2,3} x_1 x_2 x_3\end{aligned}$$

für einen 3-mal wiederholten 2^{4-1} Teilfaktorplan ermittelt. Auf Grund der Multikollinearität der Informationsmatrix (Methode 2) wurde die Regression mit der λ-Transformation (Methode 4) durchgeführt. Die Stärke der geschmiedeten Blattfedern lassen sich auf Grund der durchgeführten Versuche mit der Gleichung

$$\eta(x_1, x_2, x_3, x_4) = a_0 + a_1 \tilde{x}_1 + a_2 \tilde{x}_2 + a_3 \tilde{x}_3 + a_4 \tilde{x}_4 + a_{12} \tilde{x}_1 \tilde{x}_2 + + a_{13} \tilde{x}_1 \tilde{x}_3 + a_{23} \tilde{x}_2 \tilde{x}_3$$

berechnen. Die Einflussgrößen sind in der folgenden Weise definiert:

$$
\begin{array}{lll}
x_1 - \text{Ofentemperatur [°C]} & \in \{A_1; E_1\} & = \{1000; 1030\} \\
x_2 - \text{Haltezeit [s]} & \in \{A_2; E_2\} & = \{23; 25\} \\
x_3 - \text{Heizdauer [s]} & \in \{A_3; E_3\} & = \{10; 12\} \\
x_4 - \text{Transportzeit [s]} & \in \{A_3; E_3\} & = \{2; 3\}
\end{array}
$$

Die Verschiebungskonstanten sind:

$$\lambda_1 = (1030 + 1000)/2 = 1015$$

$$\lambda_2 = (25 + 23)/2 = 24$$

$$\lambda_3 = (12 + 10)/2 = 11$$

$$\lambda_4 = (3 + 2)/2 = 2{,}5$$

Mit Hilfe dieser Transformationen wird das Ausgangsproblem in die Regressionsaufgabe

$$
\begin{array}{lll}
\tilde{x}_1 - \text{Ofentemperatur [°C]} & \in \{-a_1; a_1\} & = \{-15; +15\} \\
\tilde{x}_2 - \text{Haltezeit [s]} & \in \{-a_2; a_2\} & = \{-1; +1\} \\
\tilde{x}_3 - \text{Heizdauer [s]} & \in \{-a_3; a_3\} & = \{-1; +1\} \\
\tilde{x}_4 - \text{Transportzeit [s]} & \in \{-a_3; a_3\} & = \{-0{,}5; +0{,}5\}
\end{array}
$$

überführt. Mit Hilfe dieser Transformation werden die Regressionskoeffizienten im originalen Raum – Siehe Kapitel 2.4.5 – berechnet. Das Berechnungsergebnis ist in der folgenden Tabelle 3-1 dargestellt.

Tab. 3-1: Berechnungsergebnisse von Beispiel 2.4.2 mit der Methode der Mittelwertverschiebung (λ-Transformation).

Regressions-Statistik	
Bestimmtheitsmaß	0,790
Standardfehler	0,121
Beobachtungen	24

	Koeffizienten	Standardfehler	t-Statistik	P-Wert	Untere 95%	Obere 95%
Schnittpunkt	7,765833333	0,024632719	315,26497	8,8454E-32	7,7136143	7,818052364
x1	**0,004555556**	**0,001642181**	**2,77408816**	0,01354581	0,00107429	0,008036824
x2	**–0,170833333**	**0,024632719**	**–6,93522039**	3,3572E-06	–0,22305236	–0,118614303
x3	0,0125	0,024632719	0,50745515	0,61875848	–0,03971903	0,064719031
x4	0,076666667	0,049265438	1,55619579	0,1392184	–0,02777139	0,181104728
x1x2	–0,000222222	0,001642181	–0,13532137	0,8940456	–0,00370349	0,003259046
x1x3	–0,002	0,001642181	–1,21789236	0,24092111	–0,00548127	0,001481269
x2x3	0,005833333	0,024632719	0,2368124	0,8158076	–0,0463857	0,058052364

Es wird darauf hingewiesen, dass der Versuchsplan in Kapitel 2.4.2 nicht die notwendigen Mittelpunktsversuche (3-14) enthält. Die Versuchsergebnisse für den Versuchsplan (3-14) wurden mit dem Ergebnis der Regression – Beispiel in Kapitel 2.3.2 – mit den der oben angegeben Koeffizienten für die Regressionsgleichung

$$\eta(x_1, x_2, x_3, x_4) = a_0 + a_1\tilde{x}_1 + a_2\tilde{x}_2 + a_3\tilde{x}_3 + a_4\tilde{x}_4 + a_{12}\tilde{x}_1\tilde{x}_2 + +a_{13}\tilde{x}_1\tilde{x}_3 + a_{23}\tilde{x}_2\tilde{x}_3$$

Berechnet und geringfügig geändert – Tabelle 3-2

Tab. 3-2: Daten zum Beispiel aus Kapitel 2.3.2.

Ofentemperatur	Haltezeit	Heizdauer	Transportzeit	y
1000	24	11	2,5	7,69
1030	24	11	2,5	7,83
1015	23	11	2,5	7,93
1015	25	11	2,5	7,56
1015	24	10	2,5	7,75
1015	24	12	2,5	7,87
1015	24	11	3	7,8
1015	24	11	2	7,72

σ² – Ofentemperatur	σ² – Haltezeit	σ² – Heizdauer	σ² – Transportzeit	σ² – ges.
0,0049	0,034225	0,0036	0,0016	0,04433
11,05 %	**77,21 %**	**8,12 %**	**3,6 %**	**100**

Die Berechnungsvorschriften der einzelnen Abweichungen sind auf Grund der Formeln (3-8) (2-31) einfach. Beispielsweise ist:

$$\sigma^2 \ \ Ofentemperatur = \alpha_1^2 = \left(\frac{7,83 - 7,69}{2}\right)^2 = \left(0{,}07\right)^2 = 0{,}0049$$

Diese Gradientenbetrachtung entsprechend es Versuchsplanes (3-14) spielt bei der Optimierung eines bestehenden Prozesses (Kapitel 3.2) eine wesentliche Rolle.

Verwendet man das Kriterium, dass beispielsweise 90% der Gesamtvarianz durch die Einflussvariablen erklärt werden, dann erhält man das Tableau:

Tab. 3-3: Ergebnis – prozentuale Wirkung der Einflussgrößen zur Tabelle 2.3.2.

Haltezeit	77 %
Ofentemperatur	11 %
Heizdauer	8 %
Transportzeit	4 %

Die Haltezeit macht demnach etwa 77 % der Gesamtwirkung aus und ist aus diesem Grund die wichtigste Größe für die Wirkung auf die Streuung σ^2 des untersuchten Prozesses. Die Haltezeit und die Ofentemperatur beschreiben fast 90% der gesamten Änderung des Prozesses.

Werden zur Abschätzung des Betrages des totalen Differentials von $f(\mathbf{x})$ im Punkt $\mathbf{x}_0$ entsprechend

$$|df|^2 = \left|\sum_{i=1}^{m} \frac{\partial f}{\partial x_i} \mathrm{d}x_i\right|^2 \leq \sum_{i=1}^{m} \left|\frac{\partial f}{\partial x_i} \mathrm{d}x_i\right|^2 = S^2 \approx \sum_{i=1}^{m} \alpha_i^2 \qquad (3\text{-}8)$$

vorgegangen so können die die Koeffizienten der „Effekte" α_i aus der Regressionsrechnung eines Faktor- oder Teilfaktorplanes im Original Raum auch auf Grund von (2-58) durch

$$\alpha_i = a_i b_i$$

berechnet werden.

$$\alpha_1 = 0,0683333$$
$$\alpha_2 = -0,170833$$
$$\alpha_3 = 0,0125000$$
$$\alpha_4 = 0,0383333$$

so erhält man das folgende Ergebnis – Tabelle 3-3 und Tabelle 3-4

Tab. 3-4: Prozentuale Wirkung der Einflussgrößen mit den ermittelten originalen Regressionsparametern aus Kapitel 2.3.2.

σ^2 – Ofentemperatur	σ^2 – Haltezeit	σ^2 – Heizdauer	σ^2 – Transportzeit	σ^2 – ges.
0,004669444	0,029184028	0,00015625	0,001469444	0,044325
13,16 %	**82,25 %**	**0,44 %**	**4,14 %**	**100**

Tab. 3-5: Prozentualer Anteil der Einflussgröße an der gesamten Varianz.

Haltezeit	82,3 %
Ofentemperatur	13,1 %
Transportzeit	4,1 %
Heizdauer	0,5 %

Sicherlich sind diese Koeffizienten α_i genauer, aber die Aussage über den Einfluss der einzelnen Parameter ist von dem Bestimmtheitsmaß abhängig. Demnach werden 95 % der Wirkungen durch die Haltezeit und Ofentemperatur erklärt.

Die Ursache für die Abweichung zu den Ergebnissen der Auswertung des Versuchsplanes (3-15) liegt in der „Messdatenermittlung" der Versuche im Mittelpunkt. Für den Versuchsplan (3-15) wurden keine Messungen durchgeführt. Die Ergebnisse des Versuchsplanes wurden – wie bereits erwähnt – auf Grund der ermittelten Regressionsgleichung berechnet und „etwas" geändert. Der Versuchsplan (3-14) ist jedoch für die Optimierung eines Prozesses (Kapitel 3.3) wichtig.

Wird eine Variable als nicht signifikant ermittelt, dann wird diese Variable auf den Mittelpunkt eingestellt. Dieser Ausschluss gilt nur solange, wie die Versuche in dem festgelegten Bereich durchgeführt werden. Es kann durch aus vorkommen, dass die als nicht signifikant definierte Einflussgröße bei der Suche nach dem Optimum in einem anderen Versuchsbereich signifikant ist.

3.1.2 Selektionsverfahren 2

Mit Hilfe der Vereinbarung (3-1)

$$|df|^2 = \left|\sum_{i=1}^{m} \frac{\partial f}{\partial x_i} \mathrm{d}x_i\right|^2 \leq \sum_{i=1}^{m} \left|\frac{\partial f}{\partial x_i} \mathrm{d}x_i\right|^2 \approx \sum_{i=1}^{m} \delta_i^2 \qquad (3\text{-}1)$$

mit

$$\delta_i^2 = \left(\frac{f(x_{01}, x_{02}, \ldots, E_i, x_{0i+1}, \ldots, x_{0m}) - f(x_{01}, x_{02}, \ldots, A_i, x_{0i+1}, \ldots, x_{0m})}{2}\right)^2$$

lassen sich aus vollständigen Faktorplänen die Wirkungen der Faktoren auch auf andere Weise abschätzen. Hierbei wird nicht von einem Regressionsansatz ausgegangen, sondern die Wirkung der Parameter soll über den Abstand der Versuchspunkte geschätzt werden. Zu erst wird der vollständige 2^2 Faktorplan der Variablen x_1 und x_2 – Tabelle 3-6

Tab. 3-6: Niveaus und Messwert für den 2^2 Faktorplan.

Versuchsnummer	x_1	x_2	$f(x_1, x_2)$	Messwert
v_1	E_1	E_2	$f(E_1, E_2)$	$y(v_1) = y_1$
v_2	E_1	A_2	$f(E_1, A_2)$	$y(v_2) = y_2$
v_3	A_1	E_2	$f(A_1, E_2)$	$y(v_3) = y_3$
v_4	A_1	A_2	$f(A_1, A_2)$	$y(v_4) = y_4$

und alle 6 möglichen Abstände der Versuchsrealisierungen betrachtet. Die Wirkungsfläche $f(x_1, x_2)$ ist unbekannt und soll aber differenzierbar sein. Nach (3-1)

$$|df|^2 = \left|\sum_{i=1}^{m} \frac{\partial f}{\partial x_i} \mathrm{d}x_i\right|^2 \leq \sum_{i=1}^{m} \left|\frac{\partial f}{\partial x_i} \mathrm{d}x_i\right|^2 \approx \sum_{i=1}^{m} \delta_i^2 \qquad (3\text{-}1)$$

mit $$\delta_i^2 = \left(\frac{f(x_{01}, x_{02}, \ldots, E_i, x_{0i+1}, \ldots, x_{0m}) - f(x_{01}, x_{02}, \ldots, A_i, x_{0i+1}, \ldots, x_{0m})}{2}\right)^2$$

wird das Quadrat des Abstandes der Versuchspunkte v_1 und v_2 berechnet nach:

$$\overline{v_1 v_2} = s^2 = \left(\frac{\partial f}{\partial x_1} \mathrm{d}x_1\right)^2 + \left(\frac{\partial f}{\partial x_2} \mathrm{d}x_2\right)^2$$

Es ist $\frac{\partial f}{\partial x_i} \mathrm{d}x_i = 0$ wenn $\mathrm{d}x_i = 0$. Für den Abstand $\overline{v_1 v_2}$ bleibt x_1 unverändert daher ist $\mathrm{d}x_1 = 0$ und $\mathrm{d}x_2 = E_2 - A_2$. Mit der eingangs getroffenen Vereinbarungen lässt sich $\overline{v_1 v_2}$ in der Form:

$$\overline{v_1 v_2} = s_1^2 = 0 + \left(f(E_2) - f(A_2)\right)^2 = (y_1 - y_2)^2$$

darstellen und der Abstand $\overline{v_1 v_2}$ beschreibt somit nur die Wirkung der Einflussgröße x_2. Die Wirkungen werden sortiert. Es ist also:

$$\begin{array}{llll}
dx_1 \Rightarrow \overline{v_1 v_3} & = (f(E_1) - f(A_1))^2 & +0 & = (y_1 - y_3)^2 = s_2^2 \\
dx_1 \Rightarrow \overline{v_2 v_4} & = (f(E_1) - f(A_1))^2 & +0 & = (y_2 - y_4)^2 = s_5^2 \\
dx_2 \Rightarrow \overline{v_1 v_2} & = 0 & +(f(E_2) - f(A_2))^2 & = (y_1 - y_2)^2 = s_1^2 \\
dx_2 \Rightarrow \overline{v_3 v_4} & = 0 & +(f(E_2) - f(A_2))^2 & = (y_3 - y_4)^2 = s_6^2 \\
dx_1 + dx_2 \Rightarrow \overline{v_1 v_4} & = (f(E_1) - f(A_1))^2 & +(f(E_2) - f(A_2))^2 & = (y_1 - y_4)^2 = s_3^2 \\
dx_1 + dx_2 \Rightarrow \overline{v_2 v_3} & = (f(E_1) - f(A_1))^2 & +(f(E_2) - f(A_2))^2 & = (y_2 - y_3)^2 = s_4^2
\end{array}$$

Die Wirkung der Einflussgrößen x_1 und x_2 auf die Ergebnisse der Versuchsrealisierungen können in (3-1) durch die Abstände der Versuchspunkte eingeschätzt und gemittelt werden.

Wirkung der Einflussgröße x_1 ist $\delta_1^2 = \overline{v_1 v_3} + \overline{v_2 v_4} = \frac{1}{2}\left((y_1 - y_3)^2 + (y_2 - y_4)^2\right)$

Wirkung der Einflussgröße x_2 ist $\delta_2^2 = \overline{v_1 v_2} + \overline{v_3 v_4} = \frac{1}{2}\left((y_1 - y_2)^2 + (y_3 - y_4)^2\right)$

Wirkung von x_1 und x_2 ist $\delta_{1;2}^2 = \overline{v_1 v_4} + \overline{v_2 v_3} = \frac{1}{2}\left((y_1 - y_4)^2 + (y_2 - y_3)^2\right)$ (3-19)

Tabelle 3-7 zeigt die Niveaus für einen vollständigen Faktorplan mit 3 Einflussgrößen x_1, x_2 und x_3

Tab. 3-7: Niveaus und Messwert für den 2^3 Faktorplan.

Versuch	x_1	x_2	x_3
v_1	E_1	E_2	E_3
v_2	E_1	E_2	A_3
v_3	E_1	A_2	E_3
v_4	E_1	A_2	A_3
v_5	A_1	E_2	E_3
v_6	A_1	E_2	A_3
v_7	A_1	A_2	E_3
v_8	A_1	A_2	A_3

wird zur Ermittlung der Einflussfaktoren in der gleichen Weise alle $\binom{8}{2} = 28$ möglichen Abstände berechnet und nach dx_1, dx_2 und dx_3 geordnet und zusammengefasst. Danach erhält man:

Wirkung der Einflussgröße x_1 $\delta_1^2 = \frac{1}{4}\left(\overline{v_1v_5} + \overline{v_2v_6} + \overline{v_3v_7} + \overline{v_4v_8}\right)$

Wirkung der Einflussgröße x_2 $\delta_2^2 = \frac{1}{4}\left(\overline{v_1v_3} + \overline{v_2v_4} + \overline{v_5v_7} + \overline{v_6v_8}\right)$

Wirkung der Einflussgröße x_3 $\delta_3^2 = \frac{1}{4}\left(\overline{v_1v_2} + \overline{v_3v_4} + \overline{v_5v_6} + \overline{v_7v_8}\right)$

Wirkung von x_1 und x_2 $\delta_{1;2}^2 = \frac{1}{4}\left(\overline{v_1v_7} + \overline{v_3v_5} + \overline{v_2v_8} + \overline{v_4v_6}\right)$ (3-20)

Wirkung von x_1 und x_3 $\delta_{1;3}^2 = \frac{1}{4}\left(\overline{v_1v_6} + \overline{v_3v_8} + \overline{v_2v_5} + \overline{v_4v_7}\right)$

Wirkung von x_2 und x_3 $\delta_{2;3}^2 = \frac{1}{4}\left(\overline{v_1v_4} + \overline{v_2v_3} + \overline{v_5v_8} + \overline{v_6v_7}\right)$

Wirkung von x_1 und x_2 und x_3 $\delta_{1;2;3}^2 = \frac{1}{4}\left(\overline{v_1v_8} + \overline{v_2v_7} + \overline{v_3v_6} + \overline{v_4v_5}\right)$

Die Anwendung der Methode auf Teilfaktorpläne ist aufwendiger und soll am Beispiel eines Faktorplanes mit zwei Einflussgrößen x_1 und x_2 demonstriert werden. Die zusätzliche Variable in diesem $2^{3-1} = 4$ Faktorplan wird mit x_3 bezeichnet. Die Einstellniveaus dieser neu definierten Variablen sind E_3 und A_3. Der Wirkung von x_3 wird mit δ_3^2 bezeichnet.

Tab. 3-8: Niveaus und Messwerte des $2^{3-1} = 4$ Faktorplanes.

Versuchsnummer	x_1	x_2	x_3	$f(x_1, x_2, x_3)$	Messwert
v_1	E_1	E_2	E_3	$f(E_1, E_2, E_3)$	$y(v_1) = y_1$
v_2	E_1	A_2	A_3	$f(E_1, A_2, E_3)$	$y(v_2) = y_2$
v_3	A_1	E_2	A_3	$f(A_1, E_2, A_3)$	$y(v_3) = y_3$
v_4	A_1	A_2	E_3	$f(A_1, A_2, E_3)$	$y(v_4) = y_4$

Wie die Tabelle 3-8 zeigt, lassen sich die Einflüsse bei Teilfaktorplänen nicht mehr ohne weiteres – entsprechend (3-19) – trennen. Die Wirkungen sind vermengt.

$$
\begin{array}{llllll}
\overline{v_1v_2} = s_1^2 & 0 & +dx_2 & +dx_3 & \Rightarrow (y_1 - y_2)^2 \\
\overline{v_1v_3} = s_2^2 & dx_1 & 0 & +dx_3 & \Rightarrow (y_1 - y_3)^2 \\
\overline{v_1v_4} = s_3^2 & dx_1 & +dx_2 & 0 & \Rightarrow (y_1 - y_4)^2 \\
\overline{v_2v_3} = s_4^2 & dx_1 & +dx_2 & 0 & \Rightarrow (y_2 - y_3)^2 \\
\overline{v_2v_4} = s_5^2 & dx_1 & 0 & +dx_3 & \Rightarrow (y_2 - y_4)^2 \\
\overline{v_3v_4} = s_6^2 & 0 & +dx_2 & +dx_3 & \Rightarrow (y_3 - y_4)^2
\end{array}
$$

Um die Wirkungen bei diesem einfachen Telfaktorplan abzuschätzen, erhält man die folgenden Gleichungen.

$$
\begin{array}{llll}
dx_1 \Rightarrow \overline{v_1v_3} & = (f(E_1)-f(A_1))^2 + 0 & & +(f(E_3)-f(A_3))^2 = (y_1-y_3)^2 = s_2^2 \\
dx_1 \Rightarrow \overline{v_2v_4} & = (f(E_1)-f(A_1))^2 + 0 & & +(f(E_3)-f(A_3))^2 = (y_2-y_4)^2 = s_5^2 \\
dx_2 \Rightarrow \overline{v_1v_2} & = 0 & +(f(E_2)-f(A_2))^2 & +(f(E_3)-f(A_3))^2 = (y_1-y_2)^2 = s_1^2 \\
dx_2 \Rightarrow \overline{v_3v_4} & = 0 & +(f(E_2)-f(A_2))^2 & +(f(E_3)-f(A_3))^2 = (y_3-y_4)^2 = s_6^2 \\
dx_1 + dx_2 \Rightarrow \overline{v_1v_4} & = (f(E_1)-f(A_1))^2 & +(f(E_2)-f(A_2))^2 & +0 \qquad = (y_1-y_4)^2 = s_3^2 \\
dx_1 + dx_2 \Rightarrow \overline{v_2v_3} & = (f(E_1)-f(A_1))^2 & +(f(E_2)-f(A_2))^2 & +0 \qquad = (y_2-y_3)^2 = s_4^2
\end{array}
$$

Um eine mittlere Wirkung der Parameter zu bekommen, werden die Gleichungen mit den gleichen Parametern zusammengefasst.

$$
\begin{array}{lll}
2\delta_1^2 & +2\delta_3^2 & = s_2^2 + s_5^2 \\
2\delta_2^2 & +2\delta_3^2 & = s_1^2 + s_6^2 \\
 & 2\delta_3^2 & = s_3^2 + s_4^2
\end{array}
\qquad (3\text{-}21)
$$

Die Lösung des Gleichungssystems ist einfach.

$$
\begin{aligned}
\delta_1^2 &= \frac{1}{2}\left(\left(s_2^2+s_5^2\right)-\left(s_3^2+s_4^2\right)\right) \\
\delta_2^2 &= \frac{1}{2}\left(\left(s_1^2+s_6^2\right)-\left(s_3^2+s_4^2\right)\right) \\
\delta_3^2 &= \frac{1}{2}\left(s_3^2+s_4^2\right)
\end{aligned}
$$

Damit können die Wirkungen der Parameter eingeschätzt werden. Aufwendiger ist die Ermittlung der Wirkungen eines 2^{4-1} Teilfaktorplanes. Als Beispiel soll die Regressionsgleichung für $x_4 = x_1x_2x_3$

$$\eta(x_1, x_2, x_3, x_4) = a_0 + a_1x_1 + a_2x_2 + a_3x_3 + a_4x_4 + a_{12}x_1x_2 + +a_{13}x_1x_3 + a_{23}x_2x_3$$

untersucht werden. Der Versuchsplan hat den Aufbau – Tabelle 3-8:

Tab. 3-9: Telfaktorplan.

Versuch	x_1	x_2	x_3	x_4	Messwert
v_1	(+1) E_1	(+1) E_2	(+1) E_3	(+1) E_4	y_1
v_2	(+1) E_1	(+1) E_2	(–1) A_3	(–1) A_4	y_2
v_3	(+1) E_1	(–1) A_2	(+1) E_3	(–1) A_4	y_3
v_4	(+1) E_1	(–1) A_2	(–1) A_3	(+1) E_4	y_4
v_5	(–1) A_1	(+1) E_2	(+1) E_3	(–1) A_4	y_5
v_6	(–1) A_1	(+1) E_2	(–1) A_3	(+1) E_4	y_6
v_7	(–1) A_1	(–1) A_2	(+1) E_3	(+1) E_3	y_7
v_8	(–1) A_1	(–1) A_2	(–1) A_3	(–1) A_3	y_8

Werden analog zu dem vorherigen Beispiel alle $\binom{8}{2} = 28$ möglichen Kombinationen mit der definierten Variablen $x_4 = x_1 x_2 x_3$ aufgelistet, so ist die Komponente x_4 mit den Einflussgrößen x_1, x_2 und x_3 vermengt. Wie im Kapitel 2.4.1. gezeigt wurde, sind im Versuchsplan – Tabelle 3-9 – die Variablen (Haupteffekte) nicht mit Haupteffekten und zweifachen Wechselwirkungen vermengt. Dieser Umstand ist wichtig für die Schätzung der zweifachen Wechselwirkungsglieder.

Die 28 möglichen Kombinationen werden in einem Gleichungssystem zusammenfasst:

$$\begin{array}{llllll}
4\delta_1^2 & & & +4\delta_4^2 & = \overline{v_1 v_5} + \overline{v_2 v_6} + \overline{v_3 v_7} + \overline{v_4 v_8} = S_{1;4} \\
 & 4\delta_2^2 & & +4\delta_4^2 & = \overline{v_1 v_3} + \overline{v_2 v_4} + \overline{v_5 v_7} + \overline{v_6 v_8} = S_{2;4} \\
 & & 4\delta_3^2 & +4\delta_4^2 & = \overline{v_1 v_2} + \overline{v_3 v_4} + \overline{v_5 v_6} + \overline{v_7 v_8} = S_{3;4} \\
4\delta_1^2 & +4\delta_2^2 & & & = \overline{v_1 v_7} + \overline{v_3 v_5} + \overline{v_2 v_8} + \overline{v_4 v_6} = S_{1;2} \\
4\delta_1^2 & & +4\delta_3^2 & & = \overline{v_1 v_6} + \overline{v_3 v_8} + \overline{v_2 v_5} + \overline{v_4 v_7} = S_{1;3} \\
 & 4\delta_2^2 & +4\delta_3^2 & & = \overline{v_1 v_4} + \overline{v_2 v_3} + \overline{v_5 v_8} + \overline{v_6 v_7} = S_{2:3} \\
4\delta_1^2 & +4\delta_2^2 & +4\delta_3^2 & +4\delta_4^2 & = \overline{v_1 v_8} + \overline{v_2 v_7} + \overline{v_3 v_6} + \overline{v_4 v_5} = S_{1;2;3;4}
\end{array} \qquad (3\text{-}22)$$

Die Zeilen 3 und 4 und 5 des Gleichungssystems (3-22) Gleichung hängen nicht von δ_4^2 ab. Deshalb werden die letzten drei Zeilen zu einer Zeile zusammengefasst. Um die Wirkungen der jeweiligen Einflussgröße zu schätzen, ist das Gleichungssystem (3-23)

$$\begin{array}{lllll}
4\delta_1^2 & & & +4\delta_4^2 & = S_{1;4} \\
 & 4\delta_2^2 & & +4\delta_4^2 & = S_{2;4} \\
 & & 4\delta_3^2 & +4\delta_4^2 & = S_{3;4} \\
8\delta_1^2 & +8\delta_2^2 & +8\delta_3^2 & & = S_{1;2} + S_{1;3} + S_{2;3} = S_{1;2;3} \\
4\delta_1^2 & +4\delta_2^2 & +4\delta_3^2 & +4\delta_4^2 & = S_{1;2;3;4}
\end{array} \qquad (3\text{-}23)$$

zu lösen. Die Wirkung von D lässt sich über die Größe δ_4^2 aus der Differenz der letzten beiden Gleichungen in (3-23) bestimmen.

$$\delta_4^2 = \frac{1}{4}\left(S_{1;2;3;4} - \frac{1}{2} S_{1;2;3} \right) \qquad (3\text{-}24)$$

Damit können entsprechend (3-24) die Wirkungen $A; B$ und C berechnet werden.

$$\begin{aligned}
\delta_1^2 &= \frac{1}{4} S_{1;4} - \delta_4^2 \\
\delta_2^2 &= \frac{1}{4} S_{2;4} - \delta_4^2 \\
\delta_3^2 &= \frac{1}{4} S_{3;4} - \delta_4^2
\end{aligned} \qquad (3\text{-}25)$$

Die Lösung des Gleichungssystems wird an Hand der Daten des Beispieles aus Kapitel 2.3.2. demonstriert. Wichtig ist, dass dieses Beispiel in den gleichen Aufbau des Versuchsplanes entsprechend Tabelle 3-9 gebracht wurden!

Tab. 3-10: Daten des Versuchsplanes zur Berechnung der anteiligen Varianzen.

Heizdauer	Haltezeit	Ofentemperatur	Transportzeit	Mittelwerte der Messungen
12	25	1030	3	7,69
12	25	1000	2	7,54
12	23	1030	2	7,95
12	23	1000	3	7,94
10	25	1030	2	7,63
10	25	1000	3	7,52
10	23	1030	3	8,07
10	23	1000	2	7,79

Die Lösung des daraus resultierenden Gleichungssystem (3-23)

$$\begin{aligned}
&4\delta_1^2 & & & &4\delta_4^2 &= 0{,}040956\\
& &4\delta_2^2 & & &4\delta_4^2 &= 0{,}491178\\
& & & &4\delta_3^2 &+4\delta_4^2 &= 0{,}112800\\
&8\delta_1^2 &+8\delta_2^2 & &+8\delta_3^2 & &= 1{,}118556\\
&4\delta_1^2 &+4\delta_2^2 & &+4\delta_3^2 &+4\delta_4^2 &= 0{,}008389
\end{aligned}$$

ist:

Tab. 3-11: Ergebnis der Schätzung der Wirkungen der Einflussgrößen.

$\delta_1^2 =$ 0,00814	Heizdauer [%]	5,2
$\delta_2^2 =$ 0,12070	Haltezeit [%]	76,9
$\delta_3^2 =$ 0,02610	Ofentemperatur [%]	16,6
$\delta_4^2 =$ 0,00210	Transportzeit [%]	1,3

Vergleicht man die Berechnungsergebnisse mit den gemittelten Messwerten aus dem Beispiel Kapitel 2.4.2. mit Ergebnis mit Selektionsverfahren 1 aus Kapitel 3.1, so gibt es – in Hinblick der wichtigsten Wirkungen der Parameter – Übereinstimmung.

Tab. 3-12: Gegenüberstellung der Berechnungsergebnisse der verschiedenen Verfahren.

Selektionsverfahren 1				Selektionsverfahren 2	
Haltezeit	77%	Haltezeit	82,30%	Haltezeit [%]	76,9%
Ofentemperatur	11%	Ofentemperatur	13,10%	Ofentemperatur [%]	16,6%
Heizdauer	8%	Transportzeit	4,10%	Heizdauer [%]	5,2%
Transportzeit	4%	Heizdauer	0,50%	Transportzeit [%]	1,3%

Das Selektionsverfahren 2 verwendet die unmittelbaren Prozessdaten im Sinne einer Mittlung der Wirkungen. Die Differenzen im Selektionsverfahren 1 verdeutlichen den Einfluss der Qualität des Versuchsplanes, wie es im Beispiel in Kapitel 2 demonstriert wurde. In einer „kleinen" Umgebung (Gradient) ist das Ergebnis von Verfahren 3.1. im Sinne der Optimierung eines Prozesses jedoch gerechtfertigt und notwendig – siehe Kapitel 3.2. Die Aussagen der Selektionsverfahren1 und Selektionsverfahren 2 stimmen mit den Aussagen der „klassischen" Methoden (Kapitel 2.3.2 und Kapitel 2.3.3) überein.

In den Voraussetzungen von Kapitel 3.1 werden die Entscheidungen über die Wirkungen der Einflussgrößen über den einfachsten linearen Regressionsansatz des Zusammenhanges (3-2)

$$f(\underline{\mathbf{x}}) \approx g(\underline{\mathbf{x}}) = a_0 + \sum_{i=1}^{m} a_i x_i \qquad (3\text{-}2)$$

gemacht. Die Zulässigkeit $f(\underline{\mathbf{x}}) \approx g(\underline{\mathbf{x}})$ ist im starken Maße von dem Bestimmtheitsmaß abhängig. In einer „kleinen" Umgebung (dem Gradient) ist das Ergebnis von Verfahren 3.1. im Sinne der Optimierung eines Prozesses gerechtfertigt.

Das Selektionsverfahren 2 kann entsprechend dem jeweiligen Teilfaktorplan entwickelt weiter entwickelt werden. Selektionsverfahren 1 und Selektionsverfahren 2 eignen sich, die Komponente zu ermitteln, welche die Varianz s^2 – im Sinne des Qualitätsverlustes nach *Taguchii*

$$Q = k[(m-\mu)^2 + s^2] \qquad (2\text{-}66)$$

des Prozesses – beeinflussen. Aus der Zerlegung der Messdaten auf Grund der Anteile in die Wirkung der Komponenten – Kapitel 3.1 – geht hervor, dass die Komponenten, welche die größten Gradienten aufweisen, auch die wichtigsten Komponenten sind, die im Sinne einer geringen Varianz s^2 den Qualitätsverlust minimieren. Das ist inhaltlich nichts Neues.

3.2 Optimierung eines Prozesses

Es ist schwierig einen Prozess innerhalb der Produktion zu optimieren. Die größten Änderungen bringen die meisten Informationen. Eine Änderung muss aber nicht die Richtung des gewünschten Zieles erfolgen! Das kann im bestehenden Produktionsprozess sehr teuer werden! Die Änderungen müsse aber auch so geschätzt werden, dass das Messergebnis nicht im Bereich der Messfehler liegt. Alle Faktorpläne (auch *Taguchii* Pläne) haben den Nachteil, dass die Auswertung erst erfolgen kann, wenn alle Versuchspunkte mindestens einmal realisiert sind. Wenn aber eine Einstellung nicht vertretbare Qualitäten liefert, sind die Ergebnisse eines Faktorplanes nicht ohne weiteres interpretierbar. Anders ist das mit dem in Kapitel 3.1.1 beschriebene einfache Versuchsplan zur Gradientenmethode. Es wird empfohlen, jeden Versuchspunkt dieses Versuchsplanes mehrfach zu wiederholen um sich die Reproduzierbarkeit des Versuchspunktes zu beurteilen. Die Versuchswiederholung soll möglichst randomisiert erfolgen. Dadurch werden die Koeffizienten genauer geschätzt und die Entscheidung des neuen Versuchspunktes ist statistisch besser unterlegt. Auch wenn zu Optimierung ein klassischer Versuchsplan verwendet wird, ist die Überprüfung der Reproduzierbarkeit von Bedeutung. Gerade in der eingehenden Überprüfung der Reproduzierbarkeit werden mit unter Einflussfaktoren gefunden, die wichtige neue Erkenntnisse über den untersuchten

Prozess bringen. Die in Satz 2 von Kapitel 2.1.2 beschriebene Methode lässt sich auch zur Optimierung eines Prozesses verwenden.

In der Numerik haben implizite Näherungsverfahren eine große Bedeutung. Diese Verfahren eignen sich auch zur Optimierung von Prozessen. Ausgehend von der augenblicklichen Einstellung der Produktionsparameter $\mathbf{x}_0$ wird jeweils nur eine Komponente um einen für diese Einflussgröße konstanten Wert nach unten und oben geändert. Die Gradienten der jeweiligen Komponenten werden berechnet. Der neue Betriebspunkt der Anlage ergibt sich dann aus den Ergebnissen der untersuchten Gradienten. Letztlich werden neue Arbeitspunkte festgelegt, der Prozesswert ermittelt (Funktionswert berechnet) und die Prozedur solange wiederholt, bis alle Gradienten betragsmäßig eine festgelegte Zahl ε (idealer Weise $\varepsilon = 0$), nicht überschreitet. „Solver“ Verfahren arbeiten mit implizierten Algorithmen.

Es soll hier ein einfaches Verfahren, das im Wesentlichen auf einem Halbierungsverfahren beruht, skizziert werden. Es wird davon ausgegangen, dass mit Startpunkten a_1, e_1 für die Komponente x_1 und a_2, e_2 für die Komponente x_2 usw. begonnen wird.

$$x_{10} = (a_1 + e_1)/2$$

$$x_{1a} = x_{10} - (a_1 + e_1)/2$$

$$x_{1e} = x_{10} + (a_1 + e_1)/2$$

$$x_{20} = (a_2 + e_2)/2$$

$$x_{2a} = x_{20} - (a_2 + e_2)/2$$

$$x_{2a} = x_{20} + (a_2 + e_2)/2$$

$$\vdots$$

Die Suche nach dem Optimum wird abgebrochen, wenn für den Anstieg m_i im Mittelpunkt für jede Komponente gilt:

$$abs(m_i) < \varepsilon$$

Berechnung des Anstieges der Variablen x_1 entsprechend des Versuchsplanes (3-14)

$$V = \begin{pmatrix} x_{01} - \Delta x_1 & x_{02} & \cdots & x_{0m} \\ x_{01} + \Delta x_1 & x_{02} & \cdots & x_{0m} \\ x_{01} & x_{02} - \Delta x_2 & \cdots & x_{0m} \\ x_{01} & x_{02} + \Delta x_2 & \cdots & x_{0m} \\ \vdots & \vdots & \vdots & \vdots \\ x_{01} & x_{02} & \cdots & x_{0m} - \Delta x_m \\ x_{01} & x_{02} & \cdots & x_{0m} + \Delta x_m \end{pmatrix} \qquad (3\text{-}14)$$

Alle anderen Variablen sind die Mittelpunktewerte

$$y_{11} = f(x_{1a}, x_{20}, \cdots)$$
$$y_{12} = f(x_{1e}, x_{20}, \cdots)$$
$$m_1 = \frac{y_{12} - y_{11}}{x_{1e} - x_{1a}}$$

Berechnung des neuen Mittelpunktes der Variablen x_1

$$u_1 = x_{10}(1 + (x_{1e} - x_{1a})/2)$$

$$u_2 = x_{10}(1 - (x_{1e} - x_{1a})/2)$$

$$if(abs(m_1) < \varepsilon; x_{10} = x_{10}; if(m_1 > 0; x_{10} = u_1; x_{10} = u_2))$$

$$x_{1a} = x_{10} - (x_{1e} - x_{1a})/2$$

$$x_{1e} = x_{10} + (x_{1e} - x_{1a})/2$$

Berechnung des Anstieges der Variablen x_2 analog (3-14)

$$y_{21} = f(x_{10}, x_{2a}, \cdots)$$
$$y_{22} = f(x_{10}, x_{2e}, \cdots)$$
$$m_2 = \frac{y_{22} - y_{21}}{x_{2e} - x_{2a}}$$

Berechnung des neuen Mittelpunktes der Variablen x_2

$$u_1 = x_{20}(1 + (x_{2e} - x_{2a})/2)$$

$$u_2 = x_{20}(1 - (x_{2e} - x_{2a})/2)$$

$$if(abs(m_2) < \varepsilon; x_{20} = x_{20}; if(m_2 > 0; x_{20} = u_1; x_{20} = u_2))$$

$$x_{2a} = x_{20} - (x_{2e} - x_{2a})/2$$

$$x_{2e} = x_{20} + (x_{2e} - x_{2a})/2$$

$$\vdots$$

Dieser Algorithmus soll an Hand der Funktion

$$f(x_1, x_2) = \exp(-3x_1^2 + 12x_1 - 3x_2^2 + 10x_2 - 18)$$

demonstriert werden.

Diese Funktion ist in dem Intervall $x_1 \in [0; 3,5]$ und $x_2 \in [0; 3,5]$ in Abbildung 3-1 dargestellt.

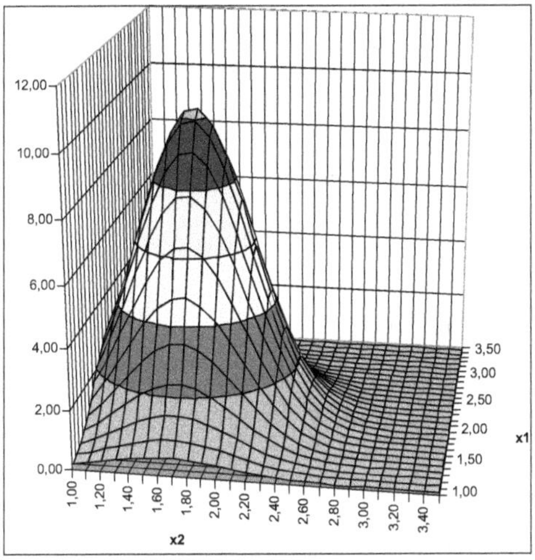

Abb. 3-1: Graphische Darstellung der zu untersuchenden Wirkungsfläche.

Für das folgende Beispiel wurde $\varepsilon = 1$ gewählt. Nach 23 Iterationen wurden die optimalen Parameter $x_1 = 2{,}00$ und $x_2 = 1{,}65$ ermittelt.

x1_0	1,10
x1a	1,00
x1e	1,20
x2_0	2,20
x2a	2,00
x2e	2,40

y(Start): **0,39**

x1	x2	y	m			y(neu)	Prognose
1,00	2,20	0,22	2,13	x1_0_neu	1,21	**1,54**	**0,75**
1,20	2,20	0,64					
1,10	2,00	0,65	-1,17	x2_0_neu	1,76		
1,10	2,40	0,18					

x1_0	1,21
x1a	1,11
x1e	1,31
x2_0	1,76
x2a	1,56
x2e	1,96

x1	x2	y	m			y(neu)	Prognose
1,11	1,76	0,93	7,38	x1_0_neu	1,33	**2,62**	**0,89**
1,31	1,76	2,41					
1,21	1,56	1,53	-0,77	x2_0_neu	1,76		
1,21	1,96	1,22					

x1_0	1,33
x1a	1,23
x1e	1,43
x2_0	1,76
x2a	1,56
x2e	1,96

•
•
•

x1	x2	y	m			y(neu)	Prognose
1,90	1,65	9,99	0,12	x1_0_neu	2,00	**10,31**	**0,00**
2,10	1,65	10,01					
2,00	1,45	8,99	0,74	x2_0_neu	1,65		
2,00	1,85	9,29					

x1_0	2,00
x1a	1,90
x1e	2,10
x2_0	1,65
x2a	1,45
x2e	1,85

Der Optimierungsverlauf zeigt die folgende Abbildung.

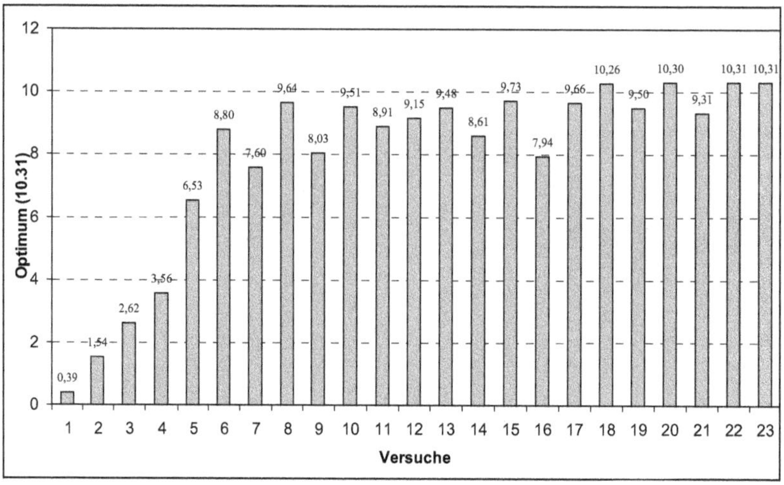

Abb. 3.2 Optimierungsverlauf.

Die große Anzahl der Iterationen ist auf den bewusst ungünstig gewählten Startpunkt zurück zu führen. Für die Praxis ist dieser Startpunkt nicht repräsentativ! In der Praxis muss man von der Einstellung der Betriebspunkte $x_{01}, x_{02}, \cdots$ ausgehen. Das Beispiel verdeutlicht jedoch, dass für das Auffinden des Optimums auch teilweise Verschlechterung der vorherigen Ergebnisses möglich ist. Die Ursache liegt darin, dass – auf Grund der des berechneten Iterationsabstandes und auf Grund der „großen" Nichtlinearität des untersuchten Zusammenhanges – in einem Bereich gesucht wurde, in dem das Optimum bereits überschritten wurde. Entscheidend für das Auffinden des Optimums ist die Minimierung der Gradienten aller Einflussgrößen. Mit der Festlegung der Startwerte und der Zahl ε des Abbruchkriteriums werden die Anzahl der Iterationen festgelegt. Da dieses Verfahren für die Versuchsplanung verwendet werden soll, ist die geeignete Auswahl besonders wichtig. Ist die Wirkungsfläche „schwach" gekrümmt, dann sollte ε „klein" gewählt werden. In dem oben aufgeführten Beispiel ist die Wirkungsfläche „stark" gekrümmt, so dass mit einem „großen" ε das Ergebnis ermittelt werden konnte. Die neuen Versuchspunkte sollten so festgelegt werden, dass die zu erwartenden Änderung nicht im Rauschen des Messfehlers liegt. Die Kenntnis der technischen Zusammenhänge und Zusammenarbeit mit dem Ingenieur ist dringend erforderlich! In der Praxis hat sich gezeigt, dass allein diese bewusste intensive Beschäftigung mit dem zu erwartenden Ergebnis bereits wichtige Informationen über den untersuchten Prozess bringt. Es ist möglich erst einmal in die Nähe des Optimums zu kommen um danach durch neue Festlegung der Startwerte und vor allem der „Verkleinerung" des Abbruchkriteriums ε sich näher an das Optimum heranzuarbeiten. Praktisch ist dieses Verfahren eine Art „Solver". Die Ermittlung der Messwerte erfolgt jedoch mit einem zufälligen Fehler, so dass bei „zu kleinen" ε Vorgaben die Konvergenz nicht eintreten muss Die Genauigkeit und Zuverlässigkeit der Messtechnik ist eine entscheidende Größe der erfolgreichen Modellierung.

Empfehlungen zur statistischen Modellierung

Die hier beschriebenen Ansichten beruhen auf positiven praktischen Erfahrungen und unterscheiden sich vielleicht etwas von den üblichen Vorgehensweisen.

Versuchsplanung kann keine Grundlagenforschung ersetzen. Sie sollte zur Anwendung kommen, wenn umfangreiche Informationen vorliegen und gewisse Unklarheiten der Wirkungen des untersuchten Zusammenhangs geklärt werden sollen, deren physikalischen Zusammenhänge nicht beschrieben sind. Es ist ein Vorteil, wenn physikalische Zusammenhänge berücksichtigt werden können! Eine Destillation wird nicht mit der Versuchsplanung berechnet. Dazu gibt es genügend Modelle. Die mathematische Beschreibung des Zusammenspiels von der Destillation und nachfolgenden Prozessen im Produktionsprozess sind möglicher Weise (auf Grund von Modellfehlern oder speziellen, nur für die Anlage typischen Prozessparameter) oft nicht mehr ausreichend berechenbar. Hier können lineare statistische Modelle wesentliche Informationen liefern. Es ist eine bekannte Tatsache, dass die Parameter einer Technikumsanlage nicht „einfach" umgerechnet werden können um die gleichen Ergebnisse in der Produktionsanlage zu erreichen. In der Labor- oder Technikumsanlage wird nachgewiesen, dass eine Verbesserung der Zielstellungen möglich ist (oder nicht.) Hier gibt es genügend Möglichkeiten mit der Versuchsplanung den untersuchten Prozess zu variieren. Misserfolge sind genau so wichtig wie positive Erfolge, weil damit der Gradient – die Richtung zur Optimierung – festgelegt wird. Im Labor- und Technikumsbereich sind Misserfolge nicht so teuer wie in einer Produktionsanlage. Im Produktionsprozess kann man sich Misserfolge – so wichtig sie auch für die Richtung der Optimierung sind – nicht all zu viele leisten. In Kapitel 3.1.1 wird ein simpler Versuchsplan beschrieben, der aber mehrfach realisiert und entsprechend Kapitel 2.3.3 ausgewertet werden sollte. Im Kapitel 2 wird an dem Beispiel der Wägung von drei Briefen gezeigt, welche Auswirkungen die Auswahl der Wägestrategie auf die Genauigkeit der Bestimmung der Parameter hat. Es ist vorteilhaft, bei der Versuchsplanung viele „Freiheitsgrade"[1] zu haben. Sicherlich ist es oft besser, einen Versuchsplan mit „wenigen" Freiheitsgraden mehrfach zu wiederholen. Hierbei können die Versuchspläne mit *Hadamard* Matrizen (Kapitel 2.5.1) gegebenenfalls eine Rolle spielen. In Kapitel 2.3.2. wird ein Teilfaktorplan drei Mal realisiert und ausgewertet. Bei der Regression erhöhen sich automatisch die Anzahl der Freiheitsgrade und die Reproduzierbarkeit der Versuchspunkte kann überprüft werden. Es ist grundsätzlich zu empfehlen, ein Versuchsplan mehrfach zu realisieren. Dadurch können widersprüchliche Ergebnisse – wie im Folgenden Beispiel kurz skizziert – geklärt werden.

Beispielsweise wird ein Telfaktorplan einmal realisiert. Die Zielgröße – Ausbeute – soll maximiert werden. Verhält sich das Ergebnis ähnlich Abbildung 3-3 dann kann hier ein generelles technologisches Problem vermutet werden, denn die bisherige Einstellung der Einflussgröße x bedeutet, dass diese Einflussgröße für eine Minimierung der Ausbeute verantwortlich war! Solche Ergebnisse sind abhängig von tatsächlich gewählten Variation der Einflussgröße sollten unbedingt wiederholt werden. Dabei sollen – auch als bisher „unwesentlich" eingeschätzte Parameter – mit betrachtet werden. Hierzu eignet sich die in Kapitel 3.1.1 erwähnte Versuchsplanung zur Gradientenmethode. Oft stellt sich heraus, dass eine andere Einflussgröße für das unerwartete Messergebnis verantwortlich ist. Das ist die eigentliche wichtige Erkenntnis! Erst aus reproduzierbaren Ergebnissen können auch zielgerichtete Strategien abgeleitet werden.

---

[1] Anzahl der Versuche – Anzahl der Parameter im Regressionsansatz –1

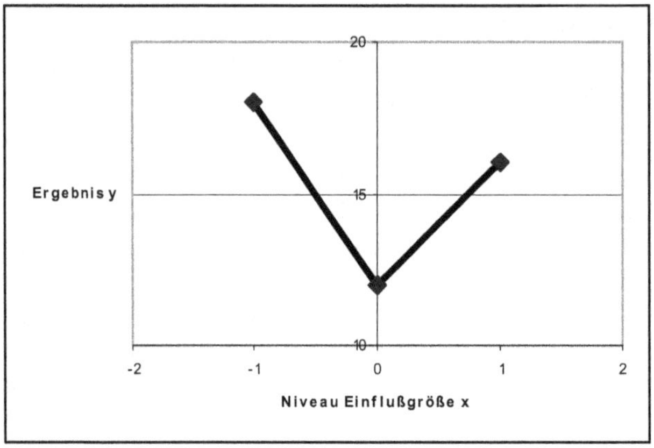

Abb. 3-3: Kritisches Ergebnis.

Zur Auswertung der Versuchsergebnisse von Faktorplänen sollte grundsätzlich die Regression, wie sie beispielsweise in Kapitel 1.2 und 1.3 beschrieben ist, angewendet werden. Wenn es nicht gelungen ist, den geforderten Versuchsplan auch exakt zu realisieren, dann kann das in der allgemeinen Form (Kapitel 1.2 und 1.3) berücksichtigt werden. Im Allgemeinen werden Faktorpläne ausgewertet unter der Bedingung, dass die Versuchspläne auch ideal realisiert wurden. Nur unter diesen Umständen ist die Informationsmatrix eine Diagonalmatrix und die Regressionskoeffizienten können einfach entsprechend (2-27) berechnet werden. Die Fehlinterpretationen, die durch die Verletzung der exakten Vorgaben der Versuchspunkte entstehen können, werden in Kapitel 2.4.7 demonstriert. Es ist in der Mathematik wie in jeder Naturwissenschaft: wenn man die Voraussetzungen nicht erfüllt, kann man auch nicht erwarten, dass das Ergebnis fehlerfrei ist – obwohl die Berechnungen zahlenmäßig richtig sind! Mit dem Dilemma der Erfüllung der Voraussetzungen hat man es sehr oft in der Praxis zu tun. Bei den Faktorplänen hat man jedoch die Möglichkeit, die tatsächlich eingestellten Versuchsparameter über die Regression zu verwenden. Leider wird auch in vielen Softwareprodukten nur die Möglichkeit eingeräumt, nur mit den ideal eingestellten Versuchsparametern zu rechnen. Historisch hat sich die Verwendung der orthogonalen Versuchspläne dadurch manifestiert, dass die Berechnung der Regressionskoeffizienten einfach – per Hand – von jedem Laboranten durchgeführt werden konnte.

Durch die Erweiterung des Regressionsansatzes durch „Wechselwirkungsgliedern" in den Regressionsansatz werden die Messergebnisse besser beschrieben. Die Differenz zwischen gemessenen Wert und errechneten Wert wird geringer. Damit wird die Reststreuung ebenfalls geringer. Die Berechnungsergebnisse und Residuen für verschiedene transformierte oder originalen Einstellungswerte sind identisch – siehe Kapitel 2.4.1 bis 2.4.4. Die Gleichungen hierzu unterscheiden sich natürlich. Werden die Regressionskoeffizienten nach transformierten Vorschriften (Kapitel 2.1.2) berechnet, dann kann es bei Regressionsansätzen mit „Wechselwirkungsgliedern" zu Fehlinterpretationen kommen. Es wird empfohlen, die Wirkung der Einflussgrößen über die graphische Darstellung zu demonstrieren und zu diskutieren und gegebenenfalls über Wechselwirkungen nach zu denken, wenn die Berechnungen mit den nicht transformierten Daten erfolgte. Siehe hierzu Kapitel 2.4 und speziell Kapitel 2.4.6.

Üblicher Weise werden die Faktorpläne auf den einheitlichen Variationsbereich $[-1;+1]$ transformiert. Die mit dieser Transformation berechneten Regressionskoeffizienten verschleiern den tatsächlichen Gradienten. Werden die Faktorpläne auf ein zum Nullpunkt symmetrisches Niveau transformiert, so bleiben mit dieser Transformation die tatsächlichen Gradienten erhalten und können ebenfalls ohne Schwierigkeiten per Hand berechnet werden – siehe Kapitel 2.4.4. Dadurch ist die Einschätzung der Wirkungen der einzelnen Parameter an Hand der tatsächlichen Regressionskoeffizienten nicht mehr verschleiert. Eine Umrechnung wie in Kapitel 2.1.2, ist nicht mehr notwendig.

Auch die Versuchspläne zur Lokalisierung signifikanter Einflussgrößen, die in Kapitel 2.5.1 beschrieben werden, sollten mit der in Kapitel 2.4.4 beschrieben Methode ausgewertet werden. Bei diesen Plänen ist die exakte Einhaltung der vorgegeben Versuchspunkte besonders wichtig. Auch hier wird empfohlen, zur Auswertung generell die Regression (Kapitel 1.2 und 1.3) zu bringen.

Mit den Versuchsplänen, die in Kapitel 2.5.2 beschrieben werden, liegen keine Erfahrungen vor. Diese Pläne haben sehr gute Eigenschaften. Mathematisch sind diese Lösungen der unterschiedlichen Ansätze sehr interessant. Diese Pläne sind aber für die praktische Anwendbarkeit sehr eingeschränkt. Die Ursache liegt in der Realisierung der sich aus den verschiedenen Verfahren ergebenden speziell festgelegten Versuchspunkte.

Generell hat man es bei nichtlinearen Wirkungsflächen mit großen numerischen Problemen zu tun. Letztlich erhält man mit kollinearen Versuchspunkten auch irgendein Regressionsergebnis. Die Parameter solcher Regressionen sind jedoch oft so fehlerhaft, dass die graphische Darstellung der ermittelten Wirkungsfläche falsch sein kann. In Kapitel 2.7 wird eine einfache Methode, die durch die „Schachtelung von zwei Telfaktorplänen" leicht vorstellbar ist, beschrieben. Die Informationsmatrix für nicht-lineare Wikungsflächen – die sich aus zwei orthogonalen Versuchsplänen zusammensetzen kann – ist multikollinear und damit numerisch schwer zu interpretieren. Durch die Erweiterung des Versuchsplanes durch einen Regularisierungspunkt kann diese Kalamität beseitigt werden. Mit solchen Versuchsplänen wurden ausgezeichnete praktische Ergebnisse erzielt. Die „geschachtelten" Teilfaktorpläne können separat ausgewertet und interpretiert werden. Durch die Hinzunahme eines zusätzlichen Versuches – der Realisierung des Regularisierungspunktes – kann die Multikollinearität stark sehr stark verringert werden. Die Interpretation der Wirkungsflächen mit solchen Eigenschaften ist mehr zu vertrauen, da die numerischen Schwierigkeiten behoben wurden (Beispiel Kapitel 2.7.2).

Die Erzeugung von diskreten optimalen Versuchsplänen ist problematisch. In Kapitel 2.8 wird ein neues Optimalitätskriterium vorgestellt, mit dem auch optimale diskrete Versuchspläne berechnet werden können. In dem Kapitel 3 werden neue Verfahren zur Ermittlung signifikanter Einflussgrößen bei orthogonalen Versuchsplänen, deren Grundlage nicht die Methode der Regression ist, vorgestellt.

Literaturangaben

[1] Prof. Dr. H. Bandemer, Dr. A. Bellmann „Statische Versuchsplanung“ Reihe Mathematik für Ingenieure, Naturwissenschaftler 4. Auflage B. G. Teubner Verlagsgesellschaft, Stuttgart – Leipzig 1994

[2] Hans Bandemer, Andreas Bellmann, Wolfhart Jung, Klaus Richter „Optimale Versuchsplanung“ Akademieverlag Berlin, WTB Reihe Band 11, 1973

[3] Bandemer, Näther „Theorie und Auswertung der optimalen Versuchsplanung Band II – Handbuch zur Anwendung“ VEB Verlag für Grundstoffindustrie, Leipzig 1986

[4] Prof. Dr.-Ing. Klaus Hartmann, Dr.-Ing. Eduard Letzki, Prof. Dr. rer. Nat. Wolfgang Schäfer „Statistische Versuchsplanung in der Stoffwirtschaft“ VEB Verlag für Grundstoffindustrie, Leipzig 1974

[5] Dieter Rasch, Günter Herrendörfer, Jürgen Bock, Klaus Busch „Verfahrensbibiliothek Versuchsplanung und Auswertung“ Band 1, 2, 3 VEB Deutsche Landwirtschaftsverlag, Berlin 1978

[6] Rasch, Enderlein, Herrendörfer „Biometrie“ VEB Deutscher Landwirtschaftsverlag, Berlin 1973

[7] Heinz Ahrens „Varianzanalyse“ Akademieverlag Berlin, WTB Reihe Band 49, 1967

[8] H. Petersen „1 – Grundlagen der deskriptiven und mathematischen Statistik“, „2 – Grundlagen der statistischen Versuchsplanung“, ecomed 1991

[9] Dr. rer. nat. Eberhard Scheffler „Einführung in die Praxis der statistischen Versuchsplanung“ VEB Deutscher Verlag für Grundstoffindustrie, Leipzig 1986

[10] Rasch, D.; Herrendörfer, G „Statistische Versuchsplanung“, Deutscher Verlag der Wissenschaften, Berlin 1982

[11] Silvia Hofmann, „Ridge Regression – eine Methode der mehrfache linearen Regression“ – Praktikumsarbeit – Robotron – Projekt – GmbH Dresden 1990

[12] Dietrich Trenkler, „Verallgemeinerte Ridge Regression“ – Eine Untersuchung von theoretischen Eigenschaften und der Operationalität verzerrter Schätzer im linearen Modell Verlag Anton Hain 1986

[13] Hoerl, A. E., Kennard, R.W. „Ridge-Regression: Biased Estamination for Nonorthogonal Problems“ Technometrics 12, 1970 S. 55–67

[14] Hoerl, A. E., Kennard, R.W. „Ridge-Regression: Biased Estamination for Nonorthogonal Problems“ Technometrics 12, 1970 S. 55–67

[15] Hoerl, A. E., Kennard, R.W. „Ridge-Regression: Iterative Estimation of the Baising Parameter“ Communication in Statistics 5, 1975, S. 103–203

[16] Hoerl, A. E., Kennard, R.W. „Ridge-Regression: Iterative Estimation of the Parameter“ Communication in Statistics 5, 1976, S. 105–123

[17] Egert, Chr. „Versuchsplanung aus der Sicht der praktischen Erfahrung“, Freiberger Stochastik-Tage 1996

[18] Vademecum zur Software „APO“ – SYSTEGRA GmbH

[19] Wiezorke, B. „Auswahlverfahren in der Regressionsanalyse“ Metrika 12 (1967), 68–79

[20] Puckelsheim, F.(1993) Optimal Design of Experiments, Wiley, New York

[21] Atwood, C.L. (1973) Sequences converging to D-optimal designs in experimenzs, Annals of Statistics1

[22] Lim, Y.B.W.J. Studden (1988): Efficient D_s optimal design for multivariate polynomial regression on the q-cube Annals of Statistics 16

[23] Kai-Tai Fank, Hong Kong Baptist Universität and Institute of appllied Mathematics, Chinse Academie of Sciences Fred J. Hickernell, Hong Kong Baptist Universität „The unform Design and ist recent Development“ (1991)

[24] Nobert Gaffke und Berthold Heiligers Augsburg (1994) „Algorithmus for Optimal Design with Application to Multiple Polynamial Regression“ Universität Augsburg Institut für Mathematik 1992 Report Nr. 532

[25] Experimente in der Verfahrenstechnik – Vorbereitung, Durchführung und Auswertung Band 8 VEB Deutscher Verlag der Grundstoffindustrie Leipzig 1983 VLN 152-915/82/83, LSV 3607

[26] V. Nollau „Statistische Analysen“ Verlag Birkhauser Boston, 1980

[27] Klaus Backhaus, Berns Erichjson, Wulff Plinke, Rolf Weiber „Multivariate Analysemethoden – eine anwendungsorienierte Einführung“ – Springer, Berlin; Auflage: 11., überarb. Aufl. (2006) ISBN-10: 3540278702, ISBN-13: 978-3540278702

[28] Josef Schira „Statistische Methoden der VWL und BWL“ – Theorie und Praxis 2005 Pearson Studium

[29] Holger Wilker: Systemoptimierung in der Praxis. Band 1, Teil 1: Leitfaden zur statistischen Versuchsauswertung. Books on Demand GmbH, Norderstedt 2006

[30] Holger Wilker: Systemoptimierung in der Praxis. Band 1, Teil 2: Leitfaden zur statistischen Versuchsauswertung. Books on Demand GmbH, Norderstedt 2006

[31] Wilhelm Kleppmann: Taschenbuch Versuchsplanung. Produkte und Prozesse optimieren, Carl Hanser Verlag GmbH & CO. KG

[32] N.W. Smirnow: „Mathematische Statistik in der Technik“ VEB deutscher Verlag der Wissenschaften Berlin 1969

[33] Volker Abel „Einführung in die Versuchsplanung“ – Lehrgangsmaterial November 1993

[34] Phadke, Madhav S. „Quality Engineering Using Robust Design“. Prentice Hall Inc. 1989

[35] Rasch „Statistische Versuchsplanung“ Verlag G. Fischer

[36] „STAVE – REG“ Optimalsoftware GmbH Dresden

[37] Storm „Wahrscheinlichkeitsrechnung, mathematische Statistik und statistische Qualitätskontrolle“ VEB Fachbuchverlag, 1979

Sachwortverzeichnis

Abbruchfehler 41
Adäquatheit 35
  Test 36
affine Abbildung 96
Antoine 30
Ausreißer 23
Bestimmtheitsmaß 10
  Anteil der zu reduzierenden Variablen 54
  innere Bestimmtheitsmaß 59
  partielle 53
  Toleranz der inneren Bestimmtheit 59
  Vorhersagebestimmtheitsmaß 56
Effekt 100
Enderlein 56
Erwartungswert 12
  geschätzte Wirkungsfläche 13
  geschätzter Parameter 12
Fehlerfortpflanzungsgesetz 79
Korrelation
  Korrelationsmatrix 52
Korrelationskoeffizient 18
  empirische 18
  multiple 11
  partielle 52
Korrelationsmatrix – Informationsmatrix 92
Kovarianz 12, 17
  empirische 17
  verallgemeinerte empirische 88
Matrix 3
  Konditionszahl 62
  Multikollinearität 59, 62, 64, 68
  positiv definit 4
  Regularitätsbedingung 69
  singulär 68
  Verschiebungsmatrix 89
Mehrzieloptimierung 192
Mittelwertverschiebung
  – siehe auch Regression mit Kovarianzmatrix 128
Modell degressiv 47
Modell progressiv 47
Modelle 1
  approximative 40
  lineare 1
  nicht lineare 1
  quasi-lineare 30
Potenzreihe 40
Prozessoptimierung 224
Randomisierung 150
Redundanzfaktor 163
Regression 1
  algebraische Eigenschaften 8
  Aufgabe 5
  Einflussgrößen 1
  Informationsmatrix 4
  Konfidenz- und Vorhersageintervall
    allgemeiner Regressionsansatz 24
  Konfidenzbereich Regressionsgerade 22
  Konfidenzintervall der Parameter 15
  linearer Wirkungsfläche 1
  lineares Modell 1
  Methode der kleinsten Quadrate 2, 4
  mit verzerrten Schätzern 63
  Modellfunktion 1
  nach *Ridge* 63
  Normalgleichungssystem 4
  Parametervektor 4
  Präzisionsmatrix 4
  Problem 8
  Prüfung Regressionsparameter 19
  quasi-linear 33
  reduzierter Regressionsansatz 50
  Regression mit Kovarianzmatrix 89
  Regressionsansatz eine Variable 17
  Regressionsansatz zwei Variablen 26
  Regressionskonstante 25
  Regressoren 1
  Residuum 3
  Standardisierung 60
  Umkehrfunktion 34
  Verteilung geschätzter Parametervektor 81
  Wechselwirkungsglieder 94
  Wirkungsfläche 1
Regularitätspunkt 189
Restfehler 40
Schätzung 10
  erwartungstreu 10
  Regressionsparameter 8
Selektionsverfahren 1 209
Selektionsverfahren 2 218
sequentieller Informationsgewinn 202
Shapiro-Wilk 41
Skalarprodukt 1
Streuungsellipsoid 81

systematischer Fehler 41
Taguchii-Methode 172
control factors 173
Qualitätsverlustfunktion 172
signal factors 173
Signal/Rausch Verhältnis 178
totale Differential 205
Varianz 12
geschätzte Parameter 13
geschätzte Wirkungsfläche 14
Zerlegung 10
Varianz Inflation Factor (VIF) 59
Varianzanalyse 36
Defektquadratsumme 36
Fehlerquadratsumme 36
Vermengung 107
definierende Beziehung 108
Generator des Versuchsplanes 108
Versuchsplan 7, 77
allgemeiner vollständiger 84
alternativer Telfaktorplan 112
A-optimal 82
approximativ-optimaler 198
Box-Behnken 158
C-optimal 83
D-optimal 82
drehbare zusammengesetzte 169
drehbarer Versuchsplan 96
E-optimal 82
geschachtelten Versuchspläne 183
G-optimal 83
Gradientenmethode 212
Hadamard Matrizen 153
I-Optimal 83
konkreter Versuch 6
nicht lineare Wirkungsflächen 158
normierter Versuchsplan 97
Optimalitätskriterien 81
orthogonaler Versuchsplan 95
Plackett-Burman 155
Teilfaktorplan 95, 105
Versuchspläne in der Praxis 83
visuell 74
vollständiger Faktorplan 95, 101
zentrale zusammengesetzte 163
Versuchsplanung 74
Vieta 72
Wechselwirkungsglieder 40
Fehlinterpretationen 139
Yates-Algorithmus 100
zufälliger Fehler 6

www.ingramcontent.com/pod-product-compliance
Lightning Source LLC
Chambersburg PA
CBHW061406210326
41598CB00035B/6114
* 9 7 8 3 4 8 6 7 1 8 2 5 6 *